W0256735

Teubner Studienbücher

Informatik

Berstel: **Transductions and Context-Free Languages**
278 Seiten. DM 38,– (LAMM)

Bolch/Akyildiz: **Analyse von Rechensystemen**
Analytische Methoden zur Leistungsbewertung und Leistungsvorhersage
269 Seiten. DM 28,80

Dal Cin: **Fehlertolerante Systeme**
206 Seiten. DM 24,80 (LAMM)

Ehrig et al.: **Universal Theory of Automata**
A Categorical Approach. 240 Seiten. DM 24,80

Giloi: **Principles of Continuous System Simulation**
Analog, Digital and Hybrid Simulation in a Computer Science Perspective
172 Seiten. DM 25,80 (LAMM)

Hotz: **Informatik: Rechenanlagen**
Struktur und Entwurf. 136 Seiten. DM 17,80 (LAMM)

Kandzia/Langmaack: **Informatik: Programmierung**
234 Seiten. DM 24,80 (LAMM)

Kupka/Wilsing: **Dialogsprachen**
168 Seiten. DM 21,80 (LAMM)

Maurer: **Datenstrukturen und Programmierverfahren**
222 Seiten. DM 26,80 (LAMM)

Mehlhorn: **Effiziente Algorithmen**
240 Seiten. DM 26,80 (LAMM)

Oberschelp/Wille: **Mathematischer Einführungskurs für Informatiker**
Diskrete Strukturen. 236 Seiten. DM 24,80 (LAMM)

Paul: **Komplexitätstheorie**
247 Seiten. DM 26,80 (LAMM)

Richter: **Betriebssysteme**
Eine Einführung. 152 Seiten. DM 24,80 (LAMM)

Richter: **Logikkalküle**
232 Seiten. DM 24,80 (LAMM)

Schlageter/Stucky: **Datenbanksysteme: Konzepte und Modelle**
261 Seiten. DM 24,80 (LAMM)

Schnorr: **Rekursive Funktionen und ihre Komplexität**
191 Seiten. DM 25,80 (LAMM)

Spaniol: **Arithmetik in Rechenanlagen**
Logik und Entwurf. 208 Seiten. DM 24,80 (LAMM)

Vollmar: **Algorithmen in Zellularautomaten**
Eine Einführung. 192 Seiten. DM 23,80 (LAMM)

Weck: **Prinzipien und Realisierung von Betriebssystemen**
299 Seiten. DM 29,80 (LAMM)

Wirth: **Algorithmen und Datenstrukturen**
2. Aufl. 376 Seiten. DM 28,80 (LAMM)

Wirth: **Compilerbau**
Eine Einführung. 2. Aufl. 94 Seiten. DM 16,80 (LAMM)

Wirth: **Systematisches Programmieren**
Eine Einführung. 3. Aufl. 160 Seiten. DM 22,80 (LAMM)

Teubner Studienbücher   Informatik

G. Bolch / I. F. Akyildiz
Analyse von Rechensystemen

Leitfäden der angewandten Mathematik und Mechanik LAMM

Unter Mitwirkung von
Prof. Dr. E. Becker, Darmstadt
Prof. Dr. G. Hotz, Saarbrücken
Prof. Dr. P. Kall, Zürich
Prof. Dr. K. Magnus, München
Prof. Dr. E. Meister, Darmstadt
Prof. Dr. Dr. h. c. F. K. G. Odqvist, Stockholm

herausgegeben von
Prof. Dr. Dr. h. c. H. Görtler, Freiburg

Band 57

Die Lehrbücher dieser Reihe sind einerseits allen mathematischen Theorien und Methoden von grundsätzlicher Bedeutung für die Anwendung der Mathematik gewidmet; andererseits werden auch die Anwendungsgebiete selbst behandelt. Die Bände der Reihe sollen dem Ingenieur und Naturwissenschaftler die Kenntnis der mathematischen Methoden, dem Mathematiker die Kenntnisse der Anwendungsgebiete seiner Wissenschaft zugänglich machen. Die Werke sind für die angehenden Industrie- und Wirtschaftsmathematiker, Ingenieure und Naturwissenschaftler bestimmt, darüber hinaus aber sollen sie den im praktischen Beruf Tätigen zur Fortbildung im Zuge der fortschreitenden Wissenschaft dienen.

Analyse von Rechensystemen

Analytische Methoden zur Leistungsbewertung
und Leistungsvorhersage

Von Dr.-Ing. Gunter Bolch
Akad. Direktor an der Universität
Erlangen-Nürnberg

und Dipl.-Inf. Ian Fuat Akyildiz
Wiss. Mitarbeiter an der Universität
Erlangen-Nürnberg

Mit 48 Figuren, 34 Beispielen
und 26 Aufgaben

 B. G. Teubner Stuttgart 1982

Dr.-Ing. Gunter Bolch

Geboren 1940 in Westhausen/Württemberg. Von 1960 bis 1966 Studium der Nachrichtentechnik an den Technischen Universitäten Karlsruhe und Berlin. Ab 1967 Wiss. Assistent am Institut für Regelungstechnik der Universität Karlsruhe. Arbeitsgebiete: Entwurf und Identifikation von Regelsystemen. Promotion 1973. Seit 1973 Akademischer Rat, jetzt Akademischer Direktor am Lehrstuhl für Betriebssysteme der Universität Erlangen-Nürnberg. Arbeitsgebiete: Analytische Modelle von Rechensystemen, Prozeßautomatisierung. Von 1977 bis 1979 Gastdozent am Informatik-Department der Katholischen Universität von Rio de Janeiro.

Dipl.-Inf. Ian Fuat Akyildiz

Geboren 1954 in Istanbul. Besuch des österreichischen Sankt Georg Kollegs in Istanbul. Von 1976 bis 1981 Studium der Informatik an der Universität Erlangen-Nürnberg. Schwerpunkt Betriebssysteme, analytische Modellbildung von Rechensystemen. Seit 1981 Mitarbeiter am Lehrstuhl für Betriebssysteme der Universität Erlangen-Nürnberg. Arbeitsgebiete: Simulation, analytische Modellbildung von Rechensystemen und Betriebssysteme.

CIP-Kurztitelaufnahme der Deutschen Bibliothek

Bolch, Gunter:
Analyse von Rechensystemen : analyt. Methoden zur
Leistungsbewertung u. Leistungsvorhersage / von
Gunter Bolch u. Ian Fuat Akyildiz. — Stuttgart :
Teubner, 1982.
  (Leitfäden der angewandten Mathematik und
  Mechanik ; Bd. 57) (Teubner-Studienbücher :
  Informatik)
  ISBN 978-3-519-02359-3   ISBN 978-3-322-94656-0 (eBook)
  DOI 10.1007/978-3-322-94656-0
NE: Akyildiz, Ian Fuat: ; 1. GT

Gesamtherstellung: Beltz Offsetdruck, Hemsbach/Bergstraße
Umschlaggestaltung: W. Koch, Sindelfingen

Für Monika, Maria, Jessika, Tobias und Erkin Jean

<u>Vorwort</u>

Die zunehmende Bedeutung der Leistungsbewertung von Rechensystemen
auf der Basis von Warteschlangenmodellen und die Vielzahl der hierzu existierenden, zum Teil komplexen analytischen Methoden haben uns
veranlaßt, dieses Buch zu schreiben. Es ist aus einer Vorlesung
entstanden, die der eine der beiden Autoren seit 1976 an der Universität Erlangen-Nürnberg bzw. an der katholischen Universität
von Rio de Janeiro gehalten hat und aus einem internen Arbeitsbe-
richt der beiden Autoren aus dem Jahre 1981.

Das Ziel des Buches besteht darin, eine systematische Einführung
in diese analytischen Methoden zu geben und dem Leser dazu einen
leichten Einstieg zu ermöglichen. Um dies zu erreichen, wurden
alle Methoden an bewußt einfach gehaltenen Beispielen ausführlich
erläutert. Wo Beweise und Herleitungen notwendig schienen, sind
diese deutlich gekennzeichnet. Dadurch ist es möglich, sich zunächst nur mit der reinen Anwendung der Methoden zu befassen und
davon ausgehend später die Kenntnisse zu vertiefen, wofür auch das
umfangreiche aktuelle Literaturverzeichnis dienen kann. Ebenso
haben wir bei der exakten Analyse in Abschnitt 4.1 vorbereitend
auf Abschnitt 4.2 einige einfache Verfahren eingeführt, obwohl
diese als Spezialfall in der in Abschnitt 4.2 beschriebenen Methode enthalten sind.

Das Buch wendet sich besonders an Informatikstudenten höherer Se-
mester, aber auch an Fachleute aus der Industrie, die sich mit dem
Entwurf und der Bewertung von Rechensystemen befassen. Es werden
Grundkenntnisse in der Wahrscheinlichkeitstheorie und Informatik
vorausgesetzt.

An dieser Stelle möchten wir uns bei allen bedanken, die zum Ent-
stehen dieses Buches beigetragen haben, insbesondere bei unseren
Kollegen Dr. H.J. Fromm und Dr. M. Goller für ihre konstruktive
Kritik und die Korrektur des Manuskriptes.

Außerdem bedanken wir uns bei Frau cand. inf. S. Kutz, Herrn cand.
inf. U. Hormeß und Herrn cand. inf. R. Strauß, die uns bei der Ab-
fassung einzelner Kapitel und bei der Durchrechnung der Beispiele
und Aufgaben unterstützt haben.
Frau E. Planck war uns bei der Literaturbeschaffung eine große
Hilfe und Frau E. Roth hat mit viel Geduld und Sorgfalt das Ma-
nuskript erstellt.

Bei Herrn Prof. Dr. F. Hofmann bedanken wir uns für die Möglichkeit, die Arbeiten zu diesem Buch an seinem Lehrstuhl durchzuführen. Unser Dank gilt schließlich dem Teubner-Verlag, der das
Buch in sein Verlagsprogramm aufgenommen hat und unseren Wünschen
in vieler Hinsicht entgegengekommen ist.

Erlangen, im Juli 1982   G. Bolch   I.F. Akyildiz

Inhalt

1 Einführung

Die Rechner der ersten Generation standen jeweils nur einem Benutzer zur Verfügung, der gleichzeitig Operateur war und die einzelnen Verarbeitungsschritte selbst starten und überwachen mußte. Leistungsbewertung bestand im wesentlichen in der Bestimmung der Verarbeitungsgeschwindigkeiten der wenigen Systemkomponenten und, da die Anlagen noch unzuverlässig waren, in der Messung der mittleren Zeit zwischen dem Auftreten von Störungen.
Heutige Rechensysteme (mit Time-Sharing, Mehrprogrammbetrieb, mehreren Prozessoren, virtuellen Speichern usw.) bestehen aus wesentlich mehr Komponenten, die größtenteils unabhängig voneinander arbeiten. Bei seiner Bearbeitung "wandert" ein Job durch das System in dem Sinne, daß er verschiedene Komponenten in bestimmter Reihenfolge beansprucht, wobei einzelne Komponenten auch mehrmals durchlaufen werden können. Unterschiedliche Jobs haben unterschiedliche Anforderungen an die Komponenten und damit unterschiedliche Wege durch das System. Die gleichzeitige Existenz mehrerer Jobs im System ist möglich, wobei deren Bearbeitung sich gegenseitig beeinflussen kann. Leistungsbewertung besteht bei den heutigen Systemen in der Bestimmung von Größen wie z.B. Durchsatz, Antwortzeit oder Auslastung einzelner Komponenten. Sie wird zur Planung, Entwicklung, Vergleich und Verhaltensanalyse von Rechensystemen benötigt. Für die Leistungsbewertung kommen hauptsächlich Meßmethoden und Modellbildungstechniken in Frage.

1.1 Meßmethoden

Wenn das System existiert, kann die Leistung direkt durch Meßmonitore (Hard- und Software-Monitore) ermittelt werden. Hardwaremonitore registrieren die Aktivitäten des Systems während des normalen Betriebs mit Sensoren und werten in periodischen Abständen die in Zählregistern oder auf Magnetbändern festgehaltenen Messungen durch eigene Analyseprogramme aus.
Im Gegensatz dazu übernehmen bei Softwaremonitoren hauptspeicherresidente Programme die Erfassung der Aktivitäten. Softwaremonitore sind kostengünstiger als Hardwaremonitore, beeinflussen jedoch den Betriebsablauf. Zur Vereinigung der Vorteile beider Kon-

zepte werden neuerdings <u>hybride Monitore</u> eingesetzt.

Obwohl die Messung am realen System ein wichtiger Bestandteil jeder Leistungsbewertung ist, stehen einer ausschließlichen Verwendung von Meßtechniken zwei Probleme entgegen:

i)   In der Entwurfs- und Entwicklungsphase eines Systems sind Messungen nicht durchführbar.

ii)   Bei vielen Systemen erfordert die Messung einen beträchtlichen Personal- und Materialaufwand.

Nähere Einzelheiten über Meßmethoden findet man z.B. in /FERR 78, KOBA 78/.

1.2   <u>Modellbildung</u>

Da das Ablaufgeschehen moderner Rechensysteme zu komplex ist, um nur durch Messung oder Inspektion erfaßt oder vorhergesagt werden zu können, werden zur Analyse Modelle verwendet. Diese Modelle stellen nur die für die spezielle Analyse relevanten Merkmale des Systems dar, wie z.B. wichtige Systemkomponenten oder Beziehungen und Datenverkehr zwischen diesen Komponenten.

Komplexe Systeme werden also dadurch so weit abstrahiert, daß die interessierenden Größen noch erfaßbar sind.

Die Systemmerkmale lassen sich in 3 Gruppen einteilen:

i)   Hardware
- Die Anzahl der Prozessoren und deren Rechengeschwindigkeit
- Die Anzahl und Abarbeitungsgeschwindigkeit der peripheren Geräte
- Die Größe des Hauptspeichers, usw.

ii)   Benutzer des Rechensystems
- Im Batch-Betrieb, z.B. die Prozessorzeit eines Jobs und die Anzahl seiner E/A-Operationen
- Im Teilnehmerbetrieb, z.B. die Anzahl der interaktiv arbeitenden Benutzer und ihre "Denkzeit"
  Diese Eigenschaften innerhalb dieser Gruppe bezeichnet man auch als die Last (workload) des Rechensystems.

iii) Betriebssystemfunktionen
- Die Abarbeitungsstrategien für die Aufträge in Warteschlangen

- Speicherzuteilungsstrategien
- Die Zuordnung von Dateien zu peripheren Geräten

Diese Charakteristika führen direkt auf <u>Warteschlangenmodelle</u>, die in den letzten Jahren für die Leistungsanalyse von Rechensystemen immer häufiger angewandt werden. Für andere Zwecke werden entsprechend andere Modellkonzepte eingesetzt, wie z.B. Petri Netze für theoretische Untersuchungen, Diagnosegraphen für Zuverlässigkeitsuntersuchungen, Netzwerkflußmodelle für Kapazitätsüberlegungen.

Das Ziel der Modellbildung ist das Aufdecken von Beziehungen zwischen diesen oben erwähnten Systemparametern und Ermitteln von Leistungsgrößen wie Auslastung von Prozessoren und Geräten, Durchsatz, mittlere Antwortzeit, Warteschlangenlängen usw.

Die Warteschlangenmodelle können auf unterschiedlichem Wege untersucht werden:

a)   Analytische Methoden

b)   Simulation

c)   Hybride Simulation

a)   Die <u>analytische Vorgehensweise</u> versucht auf mathematischem Wege, Beziehungen zwischen relevanten Leistungsgrößen und fundamentalen Systemparametern herzuleiten. Die zunehmende Bedeutung der analytischen Modellbildung von Rechensystemen und Rechnernetzen hat die folgenden Gründe:

i)   Analytische Methoden können vielfach mit minimalem Aufwand (Bleistift, Papier) durchgeführt werden.

ii)   Für kompliziertere Fälle existieren Algorithmen, die leicht programmierbar sind oder fertige Programmpakete wie z.B. RESQ /CHAN 78b/, QNET /REIS 76/, PNET /BRUE 80/, COPE /GOER 80/.

iii)   Die Beziehungen zwischen Modellparametern und Leistungsgrößen können leicht interpretiert werden.

Die analytischen Warteschlangenmodelle können deterministisch, stochastisch oder operationell sein. Bei <u>deterministischen Warteschlangenmodellen</u> verwendet man für die Systemparameter wie Rechenzeit, Gerätebedienzeit oder Ankunftszeit eines Jobs deterministische Werte und erhält entsprechend deterministische Ergeb-

nisse für die Leistungsgrößen. Bei den <u>stochastischen Warteschlan-
genmodellen</u> sind die Systemparameter statistisch verteilt mit vorgegebenen Mittelwerten und Verteilungsfunktionen und wird dement-
sprechend statistisch verteilte Leistungsgrößen erhalten.

Bei den <u>operationellen Warteschlangenmodellen</u> werden für die Systemparameter nicht Mittelwerte und Verteilungen verwendet, sondern gemessene Werte, die sich aus der Beobachtung des Systems
in einem festen Zeitintervall ergeben. Diese Beschränkung auf
ein festes Beobachtungsintervall führt zu wesentlich einfacheren
Gleichungen zur Bestimmung von Leistungsgrößen, trotzdem aber zu
relativ guten Aussagen über das Leistungsverhalten des Systems
bei geeignet gewähltem Zeitintervall.

b) <u>Simulation</u>

Die Vorgänge in Rechensystemen werden beim Verfahren der <u>Simula-
tion</u> mit speziellen Computerprogrammen "nachgespielt", die in üb-
lichen Programmiersprachen oder mit eigens dafür entwickelten
speziellen Simulationssprachen formuliert werden. Weil das Verhalten eines Simulationsmodells in Bezug auf die relevanten Parameter dem Verhalten des realen Systems entspricht, können daraus
alle zur Leistungsbewertung interessierenden Größen ermittelt werden.
Die simulationstechnische Untersuchung eines Systems kann in folgende Phasen eingeteilt werden:

i)   Formulierung und Spezifikation des Simulationsmodells
ii)   Vorbereitung des Simulationsablaufes
iii)   Durchführung der Simulation
iv)   Analyse und Überprüfung der Simulationsergebnisse

Ausführlich wird die Simulation von Rechensystemen in /KOBA 78,
FERR 78, SAUE 81, SCHM 80/ beschrieben.
Im Vergleich zur analytischen Vorgehensweise können bei der Simu-
lation realistischere Annahmen über das System gemacht werden und
dadurch hat sie einen größeren Anwendungsbereich. Nachteile der
Simulation sind dagegen:

i) Vorbereitung und Ausführung der Simulationsmodelle sind zeit-
    und kostenaufwendig.
ii) Parameterabhängigkeiten sind schwer erkennbar und Optimierungen
    nur umständlich durchzuführen.

Analytische Modellbildung und Simulation haben somit spezifische
Einsatzgebiete und können sich gegenseitig gut ergänzen.

c) Die _Hybride Simulation_ ist eine Kombination aus analytischer
Modellbildung und Simulation. Bei der Simulation eines umfangrei-
chen Systems können für Teilsysteme analytische Modelle gegeben
sein, deren Simulation dadurch entfallen kann. Beispielsweise
können die Leistungsgrößen eines E/A-Systems einer Rechenanlage
analytisch bestimmt und bei der Simulation des Gesamtsystems en-
bloc eingesetzt werden. Entsprechend ist der umgekehrte Fall möglich: Simulation von Teilsystemen und analytische Modellierung
des Gesamtsystems. Diese Vorgehensweise vereint die Vorteile der
beiden Modellbildungstechniken: Die Effizienz der analytischen
Modellbildung und die Wirklichkeitstreue der Simulation.

Es gibt 3 Phasen in der Modellbildungsprozedur:

i) In der _Entwurfsphase_ wird ein Warteschlangenmodell des realen Systems erstellt. Während das Simulationsprogramm für
dieses Modell implementiert wird, werden bei der analytischen Modellbildung Gleichungen zur Bestimmung der Leistungsgrößen aus den Systemparametern hergeleitet.

ii) In der _Validierungsphase_ werden Werte aller Systemparameter am realen Rechensystem gemessen, z.B. die mittlere
Bearbeitungszeit eines Jobs in der CPU, die mittlere Anzahl von E/A-Operationen pro Job usw. Daraus werden die
Leistungsgrößen berechnet und mit gemessenen Werten verglichen. Die Güte des Modells hängt davon ab, wie gut gemessene und berechnete Werte für die Leistungsgrößen übereinstimmen. Bei mangelnder Übereinstimmung müssen die Ent-
scheidungen der Entwurfsphase überprüft werden.

iii) In der _Vorhersagephase_ kann das Leistungsverhalten des Systems mit einem gültigen Modell unter veränderten Bedingungen an Hardware oder Software (z.B. Erhöhung der Pro-
zessorzahl oder Vergrößerung des Speicherplatzes usw.) bestimmt werden.

Die folgende Tabelle enthält eine Übersicht über die hier nur
kurz beschriebenen Methoden zur Leistungsbewertung:

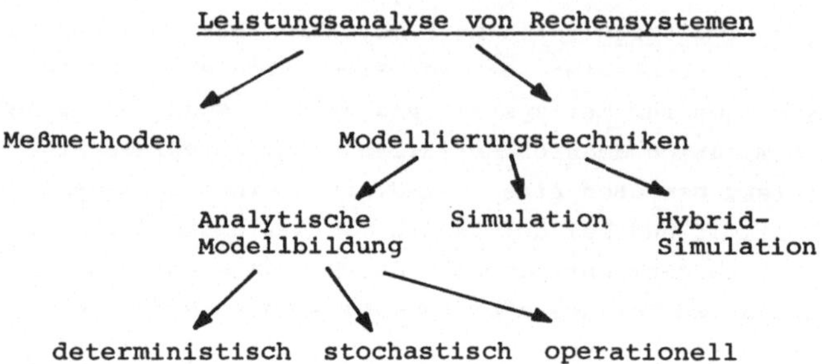

Wir werden uns in diesem Buch mit den Methoden zur Analyse von
Rechensystemen auf der Basis stochastischer und operationeller
Warteschlangenmodelle befassen.

1.3   Übersicht

Die ersten Untersuchungen von Rechensystemen mit Warteschlangenmodellen beschränkten sich auf Modelle mit nur einem Knoten(Warteschlange und eine oder mehrere Bedieneinheiten). Man betrachtete
lediglich den Prozessor als wichtigste Komponente des Systems oder
das gesamte System als einen einzigen Knoten. Ein Knoten wird
in der Warteschlangentheorie auch als Bedienstation oder Wartesystem
bezeichnet. Warteschlangenmodelle, die aus mehreren Knoten bestehen,
werden dem wirklichen Aufbau von heutigen Rechensystemen mit vielen
Komponenten gerecht. Dabei wird zwischen offenen, geschlossenen und
gemischten Warteschlangenmodellen unterschieden, die in Kapitel 3
näher erläutert werden.
Die grundlegenden Ergebnisse der analytischen Modellbildung auf
der Basis von Warteschlangenmodellen sind in /JACK 57,63/ und
/GORD 67/ angegeben. In /JACK 57/ werden Modelle mit mehreren
Knoten behandelt, wobei jeder Knoten ein oder mehrere parallel
arbeitende Bedieneinheiten enthalten kann, die Bedienzeiten exponentiell verteilt sind und bei jedem Knoten neue Aufträge ankommen oder weggehen können. In /JACK 63/ sind die Ergebnisse von
/JACK 57/ erweitert worden auf offene und geschlossene Netzwerke

mit Bedienraten, die von der Länge der Warteschlangen der Knoten
abhängig sind. Als wichtiges Ergebnis für die Theorie der exponentiellen Warteschlangennetzwerke wird gezeigt, daß die Lösungen
für die Zustandswahrscheinlichkeiten dieser Netzwerke <u>Produktform</u>
haben: Die Resultate sind Produkte aus Termen, die sich auf die
einzelnen Knoten beziehen. Eine Vereinfachung dieses Ergebnisses
für geschlossene Netzwerke durch geeignet gewählte Notationen
wird in /GORD 67/ angegeben. Obwohl diese Produktformlösungen
formelmäßig sehr einfach sind, erfordern sie doch einen erheblichen
Rechenaufwand, wenn für ein konkretes System Leistungsgrößen berechnet werden sollen. Daher wurden in /BUZE 71,73/ Algorithmen
eingeführt, die zu einer erheblichen Verminderung des Rechenauf-
wandes führen. Außerdem wird dort das sogenannte "Central-Server-
Modell" vorgestellt, das sich besonders gut für Rechensysteme mit
Multiprogramming eignet. Central-Server-Modelle haben auch dann
noch Produktformlösungen, wenn die Bedienzeitverteilung bei der
CPU eine rationale Laplace-Transformierte hat /COX 55/ und gleichzeitig die Jobs mit PS (Processor Sharing) abgearbeitet werden
/BASK 71/. In /CHAN 72/ werden diese Ergebnisse auf beliebige Netze
erweitert, alle Knoten können beliebige Bedienzeitverteilung haben,
wenn die Warteschlangendisziplin PS oder LCFS (Last-Come-First-
Served) ist. In /BCMP 75/ werden die obigen Ergebnisse verwendet,
um Produktformlösungen für Warteschlangennetze mit mehreren Job-
klassen, nichtexponentiellen Bedienzeitverteilungen und verschiedenen Warteschlangendisziplinen zu erhalten. Weitere Verbesserungen
dieser Methode durch effizientere Algorithmen werden in /MUNT 74a,
WONG 75, REIS 75/ angegeben. Kapitel 4 befaßt sich ausführlich
mit diesen Produktformlösungen.
Mit der Mittelwertanalyse (Mean Value Analysis), in Kurzform MVA,
können geschlossene Warteschlangennetze mit den Produktformlösungen unter ausschließlicher Verwendung von drei Gleichungen für
die mittlere Verweilzeit, den Durchsatz und die mittlere Anzahl
der Aufträge im Knoten untersucht werden. /ZAHO 81/ haben die MVA
auf offene und gemischte Netze mit lastunabhängigen Knoten erweitert. /CHAN 80, SAUE 81/ haben auf der Basis der MVA einen
Algorithmus <u>LBANC</u> (Local Balance Algorithm for Normalizing Constants) entwickelt, der so wenig Speicherplatz braucht, daß man die
Leistungsgrößen auch für eine große Anzahl von Aufträgen sogar mit
Taschenrechnern berechnen kann. /LAM 81, BRYA 81/ haben die MVA

und LBANC Algorithmen miteinander verglichen. Die beiden Methoden,
MVA und LBANC, werden wir auch ausführlich in Kapitel 4 behandeln.
Existiert für Warteschlangennetze keine Produktformlösung, so
können die iterative numerische Methode /WALL 66, STEW 78/ oder
die direkte numerische Methode /STEW 79/ angewendet werden. Diese
Methoden machen von der Tatsache Gebrauch, daß man das Verhalten
der meisten Warteschlangennetze durch Markoffketten beschreiben
kann und stellen effiziente Lösungsverfahren für das Gleichungssystem dieser Markoffketten dar, das entweder iterativ oder direkt
gelöst wird. Rekursive numerische Lösungsmethode werden in /HERZ 75,
SAUE 75a, 81/ angegeben. Diese numerischen Methoden, die in Kapitel 5 beschrieben werden, sind sehr effizient für einfache
Systeme, erfordern jedoch einen erheblichen Rechenaufwand für
umfangreichere Systeme.

Da Produktformlösungen nur für spezielle Typen von Netzen angegeben
werden können und die oben genannten numerischen Methoden sehr
aufwendig sind, wurden eine ganze Reihe von approximativen Verfahren zur Leistungsbewertung entwickelt, die in Kapitel 6 behandelt werden.

Bei der Diffusionsapproximation ersetzt man den diskreten Prozeß,
der das Systemverhalten beschreibt, näherungsweise durch einen
kontinuierlichen Prozeß, wodurch beliebige Bedienzeitverteilungen
in den Knoten berücksichtigt werden können. /GAVE 73a,b/ hat die
Diffusionsapproximation auf ein zyklisches Warteschlangennetz eines
Rechensystems angewandt. /KOBA 74a,b/ hat diese Ergebnisse für
allgemeine offene und geschlossene Netzwerke mit beliebiger Bedienzeitverteilung erweitert. Genauigkeitsuntersuchungen hierzu werden
in /REIS 74/ durchgeführt und in /GELE 76b/ wird eine zusammen-
fassende Übersicht gegeben.

Eine andere Möglichkeit der Approximation ergibt sich aus der Über-
tragung von Norton's Theorem aus der Theorie elektrischer Netzwerke
auf Warteschlangennetzwerke. Ausgehend von einem allgemeinen Netz
wird ein ausgewählter Knoten kurzgeschlossen, d.h. die Bedienzeit
wird gleich Null gesetzt und dann werden alle anderen restlichen
Knoten durch einen einzigen sogenannten zusammengesetzten(compo-
site) Knoten ersetzt. Damit erhält man ein Netz bestehend nur aus
zwei Knoten, das einfacher zu analysieren ist. Die grundlegende
Arbeit hierfür ist /CHAN 75a/. Dort wird auch gezeigt, daß sich
für Systeme mit Produktformlösungen mit dieser Methode (paramet-

rische Analyse) exakte Lösungen ergeben. Die Erweiterung der
parametrischen Analyse zur iterativen Approximation für Systeme,
die keine Produktformlösung besitzen, wird in /CHAN 75b/ vorge-
führt. Bei /SAUE 75a,b/ wird diese Methode ebenfalls behandelt und
erweitert.

Ein anderes wichtiges Approximationsverfahren ist die Dekompo-
sitionsapproximation (oder auch Aggregation genannt)/COUR 75,77/.
Unter bestimmten Voraussetzungen gelingt es, das Gesamtnetz so in
Teilnetze zu zerlegen, daß Aktivitäten zwischen den Teilnetzen
nahezu vernachlässigbar sind gegenüber Aktivitäten innerhalb der
Teilnetze. Solche Netze werden fast-vollständig-zerlegbar genannt.
Exakte Lösungen erhält man für Netzwerke mit ausschließlich exponentieller Bedienzeitverteilung /VANT 78/. Eine andere Art der
Dekomposition hat /KUEH 79/ vorgeschlagen. Bei diesem Verfahren
werden die einzelnen Knoten getrennt untersucht. Da die MVA für
eine große Anzahl von Aufträgen im System sehr aufwendig ist, hat
/SCHW 79/ eine Approximation der MVA für Netze mit lastunabhängigen
Knoten vorgeschlagen. /BARD 79,80/ hat gezeigt, daß der Algorithmus von /SCHW 79/ schneller ist und weniger Speicherplatz erfordert als die exakte Mittelwertanalyse und trotzdem bemerkenswert
genaue Ergebnisse liefert.

Im abschließenden Kapitel 7 wird die operationelle Analyse behandelt, die mit wesentlich weniger Annahmen auskommt als die oben
beschriebenen stochastischen Techniken. Sie wird in /BUZE 76/ eingeführt und in /DENN 77,78/ für Warteschlangennetze mit nur einer
Auftragsklasse und in /ROOD 79/ mit mehreren Auftragsklassen behandelt.

1.4 Der Modellierungsprozess

Die in diesem Buch behandelten Methoden zur Bestimmung der Leistungsgrößen von Rechensystemen gehen von bereits existierenden
Warteschlangennetzmodellen für diese Rechensysteme aus. Der Prozeß
zur Erstellung dieser Modelle wird hierarchisch mit abnehmender
Komplexität durchgeführt /KIEN 79a/. Wir wollen in diesem Abschnitt
die einzelnen Schritte dieses Prozesses, Fig. 1.2, kurz erläutern
ohne auf Einzelheiten einzugehen.

Das Systemmodell
stellt alle wesentlichen Teile und Funktionen eines realen Rechensystems aus logischer Sicht dar. Dieses Modell wird entwickelt, um

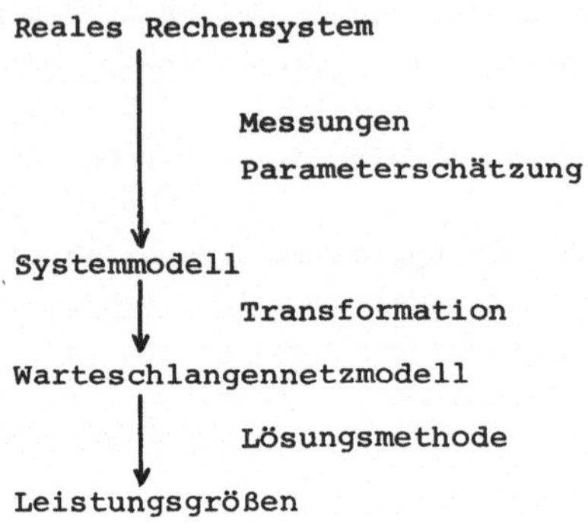

Fig.1.2 Der Modellierungsprozeß

das komplexe Verhalten des realen Rechensystems zu erfassen. Zur
Aufstellung dieses Modells braucht man gute Kenntnisse über das
reale Rechensystem, seine Hardware, Software und die Last. Die
Systemparameter müssen mit Hardware und Softwaremonitoren gemessen
und die Parameter, die nicht gemessen werden können, müssen ab-
geschätzt werden. Das Systemmodell besteht aus zwei Teilmodellen:

i) <u>Das Konfigurationsmodell</u>

beschreibt die Eigenschaften der Komponenten, z.B. die Anzahl
der Prozessoren und peripheren Geräten und deren Bearbeitungs-
geschwindigkeit, die Abarbeitungsdisziplinen.

ii) <u>Das Lastmodell</u>

charakterisiert die Anforderungen des Auftragsstromes an das
Netz, z.B. die Anzahl der interaktiven Benutzer, das Über-
gangsverhalten der Aufträge, die Bedienzeiten der einzelnen
Komponenten.

<u>Das Warteschlangennetzmodell</u>

Aus dem Systemmodell wird das Warteschlangennetzmodell konstruiert,
wobei die detaillierten Systemmodellparameter in weniger detaillierte Eingabeparameter für das Warteschlangennetzmodell transformiert werden müssen, um die Voraussetzungen zu erfüllen, die die
vorhandenen analytischen Lösungsmethoden, die wir in unserem Buch
ausführlich behandeln, an das Modell stellt. Mit diesen Methoden
können dann die gewünschten Leistungsgrößen aus den Eingabepara-
metern berechnet werden.

1.5 Anwendungen der Warteschlangenmodelle zur Analyse von Rechensystemen

Seit /MOOR 71/ im Jahre 1971 das Verhalten eines Rechensystems
als geschlossenes Warteschlangennetz mit den Betriebsmitteln als
Knoten modelliert hat, gibt es große Fortschritte in der Anwendung
von Warteschlangenmodellen auf Rechensysteme. Zahlreiche Arbeiten,
die sich mit der Modellierung, Bewertung und Messung von realen
Rechensystemen befassen, wurden veröffentlicht. Wir werden in
diesem Abschnitt eine Übersicht über einige Anwendungsstudien
geben. Die Details können in der Originalliteratur nachgelesen
werden.
/MOOR 71/ entwickelte ein allgemeines geschlossenes Netzwerk /JACK
57,63,GORD 67/, das in den Abschnitten 3.2 und 4.1.2 ausführlich
behandelt wird, um die Leistung des Michigan Terminal Systems IBM
360/67 in der Universität Michigan zu bewerten. /BHAN 74/ verglich
die relative Auslastung von MVT und VSI Betriebssysteme auf der
IBM 370/145-Anlage mit Hilfe eines Warteschlangenmodells. Am Anfang wurde eine Menge von "Benchmarks" durchgeführt, die dann
Eingabedaten für das Modell lieferten. Eine Genauigkeit von 2-5%
wurde für die Vorhersage von CPU Auslastungen erzielt. /GIAM 76/
entwickelte ein Central-Server-Modell, das im Abschnitt 3.4 und
4.1.3 beschrieben wird, für eine IBM 370/165 Anlage. Ein zusätz-
licher Knoten ist dann dem Modell zugefügt worden, um die Verzö-
gerungen des Magnetbandgerätes zu erfassen. /ROSE 76/ beschrieb
Prozeduren für die Validierung eines Central-Server-Modells der
IBM 370/155 und 370/168 Anlagen. Er betrachtete auch das Problem
der Datensammlung für Modelle mit mehreren Auftragsklassen.
/LIPS 77/ entwickelte ein Warteschlangenmodell für die IBM 360/65
Anlage und zeigte, daß die IBM 3330 Platten schneller sind als die
IBM 2314 Platten. /BUZE 78/ hat ein Warteschlangenmodell mit
mehreren Auftragsklassen für das IBM-MVS (multiple virtual storage)
Betriebssystem entwickelt.
In /DIET 77/ wird ein Warteschlangenmodell für die Darstellung
der Hardware Architektur der Honeywell 6000 Serien und der Software
Struktur vorgestellt.
In /DOWD 81/ wird die Leistung eines Univac 1100/42 Systems mit dem
EXEC-8 Level 36 Betriebssystem insbesondere der Effekt der Über-
tragung der Swapping Aktivität von Trommeln auf Platten untersucht.
Als die Swapping Aktivität tatsächlich übertragen wurde, nahm der

Durchsatz um 20% zu. Mit Hilfe des entwickelten Central-Server-Modells mit zwei CPU's mit PS Strategie, zwei Trommeln, sieben Platten mit FCFS Strategien, wurde diese Verbesserung genau vorhergesagt.

/BASK 72/ haben ein Central-Server-Modell mit Erlang Bedienzeitverteilungen, PS Strategien der CPU, für CDC 6600 Systeme entwickelt. Die Auslastungen wurden innerhalb 2% der exakten Werte vorhergesagt.

/CHEN 75/ behandelt Swapping und ein Warteschlangenmodell für die Bewertung der Leistung eines Dual Prozessor PDP 10 Time-Sharing Systems.

/WANG 81/ hat ein prioritätsgesteuertes RR (Round Robin) Warteschlangenmodell entwickelt, um das Verhalten der Prozesse im VAX-11/780 Multiprogramming System mit dem VAX/VMS (virtual memory operating system) Betriebssystem zu untersuchen.

Da die Entwicklungen der analytischen Lösungsmethoden große Fortschritte gemacht haben, können auch Probleme wie z.B. Konkurrenz und Blockierung aufgrund der Synchronisation von Prozessen /SMIT 80/ oder die simultane Betriebsmittelbelegungen modelliert werden /JACO 81, SAUE 81a/.

Mehrere Anwendungsstudien befassen sich mit der analytischen Modellierung der Verbindungsnetzwerke von Mehrprozessorsystemen. Die klassische Arbeit von /BHAN 75/ geht von der günstigen Struktur eines Kreuzschienenverteilers aus und leitet grundlegende Beziehungen für solche Netze her. Darauf aufbauend wird dann in /GONZ 79/ ein Vergleich zwischen verschiedenen Strukturen durchgeführt. Rechnernetze wie z.B. ARPA in USA, CYCLADES in Frankreich, DATAPAC in Kanada sind intensiv analytisch untersucht worden. /KOBA 77/ geben einen Überblick über die analytische Modellierung von Rechnernetzen.

Diese Arbeiten zeigen deutlich, daß die analytische Modellbildung zur Leistungsbewertung und -vorhersage von realen Systemen sehr geeignet ist.

2   <u>Spezifikation und Leistungsgrößen von Wartesystemen</u>

In diesem Kapitel werden wir uns mit der Beschreibung und den
Eigenschaften eines einzelnen Knotens (eines sogenannten Wartesystems) im Warteschlangennetz befassen und dabei Größen und
Beziehungen einführen, die grundlegend für die weiteren Kapitel
dieses Buches sind.

2.1   <u>Beschreibung eines Wartesystems</u>

Ein Wartesystem besteht aus einer Warteschlange und einer oder
mehrerer identischer Bedieneinheiten (Fig. 2.1), in denen Aufträge bedient werden.

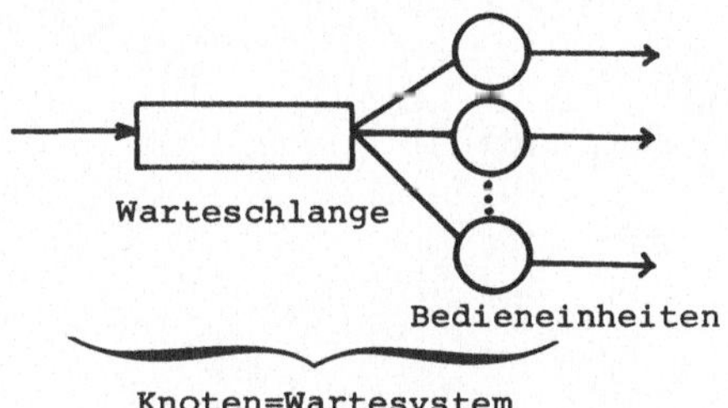

Fig. 2.1 Ein Wartesystem

Sind bei der Ankunft eines Auftrags alle Bedieneinheiten aktiv,
so muß er sich in die gemeinsame Warteschlange einreihen. Nachdem
ein Auftrag in einer der Bedieneinheiten fertig bearbeitet ist,
wird ein neuer Auftrag aus der Warteschlange entsprechend einer
<u>Warteschlangendisziplin</u> ausgewählt, mit deren Bedienung daraufhin
begonnen wird.

Ein Wartesystem ist weiterhin charakterisiert durch die <u>Bedienzeit</u>
für einen Auftrag und die <u>Zwischenankunftszeit</u> zwischen aufeinan-
derfolgend ankommenden Aufträgen. Da der Zugang der Aufträge in der
Regel zufällig erfolgt und die Zeit für deren Abfertigung auch eine
Zufallsgröße ist, sind die Bedienzeit und Zwischenankunftszeit
statistische Größen und durch ihre Verteilung gegeben. Die Verteilung einer Zufallsvariablen wird durch die zugehörige Verteilungsfunktion $F_X(x)$ beschrieben, wobei gilt:

$$F_X(x) = P(X \leq x)$$

Die Verteilungsfunktion gibt also für alle Werte x aus der Wertemenge der Zufallsvariablen X an, wie groß die Wahrscheinlichkeit ist, daß der Wert der Zufallsvariablen kleiner oder gleich einem betrachteten x ist.

Statt der Verteilungsfunktion kann auch die Dichtefunktion $f_X(x)$ verwendet werden:

$$f_X(x) = \frac{dF_X(x)}{dx}$$

Hieraus können weitere Größen abgeleitet werden:

Mittelwert oder Erwartungswert:

$$\bar{X} \equiv E(X) = \int_0^\infty x \, f_X(x) \, dx$$

Höhere Momente:

$$\overline{x^n} = \int_0^\infty x^n \, f_X(x) \, dx$$

Varianz:

$$var(X) = \overline{x^2} - \bar{X}^2$$

Variationskoeffizient:

$$c_X = \frac{[var(X)]^{1/2}}{\bar{X}}$$

Zur Kennzeichnung eines Knotens ist folgende Kurzschreibweise gebräuchlich:

$$A \: / \: B \: / \: m \: - \: Warteschlangendisziplin$$

a) A Verteilung der Zwischenankunftszeiten t_a

Die wichtigsten Verteilungen für A haben folgende Symbole:

M	Exponentialverteilung
E_k	Erlangverteilung mit k Phasen
H_k	Hyperexponentialverteilung mit k Phasen
D	Deterministische Verteilung
G	Allgemeine Verteilung
GI	Allgemeine unabhängige Verteilung

Aus der mittleren Zwischenankunftszeit $\bar{t}_a$ wird die Ankunftsrate

$$\lambda = 1/\bar{t}_a$$

gebildet.

Man spricht auch allgemein vom Ankunftsprozeß, der gegeben ist

durch die Wahrscheinlichkeit, daß in einem festen Zeitintervall
eine bestimmte Anzahl von Ankünften stattfindet. Daraus ergibt
sich dann unmittelbar die Verteilung der Zwischenankunftszeiten.

b) B Verteilung der Bedienzeiten t_b (Bedienprozeß ist abhängig
   vom Auftrag und von der Bedieneinheit).
   Für B werden dieselben Symbole wie für A verwendet.
   Aus der mittleren Bedienzeit $\bar{t}_b$ ergibt sich die Bedienrate zu:

$$\mu = \frac{1}{\bar{t}_b}$$

c) m Zahl der identischen Bedieneinheiten ($m \geq 1$)

d) Warteschlangendisziplin: gibt den jeweils nächsten Auftrag aus
   der Warteschlange an, der zur Bedienung ansteht.
   Beispiele sind:

   FCFS (First-Come-First-Served):
   Die Aufträge werden in der Reihenfolge ihrer Ankunft bedient
   (ist keine Disziplin angegeben, so impliziert dies FCFS).

   LCFS (Last-Come-First-Served):
   Der zuletzt angekommene Auftrag wird als nächster bedient.

   RR (Round Robin):
   Ist die Bedienung eines Auftrags nach einer fest vorgegebenen
   Zeitscheibe noch nicht beendet, so wird er verdrängt und wieder in die Warteschlange eingereiht, die nach FCFS abgearbeitet wird. Dies wiederholt sich so oft, bis der Auftrag vollständig bedient ist.

   PS (Processor Sharing):
   Entspricht Round Robin mit infinitesimal kleiner Zeitscheibe.
   Dadurch entsteht der Eindruck, als ob alle Aufträge gleichzei-
   tig bedient werden mit entsprechend längerer Bedienzeit.

   Random:
   Die Auswahl erfolgt zufällig.

   Statische Prioritäten:
   Die Auswahl erfolgt nach fest vorgegebenen Prioritäten der Aufträge. Innerhalb einer Prioritätsklasse (mit gleichen Prioritäten) erfolgt die Auswahl nach FCFS.

Dynamische Prioritäten:
Die Auswahl erfolgt nach dynamischen Prioritäten, die sich in Abhängigkeit von der Zeit ändern.

Verdrängung:
Bei den Prioritätsdisziplinen kann auch Verdrängung eines gerade in Bedienung befindlichen Auftrags erfolgen, wenn ein Auftrag in der Warteschlange höhere Priorität erhält.

Beispiel:

$$M \: / \: E_3 \: / \: 2 \: - \: LCFS$$

bedeutet ein Wartesystem mit exponentiell verteilten Zwischenankunftszeiten, Erlang-3-verteilten Bedienzeiten, 2 identischen Bedieneinheiten und der Warteschlangendisziplin LCFS.

2.2   Wichtige Verteilungsfunktionen

Die gebräuchlichste und auch am leichtesten handhabbare Verteilung ist die <u>Exponentialverteilung</u>, die wegen der Markoff-Eigenschaft mit M bezeichnet wird. Viele Ankunfts- und Bedienprozesse lassen sich mit der Exponentialverteilung exakt oder näherungsweise beschreiben. Exponentialverteilung liegt immer dann vor, wenn die einzelnen Ereignisse des Prozesses unabhängig voneinander sind. Die Exponentialverteilung ist vollständig durch ihren Mittelwert bestimmt. Wenn z.B. die Zwischenankunftszeiten exponentiell verteilt sind, dann ist die Anzahl der Aufträge, die in einem festen Zeitintervall eintreffen, poissonverteilt. Man spricht dann von einem Poissonprozeß.

$$F_X(x) \: = \: P(X \leqslant x) \: = \: 1- \: \exp\left\{- \frac{x}{\overline{X}}\right\} \qquad (2.1)$$

$$\overline{X} \: = \: \begin{cases} 1/\lambda & \text{für Ankunftsprozeß} \\[2mm] 1/\mu & \text{für Bedienprozeß} \end{cases} \qquad (2.2)$$

für die Dichte z.B. der Bedienzeit gilt:

$$f_X(x) \: = \: \mu \cdot e^{-\mu x} \qquad (2.3)$$

Mittelwert:

$$\overline{X} \: = \: 1/\mu \qquad (2.4)$$

<u>Varianz:</u>

$$\text{var}(X) = E\left[(X-\bar{X})^2\right] = 1/\mu^2 \tag{2.5}$$

Variationskoeffizient:

$$c_X = \sqrt{\text{var}(X)} \cdot \mu = 1 \tag{2.6}$$

Nicht immer ist die Exponentialverteilung eine gute Approximation der tatsächlich vorliegenden Verteilung. Erfahrungen haben gezeigt, daß bei der Bedienzeit eines Prozessors der Variationskoeffizient häufig größer als 1 und bei peripheren Geräten kleiner als 1 ist. Nichtexponentielle Verteilung mit c>1 können approximiert werden durch eine gewichtete Summe von Exponentialverteilungen und man erhält damit die <u>Hyperexponentialverteilung</u> (Fig. 2.2).

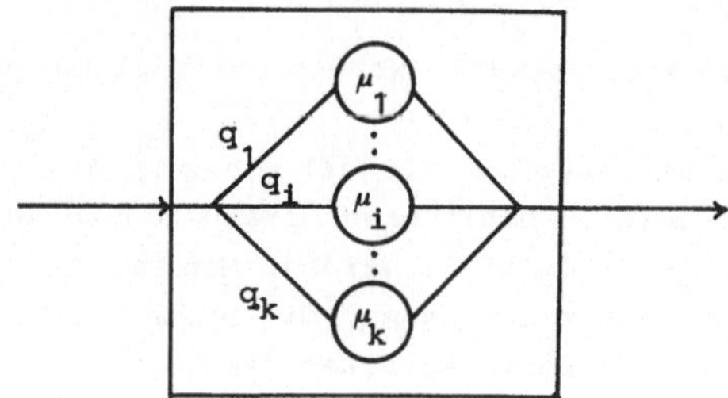

Fig. 2.2   Modellvorstellung zur Hyperexponentialverteilung H_k

Beispielsweise erhält man für die Bedienzeit eine Hyperexponential-verteilung H_k durch Parallelschalten von k Bedieneinheiten (Phasen) mit exponentiell verteilter Bedienzeit und den Raten $\mu_1, \mu_2, \ldots, \mu_k$. Ein Auftrag wird mit der Wahrscheinlichkeit q_i von der Phase i bedient. Es kann immer nur eine Phase aktiv sein. Daraus resultiert für die Verteilungsfunktion:

$$F_X(x) = \sum_{i=1}^{k} q_i (1-e^{-\mu_i x}) \tag{2.7}$$

und für die Dichtefunktion:

$$f_X(x) = \sum_{i=1}^{k} q_i \mu_i e^{-\mu_i x} \tag{2.8}$$

Mittelwert:

$$\bar{X} = \frac{1}{\mu} = \sum_{i=1}^{k} \frac{q_i}{\mu_i} \tag{2.9}$$

Varianz:

$$\text{var}(X) = 2 \sum_{i=1}^{k} \frac{q_i}{\mu_i^2} - \frac{1}{\mu^2} \tag{2.10}$$

Variationskoeffizient:

$$c_X > 1 \tag{2.11}$$

Sind Mittelwert $\bar{X}$ und Variationskoeffizient c_X gegeben, so können die Parameter μ_1, μ_2 bzw. q_1, q_2 wie folgt bestimmt werden:

$$\mu_1 = \frac{1}{\bar{X}} \left[1 + \left(\frac{q_2}{q_1} \; \frac{c_X^2 - 1}{2} \right)^{1/2} \right]^{-1} \tag{2.12}$$

$$\mu_2 = \frac{1}{\bar{X}} \left[1 - \left(\frac{q_1}{q_2} \; \frac{c_X^2 - 1}{2} \right)^{1/2} \right]^{-1} \tag{2.13}$$

q_1 und q_2 können beliebig gewählt werden unter Einhaltung der Voraussetzung $\mu_2 > 0$.

Nichtexponentielle Verteilungen mit $c < 1$ wie z.B. die Verteilung der Bedienzeit der meisten peripheren Geräte können durch eine Erlang-Verteilung E_k approximiert werden. Man erhält sie, wenn man k identische Bedieneinheiten (Phasen) mit exponentieller Verteilung der Bedienzeiten in Serie schaltet (Fig. 2.3)

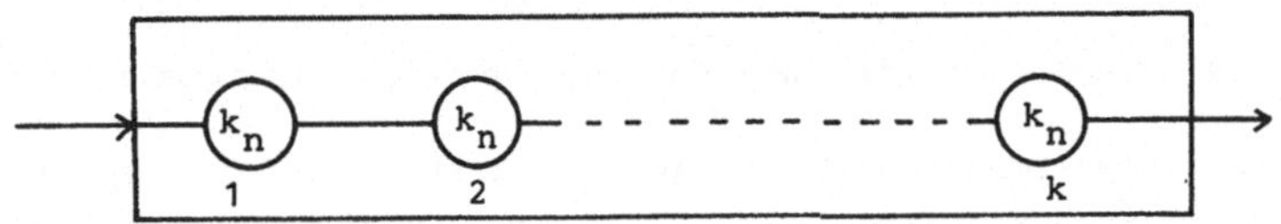

Fig. 2.3 Modellvorstellung der Erlang-Verteilung E_k

Dabei kann ein Auftrag erst dann von der ersten Phase bedient werden, wenn der vorhergehende Auftrag die letzte Phase verlassen hat. Die Bedienrate einer Phase ist $k\mu$.

Verteilungsfunktion:

$$F_X(x) = 1 - e^{-k\mu x} \cdot \sum_{i=1}^{k-1} \frac{(k\mu x)^i}{i!} \tag{2.14}$$

Dichtefunktion:

$$f_X(x) = \frac{k\mu \cdot (k\mu x)^{k-1}}{(k-1)!} \, e^{-k\mu x} \tag{2.15}$$

Mittelwert:

$$\bar{X} = 1/\mu \qquad (2.16)$$

Varianz:

$$\mathrm{var}(X) = \frac{1}{k \cdot \mu^2} \qquad (2.17)$$

Variationskoeffizient:

$$c_X = \frac{1}{\sqrt{k}} \le 1 \qquad (2.18)$$

Bei gegebenem Mittelwert $\bar{X}$ und Variationskoeffizient c_X erhalten wir für die Parameter k und μ:

$$k' = \frac{1}{c_X^2} \qquad (2.19)$$

Da die Anzahl der Phasen k einen ganzzahligen Wert hat, muß k' zu k aufgerundet werden.

$$\mu = \frac{1}{c_X^2 \cdot k \cdot \bar{X}} \qquad (2.20)$$

Man erhält die verallgemeinerte <u>Erlang-Verteilung</u> oder <u>Hypoexpo-nentialverteilung</u>, wenn die einzelnen Phasen unterschiedliche Be-dienraten haben.

Z.B. ergibt sich für eine Hypoexponentialverteilung mit 2 Phasen (Bedienraten μ_1, μ_2):

Verteilungsfunktion:

$$F_X(x) = 1 - \frac{\mu_2}{\mu_2 - \mu_1} e^{-\mu_1 x} - \frac{\mu_1}{\mu_1 - \mu_2} \cdot e^{-\mu_2 x} \quad (\mu_1 \ne \mu_2) \qquad (2.21)$$

Dichtefunktion:

$$f_X(x) = \frac{\mu_1 \cdot \mu_2}{\mu_1 - \mu_2} \left(e^{-\mu_2 x} - e^{-\mu_1 x} \right) \qquad (2.22)$$

Mittelwert:

$$\bar{X} = \frac{1}{\mu_1} + \frac{1}{\mu_2} \qquad (2.23)$$

Varianz:

$$\mathrm{var}(X) = \frac{1}{\mu_1^2} + \frac{1}{\mu_2^2} \qquad (2.24)$$

Variationskoeffizient:

$$c_X = \left(1 - \frac{2\mu_1 \cdot \mu_2}{(\mu_1 + \mu_2)^2} \right)^{1/2} < 1 \qquad (2.25)$$

Eine Verallgemeinerung obiger Funktionen ist die Cox-Verteilung
/COX 55/ (Fig. 2.4).

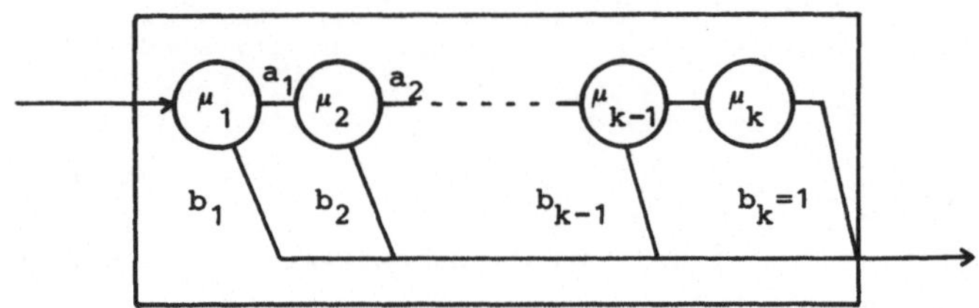

Fig. 2.4   Modellvorstellung der Cox-Verteilung

a_i ist die Wahrscheinlichkeit, daß ein Auftrag, der sich in der
i-ten Phase befindet, die (i+1)-te Phase erreicht, Nach jeder Phase
wird die Gesamtbedieneinheit mit der Wahrscheinlichkeit $b_i=(1-a_i)$
verlassen.
Mit der Cox-Verteilung kann jede beliebige Verteilung, die eine
rationale Laplace-Transformierte hat, dargestellt werden. Als Beispiel betrachten wir eine Cox-2-Verteilung, die durch ihren Mittelwert $\bar{X}$ und den Variationskoeffizienten c_X gegeben ist mit deren
Hilfe, dann die Werte μ_1, μ_2 und a_1 berechnet werden können /SAUE 81/:

i) $\qquad c_X < 1$

$$a_1 = 1 - \frac{2c_X^2-(2-2c_X^2)^{1/2}}{(c_X^2+1)} \qquad (2.26)$$

$$\mu_1 = \mu_2 = \frac{1+a_1}{\bar{X}} \qquad (2.27)$$

ii) $\qquad c_X > 1$

$$a_1 = 1 - c_X^2\left(1-\left(1-\frac{2}{1+c_X^2}\right)^{1/2}\right) \qquad (2.28)$$

$$\mu_{1,2} = \frac{1 \pm \left(1-\frac{2}{1+c_X^2}\right)^{1/2}}{\bar{X}} \qquad (2.29)$$

Entsprechende Beziehungen zur Berechnung der Parameter der Cox-
Verteilung gibt es auch, wenn höhere Momente bekannt sind.
(/COX 55, MARI 80, SAUE 81, BUX 77/)

2.3 Leistungsgrößen

Zur Bestimmung von Leistungsgrößen für Knoten aus den
Parametern, die durch die Systembeschreibung gegeben sind, wird
statistisches Gleichgewicht angenommen. Anderenfalls erhält man
gar keine oder nur sehr komplexe Lösungen. Statistisches Gleichgewicht heißt, daß die Zahl der ankommenden und abgehenden Aufträge im Mittel gleich ist.

Im folgenden werden die wichtigsten Leistungsgrößen eingeführt,
beschrieben und allgemein gültige Beziehungen angegeben. Nähere
Einzelheiten finden sich z.B. in /KLEI 75/.

Die Zustandswahrscheinlichkeit p(k) beschreibt das Systemverhalten
eines Knotens vollständig; alle anderen Leistungsgrößen können daraus bestimmt werden. Für p(k) gilt:

$$p(k) = P\,[\text{es befinden sich k Aufträge im Knoten}]$$

Alle in diesem Buch beschriebenen Verfahren sind letztendlich Verfahren zur Bestimmung dieser Zustandswahrscheinlichkeit für die
einzelnen Knoten. Sie unterscheiden sich durch ihren Anwendungsbereich (z.B. Bedienzeitverteilung, Warteschlangendisziplin),
durch ihre Genauigkeit (exakte und approximative Verfahren) oder
durch ihren Aufwand. Manche liefern auch direkt andere Leistungsgrößen unter Umgehung der Zustandswahrscheinlichkeit und sind
dann entsprechend einfacher.

Eine wichtige Leistungsgröße ist die Auslastung ρ (Belegungsfaktor,
Ausnutzung). Bei einer Bedieneinheit (m=1) gibt sie den Bruchteil
der Gesamtzeit an, den diese aktiv ist, (= P[Bedieneinheit ist
aktiv]), und berechnet sich zu

$$\rho = \frac{\text{Mittlere Bedienzeit}}{\text{Mittlere Zwischenankunftszeit}}$$

$$= \frac{\text{Ankunftsrate}}{\text{Bedienrate}} = \frac{\lambda}{\mu} \tag{2.30}$$

oder mit der Wahrscheinlichkeit p(o)= P[Wartesystem ist inaktiv]

$$\rho = 1 - p(o) \tag{2.31}$$

Bei mehreren Bedieneinheiten (m>1) gibt die Auslastung auch den
mittleren Anteil der aktiven Bedieneinheiten an. Es gilt, da
$m\,\mu$ die Gesamtbedienrate ist,

$$\rho = \frac{\lambda}{m\mu} \tag{2.32}$$

oder mit der Wahrscheinlichkeit p(k)

$$\rho = 1 - \sum_{k=o}^{m-1} \frac{m-k}{m} \, p(k). \tag{2.33}$$

Für ein stabiles System (Gleichgewichtszustand) muß gelten

$$\rho < 1 \tag{2.34}$$

(Gleichgewichtsbedingung).
Es dürfen pro Zeiteinheit im Mittel nicht mehr Aufträge ankommen als bedient werden können.

Der Durchsatz ist definiert als die mittlere Anzahl von Aufträgen, die pro Zeiteinheit fertig bedient werden. Er ist im Gleichgewichtszustand gleich der Ankunftsrate λ und berechnet sich daher mit (Gl. 2.27) wie folgt:

$$\lambda = m \cdot \rho \cdot \mu \tag{2.35}$$

Weitere wichtige Leistungsgrößen sind die Wartezeit w eines Auftrags, die angibt, wie lange ein Auftrag in der Warteschlange warten muß und die Verweilzeit t, welche die Gesamtzeit bezeichnet, die ein Auftrag im Knoten verbringt.
Dabei gilt:

Verweilzeit = Wartezeit + Bedienzeit

Da w und t meistens als statistische Größen gegeben sind, wird ihr Mittelwert berechnet und es gilt:

$$\bar{t} = \bar{w} + \frac{1}{\mu} \tag{2.36}$$

Häufig werden auch deren Verteilungsfunktionen $F_w(x)$ bzw. $F_t(x)$ benötigt.
Die Anzahl der Aufträge in der Warteschlange nennt man die Warteschlangenlänge Q und die Anzahl der Aufträge im Knoten k. Mit den Zustandswahrscheinlichkeiten p(k) (der diskreten Verteilung der Anzahl der Aufträge k) ergibt sich für den Mittelwert:

$$\bar{k} = \sum_{k=1}^{\infty} k \cdot p(k) \tag{2.37}$$

$\bar{k}$ kann auch mit Little's Gesetz /LITT 61/ aus der mittleren Verweilzeit $\bar{t}$ ermittelt werden.

$$\bar{k} = \lambda \bar{t} \tag{2.38}$$

Entsprechend gilt für die mittlere Warteschlangenlänge $\bar{Q}$:

$$\bar{Q} = \lambda \bar{w} \qquad (2.39)$$

Little's Gesetz gilt für alle Warteschlangendisziplinen und beliebige G/G/m-Systeme. Es ist eines der wichtigsten Gesetze der Warteschlangentheorie (Beweis siehe /LITT 61, KOBA 78, SAUE 81/).
Aus den Gleichungen (2.32) und (2.36) folgt dann:

$$\bar{k} = \bar{Q} + m\rho$$

In Tabelle 2.1 sind die beschriebenen Leistungsgrößen zusammengestellt.

Leistungsgröße	Wichtige Formeln
Auslastung ρ	$\rho = \dfrac{\lambda}{m\mu}$ $\rho = \begin{cases} 1-p(o) & m_i = 1 \\ 1 - \sum\limits_{k=o}^{m} \dfrac{mk}{m}\, p(k) & m_i > 1 \end{cases}$
Durchsatz λ	$\lambda = m \cdot \rho \cdot \mu$
Verweilzeit t	$\bar{t} = \bar{w} + \bar{x}$ $\bar{t} = \bar{k}/\lambda$
Wartezeit w	$\bar{w} = \bar{t} - \bar{x}$ $\bar{w} = Q/\lambda$
Warteschlangenlänge Q	$Q = \lambda \cdot \bar{w}$ $Q = \bar{k} - m\rho$
Anzahl der Aufträge im System $\bar{k}$	$\bar{k} = \lambda \bar{t}$ $\bar{k} = Q + m\rho$ $\bar{k} = \sum\limits_{k=1}^{\infty} k\, p(k)$

Tab. 2.1 Wichtige Leistungsgrößen eines Wartesystems

Damit haben wir die wichtigsten Begriffe und Beziehungen der Warschlangentheorie, die zum Verständnis der folgenden Kapitel notwendig sind, eingeführt. Zur weiteren Information empfehlen wir z.B. /KLEI 75, KOBA 78/. Im nächsten Kapitel wollen wir uns mit den verschiedenen Warteschlangenmodellen für Rechensysteme befassen.

3   <u>Warteschlangenmodelle von Rechensystemen</u>

Warteschlangenmodelle wurden zum erstenmal Mitte der sechziger Jahre
bei Time-Sharing-Systemen zur Leistungsanalyse von Rechensystemen
eingesetzt. Seither wurden große Fortschritte zur Anwendung von
Warteschlangenmodellen für die Leistungsanalyse von Rechensystemen erzielt. Diese Modelle eignen sich besonders, da sie die folgenden wichtigen Eigenschaften von Rechensystemen nachbilden können:

- viele unabhängige Bedieneinheiten (CPU, Geräte)
- die sequentielle Beanspruchung dieser Bedieneinheiten durch die
  Jobs
- die gleichzeitige Beanspruchung verschiedener Bedieneinheiten
  durch verschiedene Jobs.

In diesem Kapitel werden die verschiedenen zur Modellierung von
Rechensystemen geeigneten Modelltypen, die die Grundlage für die
in den weiteren Kapiteln behandelten Analyseverfahren sind, beschrieben.

3.1   <u>Offene Warteschlangenmodelle</u>

Ein Warteschlangennetzwerk wird als offen bezeichnet, wenn Ankünfte von Aufträgen von außen und Abgänge von Aufträgen nach außen
bei jedem Knoten möglich sind (Fig. 3.1). Ein Knoten (Warteschlange
und eine oder mehrere Bedieneinheiten) repräsentiert dabei eine Bedieneinheit im realen System (CPU, Geräte, Kanäle). Der Knoten i
wird charakterisiert durch die Anzahl $m_i \geq 1$ identischer Bedieneinheiten mit den identischen Bedienraten μ_i und die Warteschlangendisziplin.

Es sind Übergänge zwischen allen Knoten möglich, auch direkte Rückkopplung eines Knotens; wegen der Übersicht sind aber nicht alle
möglichen Verbindungen eingezeichnet. Die detaillierte Struktur
eines Knotens ist in Fig. 3.2 wiedergegeben.

N   ist Anzahl der Knoten (Knoten O symbolisiert die Außenwelt)

λ_{oi} ist die mittlere Ankunftsrate von außen beim Knoten i.

λ_i ist die gesamte mittlere Ankunftsrate von Aufträgen beim
           Knoten i (von außen und von anderen Knoten)

m_i ist die Anzahl der Bedieneinheiten

$1/\mu_i$ ist die mittlere Bedienzeit des i-ten Knotens

P_{ij} ist die Wahrscheinlichkeit, daß ein im Knoten i fertigbedienter Auftrag zum Knoten j übergeht.

P_{io} ist die Wahrscheinlichkeit, daß ein Auftrag nach seiner
Bearbeitung im Knoten i das System verläßt.

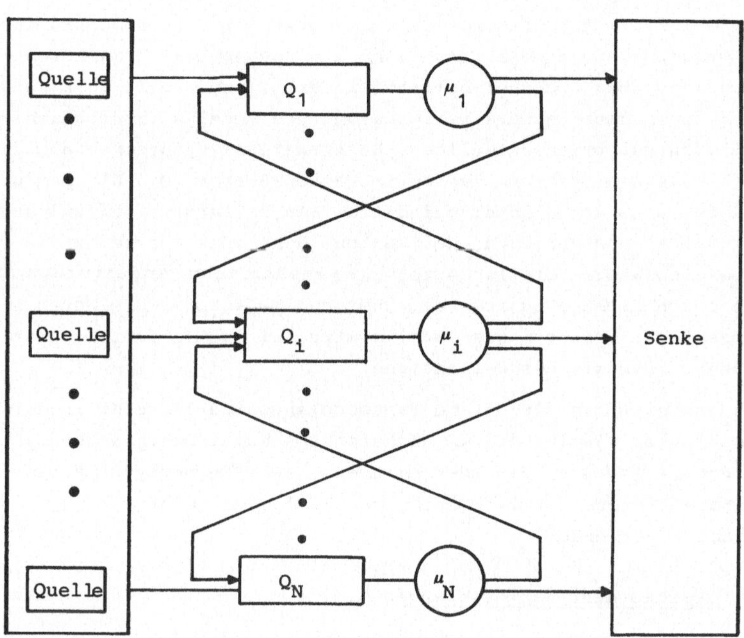

Fig. 3.1 Offenes Warteschlangenmodell

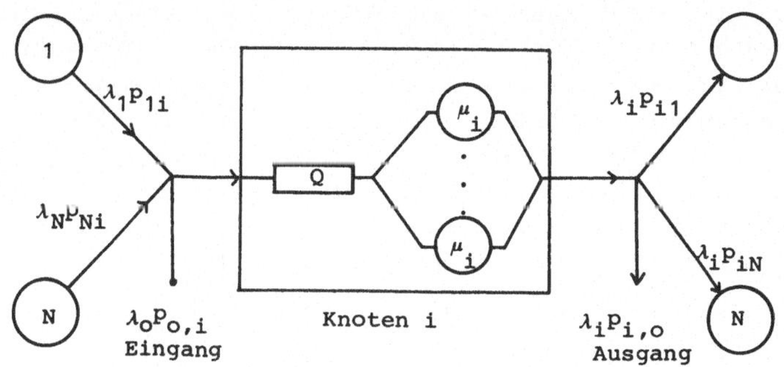

Fig. 3.2 Struktur des Knotens i im offenen Warteschlangenmodell

Die Anzahl N der Knoten, die Anzahl m_i der Bedieneinheiten im
Knoten i und die Disziplin werden durch das System bestimmt, die
Übergangswahrscheinlichkeiten p_{ij}, die Ankunftsraten λ_{oi} (bzw. der
Ankunftsprozeß) durch die Art der zu bearbeitenden Aufträge (Last,
Belastungsprofil oder workload) und die mittlere Bedienzeit $1/\mu_i$
(bzw. den Bedienprozeß) durch beide. In vielen Fällen werden insbesondere für die Ankunftsprozesse aber auch für die Bedienprozesse
Poissonprozesse angenommen, dann sind die Lösungsverfahren besonders einfach, aber auch bei beliebigen Verteilungen gibt es Lösungs-
möglichkeiten. Eine weitere Verfeinerung des Modells ist möglich
durch Einführung unterschiedlicher Auftragsklassen entsprechend der
unterschiedlichen Programmklassen im realen System. Die Klassen unterscheiden sich durch unterschiedliche Bearbeitungszeiten und unterschiedliche Beanspruchung der Knoten, d.h. jede Klasse hat andere Übergangswahrscheinlichkeiten.Eine zusätzliche Verfeinerung ist
möglich durch Klassenwechsel beim Übergang zwischen zwei Knoten.
Auf diese Verfeinerungen des Modells wird bei den Verfahren näher
eingegangen, die sie berücksichtigen.

Die Lösungsverfahren für offene Warteschlangenmodelle sind in der
Regel einfacher als für die im nächsten Abschnitt beschriebenen,
geschlossenen Modelle, die aber meistens reale Rechensysteme besser repräsentieren. Offene Modelle werden dagegen häufig für
Rechnernetze verwendet.

3.2   Geschlossene Warteschlangenmodelle

Ein Warteschlangenmodell ist geschlossen, wenn die Anzahl der Aufträge konstant ist, d.h. keine externen Ankünfte oder Abgänge möglich sind (Fig. 3.3). Gegenüber dem offenen Modell sind hier die
externen Ankunftsraten λ_{oi} ($1 \leqslant i \leqslant N$) und die Übergangswahrscheinlichkeiten nach außen p_{io} alle Null. Die anderen Systemparameter
sind dieselben wie beim offenen Modell. Hierzu kommt noch die konstante Anzahl K der zirkulierenden Aufträge im System. Geschlossene Warteschlangenmodelle werden häufiger angewandt, da sie das
Systemverhalten vieler Rechensysteme besser modellieren, insbesondere Multiprogrammingsysteme mit festem Multiprogramminggrad
oder interaktive Systeme.

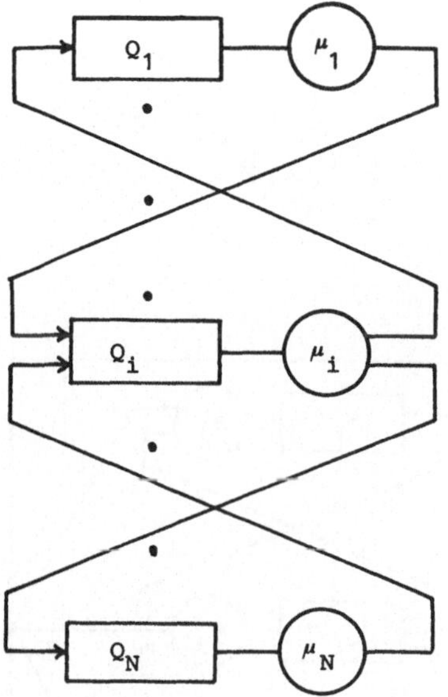

Fig. 3.3   Geschlossenes Warteschlangenmodell

3.3   Gemischte Warteschlangenmodelle

Die Verwendung eines gemischten Warteschlangenmodells ist z.B. dann sinnvoll, wenn ein Teil der Jobs interaktiv bearbeitet wird und ein anderer Teil im Batch-Betrieb (Fig. 3.4).

Es gibt dann 2 Auftragsklassen, die interaktiven Jobs, deren Anzahl konstant ist, wenn man berücksichtigt, daß die Terminals mit zum System gehören und die Bedienzeit dort die Denkzeit ist und die Batch-Aufträge, die von einer Quelle beim System ankommen, durch das System wandern und dann das System verlassen. Weil diese Betriebsart häufig vorkommt, spielen auch die gemischten Warteschlangenmodelle eine wichtige Rolle bei der Modellierung von Rechensystemen.

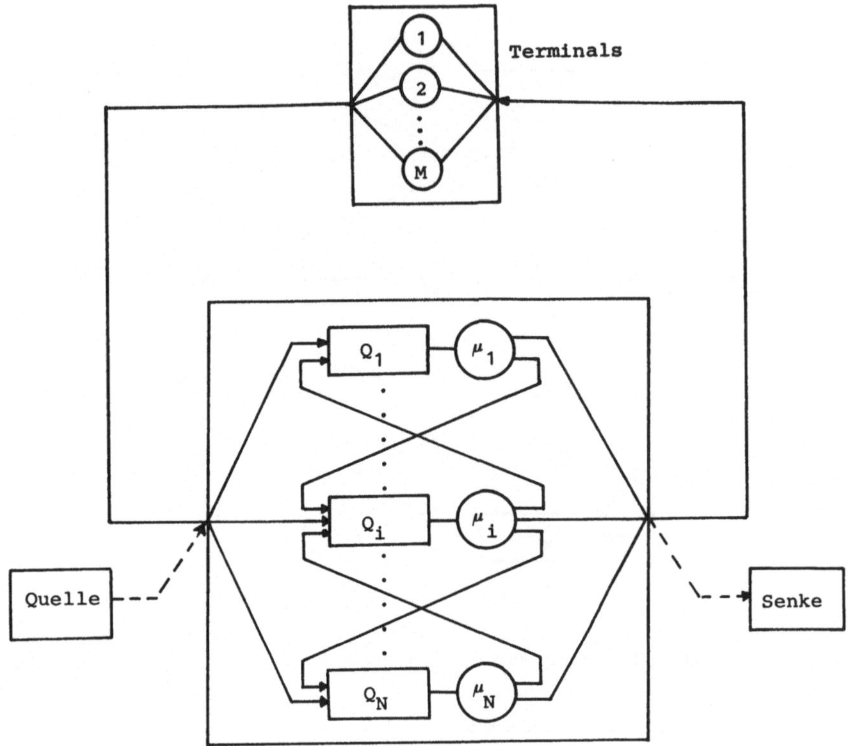

Fig. 3.4   Ein gemischtes Warteschlangenmodell

3.4   Das Central-Server-Modell

Obwohl das Central-Server Modell ein spezielles geschlossenes Warteschlangenmodell ist, soll es wegen seiner Bedeutung für Multiprogrammingsysteme gesondert behandelt werden.

Das Central-Server Modell, das in Fig. 3.5 gezeigt ist, wurde in
/BUZE 71/ zur Untersuchung des Systemverhaltens von Multiprogram-
mingsystemen vorgeschlagen, in denen genau K Jobs (Multiprogramminggrad) endlos zirkulieren und dabei abwechselnd die N Bedieneinheiten des Systems beanspruchen.

In diesem Modell repräsentiert der Central-Server (Knoten 1) die

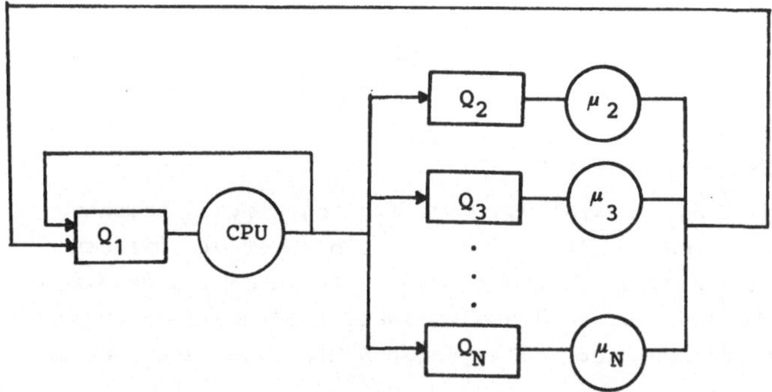

Fig. 3.5 Das Central-Server-Modell

CPU und Knoten 2,...,N die peripheren Geräte (Plattengerät, Drucker,
Plotter, Bandgerät usw.).
Nach dieser einleitenden Übersicht über die verschiedenen für Rechensysteme geeigneten Warteschlangenmodelle werden in den nächsten Kapiteln die wichtigsten analytischen Methoden zur Leistungsbewertung von Rechensystemen auf der Basis dieser Warteschlangenmodelle ausführlich behandelt.

4   Exakte Analyse

Exakte Lösungen für die Leistungsgrößen von Warteschlangennetzen
erhält man mit den in diesem Kapitel beschriebenen Methoden, der
Mittelwertanalyse, dem "Local-Balance-Algorithmus" und den Verfahren, welche Produktformlösungen ergeben.
Produktformlösung bedeutet, daß die Zustandswahrscheinlichkeiten
im Gleichgewicht aus Faktoren bestehen, die die Zustände der einzelnen Knoten beschreiben. Aus diesen Zustandswahrscheinlichkeiten
können dann die Leistungsparameter bestimmt werden. Bei der Mittelwertanalyse und LBANC (Local Balance Algorithm for Normalization
Constants) handelt es sich um Algorithmen, mit denen man die Leistungsgrößen direkt berechnen kann.

4.1   Produktformlösung von Warteschlangennetzen mit exponentiell
       verteilten Bedienzeiten und einer Auftragsklasse

In diesem Abschnitt werden wir zeigen, wie die in Kapitel 3 be-

schrieben Warteschlangennetzen analysiert werden können, wenn
die Bedienzeiten exponentiell verteilt sind und alle Aufträge einer
einzigen Klasse angehören.

4.1.1 Das offene Warteschlangennetz

Den Durchbruch bei der Analyse von Warteschlangennetzen brachten
die Arbeiten von Jackson, /JACK 57,63/, in denen er die offenen
Netze, die im Kapitel 3 beschrieben sind, untersucht und Produktformlösungen gefunden hat. Um diese Produktformlösungen zu erhalten, müssen die offenen Warteschlangennetze die folgenden Annahmen
erfüllen:

- Das Netz besteht aus N Knoten, die alle Aufträge nach der FCFS-
  Strategie abarbeiten.
- Die Gesamtanzahl der Aufträge im Netz ist unbeschränkt.
- Der i-te Knoten besteht aus $m_i \geq 1$ Bedieneinheiten mit der Bedien-
  rate μ_i (i=1,...,N). Die Bedienraten können von der Anzahl k_i der
  Aufträge in den jeweiligen Knoten abhängig sein, d.h. $\mu_i(k_i)$.
  Man spricht dann von den lastabhängigen Bedienraten.
- Die Bedienzeit eines Auftrags im i-ten Knoten ist exponentiell
  verteilt mit Mittelwert $1/\mu_i$.
- Jeder Knoten kann Ankünfte von außen haben, wobei die Zwischen-
  ankunftszeiten exponentiell verteilt sind mit der Ankunftsrate
  λ_{oi}. Die Ankunftsraten können auch lastabhängig sein.
- Das System befindet sich im Gleichgewichtszustand, d.h. $\rho_i < 1$
  (Stabilitätsbedingung).

- Ein im Knoten i fertigbedienter Auftrag geht mit der Wahrscheinlichkeit p_{ij} zum Knoten j über.
  $\bar{p}_{oi}$ ist die Wahrscheinlichkeit, daß ein von außen kommender
  Auftrag erst den i-ten Knoten betritt, wobei o die Quelle
  bezeichnet.

$$P_{i,N+1} = 1 - \sum_{j=1}^{N} p_{ij}$$ ist die Wahrscheinlichkeit, daß ein Auftrag nach Abfertigung durch Knoten i das
System anschließend verläßt.

- Der Zustand des Warteschlangennetzes wird definiert durch
  $$\underline{k} = (k_1,...,k_N)$$
  wobei k_i die Anzahl der Aufträge im i-ten Knoten ist.
  (wartend und in Bedienung)

- Sei λ_i die mittlere Ankunftsrate eines Auftrags am i-ten Knoten
  aus einer beliebigen Quelle (innerhalb oder außerhalb des Netzes).
  Um die gesamte mittlere Ankunftsrate der Aufträge zu berechnen,
  müssen wir die Poisson Ankünfte von außerhalb des Netzes und Ankünfte von allen internen Knoten summieren. Wir erhalten dann
  das folgende lineare Gleichungssystem:

$$\lambda_i = \lambda_{oi} + \sum_{j=1}^{N} \lambda_j p_{ji} \quad \text{für } i=1,\ldots,N \qquad (4.1)$$

Sei $p(k_1,\ldots,k_N)$ die Wahrscheinlichkeit, daß das Netzwerk im Zustand $\underline{k}=(k_1,\ldots,k_N)$ ist. Diese Wahrscheinlichkeiten aller Systemzustände im statistischen Gleichgewicht zu bestimmen, ist das Haupt-
problem der analytischen Modellbildung. Denn aus diesen Zustandswahrscheinlichkeiten lassen sich alle wichtigen Leistungsgrößen ableiten. Das folgende klassische Theorem von Jackson (1957) liefert
die Lösung für die Zustandswahrscheinlichkeiten.

Theorem von Jackson (1957)

Wenn die eindeutige Lösung der Gleichung (4.1) den folgenden Un-
gleichungen genügt,

$$\lambda_i < \mu_i \, m_i \qquad \text{(Stabilitätsbedingung)}$$

dann ist die Wahrscheinlichkeit für den Gleichgewichtszustand $\underline{k}$
im allgemeinen offenen Netzwerk durch das Produkt der Zustandswahrscheinlichkeiten (Randwahrscheinlichkeiten) der einzelnen
Knoten

$$p_i(k_i) = P\left[\, k_i \text{ Aufträge im Knoten i}\right]$$

gegeben:

$$p(k_1,\ldots,k_N) = \prod_{i=1}^{N} p_i(k_i) \quad \text{für } k=0,1,2,\ldots \qquad (4.2)$$

Die einzelnen Knoten des Netzes können danach als voneinander unabhängige M/M/m-Systeme behandelt werden mit der Ankunftsrate
λ_i (4.1) und der Bedienrate μ_i, d.h. die Randwahrscheinlichkeiten
$p_i(k_i)$ können mit den bekannten Formeln für M/M/m-Systeme /KLEI 75/
ermittelt werden:

$$p_i(k_i) = \begin{cases} p_i(0) \dfrac{(m_i \rho_i)^{k_i}}{k_i!} & k_i < m_i \\[2em] & \text{für} \\[1em] p_i(0) \dfrac{m_i^{m_i} \rho_i^{k_i}}{m_i!} & k_i > m_i \end{cases} \tag{4.3}$$

wobei sich $p_i(0)$ aus der Bedingung $\sum\limits_{i=1}^{N} p_i(k_i) = 1$ ergibt:

$$p_i(0) = \left[\sum_{k_i=0}^{m_i-1} \frac{(m_i \rho_i)^{k_i}}{k_i!} + \frac{(m_i \rho_i)^{m_i}}{m_i!(1-\rho_i)} \right]^{-1} \tag{4.4}$$

$\rho_i = \dfrac{\lambda_i}{m_i \mu_i} < 1$ ist die Auslastung des $M/M/m_i$-Systems.

Es ist ersichtlich, daß hier (Gl.4.2) eine Produktformlösung vorliegt, wobei die einzelnen Faktoren die Randwahrscheinlichkeiten
der N unabhängigen M/M/m-Knoten (d.h. Poisson Ankünfte, exponentiell verteilte Bedienzeiten und m_i Bedieneinheiten) sind.
Für $m_i = 1$ (d.h. Knoten mit einer einzigen Bedieneinheit) erhält man
die Randwahrscheinlichkeiten $p_i(k_i)$ aus der folgenden Formel, die
man aus der Gleichung (4.3) leicht ableiten kann:

$$p_i(k_i) = (1-\rho_i) \rho_i^{k_i} \quad \text{für } i=1,\dots,N \tag{4.5}$$

wobei

$$\rho_i = \frac{\lambda_i}{\mu_i} < 1 \qquad \text{die Auslastung des M/M/1-Systems} \\ \text{(vgl. Gl. (2.30))}$$

<u>Beweis</u>

Wir verifizieren, daß die Gleichung (4.2) den folgenden Gleichgewichtsgleichungen genügt:

$$\left[\sum_{i=1}^{N} \lambda_{oi} + \sum_{i=1}^{N} \alpha_i(k_i)\mu_i \right] p(k_1,\dots,k_N) =$$

$$= \sum_{i=1}^{N} \lambda_{oi} \in (k_i) \, p(k_1,\dots,k_i-1,\dots,k_N) \tag{4.6}$$

$$+ \sum_{i=1}^{N} \alpha_i(k_i+1)\mu_i \left[1 - \sum_{j=1}^{N} p_{ij} \right] p(k_1,\dots,k_i+1,\dots,k_N)$$

$$+ \sum_{i=1}^{N} \sum_{j=1}^{N} \alpha_j(k_j+1)\,\mu_j\;p_{ji}\;p(k_1,\ldots,k_j+1,\ldots,k_i-1,\ldots,k_N)$$

Die linke Seite dieses Gleichungssystems (4.6) beschreibt die Abgangsrate aus dem Zustand $\underline{k}=(k_1,\ldots,k_N)$. Die rechte Seite beinhaltet in der ersten Zeile die Zugangsraten in den Zustand $\underline{k}$ gemäß den externen Ankünften, in der zweiten Zeile die Abgänge aus dem Netz und in der dritten Zeile die Übergänge von einem Knoten in den anderen Knoten.

Die binäre Funktion $\in(k_i)$ ergibt sich aus der Formel:

$$\in(k_i) = \begin{cases} 0 & k_i=0 \\ & \text{falls} \\ 1 & k_i>0 \end{cases} \qquad (4.7)$$

d.h. ein Übergang ist nicht möglich, wenn sich im Knoten kein Auftrag befindet.
Der Wert der Funktion

$$\alpha_i(k_i) = \begin{cases} k_i & k_i \leqslant m_i \\ & \text{falls} \\ m_i & k_i \geqslant m_i \end{cases} \qquad (4.8)$$

gibt die Anzahl der Aufträge an, die im i-ten Knoten bedient werden, wenn die Gesamtanzahl der Aufträge in diesem i-ten Knoten k_i ist.
Jetzt benötigen wir die folgenden Gleichungen, die aus (4.1) und (4.3) leicht abgeleitet werden können:

$$\frac{p(k_1,\ldots,k_i+1,\ldots,k_N)}{p(k_1,\ldots,k_i,\ldots,k_N)} = \frac{p_1(k_1)\cdots p_i(k_i+1)\cdots p_N(k_N)}{p_1(k_1)\cdots p_i(k_i)\cdots p_N(k_N)}$$

$$= \frac{\lambda_i}{\mu_i\,\alpha_i(k_i+1)}$$

$$\frac{p(k_1,\ldots,k_i-1,\ldots,k_N)}{p(k_1,\ldots,k_i,\ldots,k_N)} = \frac{\mu_i \alpha_i(k_i)}{\lambda_i} \tag{4.9}$$

$$\frac{p(k_1,\ldots,k_j+1,\ldots,k_i-1,\ldots,k_N)}{p(k_1,\ldots,k_j,\ldots,k_i,\ldots,k_N)} = \frac{\lambda_j \mu_i \alpha_i(k_i)}{\lambda_i \mu_j \alpha_j(k_j+1)}$$

Die Gleichung (4.6) wird durch $p(k_1,\ldots,k_N)$ dividiert und die Gleigung (4.9) eingesetzt. Wir erhalten dann unter Verwendung der Äquivalenz $\in(k_i)\ \alpha_i(k_i) \equiv \alpha_i(k_i)$:

$$\sum_{i=1}^{N} \lambda_{oi} + \sum_{i=1}^{N} \alpha_i(k_i)\mu_i = \sum_{i=1}^{N} \left[1 - \sum_{j=1}^{N} p_{ij} \right] \lambda_i$$

$$+ \sum_{i=1}^{N} \frac{\lambda_{oi}\mu_i\alpha_i(k_i)}{\lambda_i} \tag{4.10}$$

$$+ \sum_{i=1}^{N} \sum_{j=1}^{N} \frac{\mu_i\alpha_i(k_i)}{\lambda_i} p_{ji}\lambda_j$$

Aus der Gleichung (4.1) sieht man, daß die erste Zeile der rechten Seite von (4.10) wie folgt geschrieben werden kann:

$$\sum_{i=1}^{N} \left[1 - \sum_{j=1}^{N} p_{ij} \right] \lambda_i = \sum_{i=1}^{N} \lambda_{oi}$$

und die dritte Zeile derselben Gleichung

$$\sum_{i=1}^{N} \sum_{j=1}^{N} \left[\frac{\mu_i\alpha_i(k_i)}{\lambda_i} \right] p_{ji}\lambda_j = \sum_{i=1}^{N} \mu_i\alpha_i(k_i) - \sum_{i=1}^{N} \frac{\lambda_{oi}\mu_i\alpha_i(k_i)}{\lambda_i}$$

Wir setzen diese Ergebnisse in die rechte Seite der Gleichung (4.10) ein und erhalten denselben Ausdruck wie auf der linken Seite. q.e.d.

Aus den Zustandswahrscheinlichkeiten (4.2) können Leistungsgrößen wie z.B. Auslastung, mittlere Warteschlangenlängen, mittlere Verweilzeiten, mittlere Wartezeiten, mittlere Anzahl der Aufträge in den Knoten und Durchsatz des Systems berechnet werden.

Für den M/M/1-Fall erhalten wir die folgenden Leistungsgrößen:

Die <u>Auslastung</u> des i-ten Knotens ist (vgl. Gl.(2.30)

$$\rho_i = \frac{\lambda_i}{\mu_i} \qquad (4.11)$$

Der <u>Gesamtdurchsatz</u> des Netzwerkes ist gegeben durch

$$\lambda = \sum_{i=1}^{N} \lambda_{oi} \qquad (4.12)$$

Die <u>mittlere Anzahl der Aufträge</u> im Knoten i ist (vgl. Gl.(2.37)

$$\bar{k}_i = \sum_{k_i=1}^{\infty} k_i \, p_i(k_i) = \frac{\rho_i}{1-\rho_i} \qquad (4.13)$$

und die <u>Varianz der Anzahl der Aufträge</u> im i-ten Knoten

$$\sigma_{k_i}^2 = \sum_{k_i=0}^{\infty} k_i^2 \, p_i(k_i) - \bar{k}_i^2 = \frac{\rho_i}{(1-\rho_i)^2} \qquad (4.14)$$

Die <u>mittlere Verweilzeit eines Auftrags</u> des i-ten Knotens kann mit Hilfe des vom Kapitel 2 bekannten Little'schen Gesetzes ermittelt werden:

$$\bar{t}_i = \frac{\bar{k}_i}{\lambda_i} = \frac{1}{\mu_i(1-\rho_i)} \qquad (4.15)$$

Die <u>mittlere Wartezeit eines Auftrags</u> im i-ten Knoten ergibt sich aus: (vgl. Gl.(2.36)

$$\bar{w}_i = \bar{t}_i - 1/\mu_i = \frac{\rho_i}{\mu_i(1-\rho_i)} \qquad (4.16)$$

Die <u>mittlere Warteschlangenlänge</u> im i-ten Knoten wird wieder mit Hilfe des Little'schen Gesetzes bestimmt: (vgl. Gl.(2.39)

$$\bar{Q}_i = \lambda_i \bar{w}_i = \frac{\rho_i^2}{1-\rho_i} \qquad (4.17)$$

und die <u>Varianz der Anzahl der Aufträge</u>, die in der Warteschlange sind, ist

$$\sigma^2_{Q_i} = \sum_{k_i=1}^{\infty} (k_i-1)^2 \, p_i(k_i) - \bar{Q}_i^2 = \frac{\rho_i^2 \, (1+\rho_i-\rho_i^2)}{(1-\rho_i)^2} \qquad (4.18)$$

Die <u>mittlere Gesamtverweilzeit</u> $\bar{t}$ der Aufträge im Netz kann aus der folgenden Formel durch Anwendung des Little'schen Gesetzes ermittelt werden:

$$\bar{t} = \frac{\bar{K}}{\lambda} = \frac{1}{\lambda} \sum_{i=1}^{N} \bar{k}_i = \frac{1}{\lambda} \sum_{i=1}^{N} \frac{\rho_i}{1-\rho_i} \qquad (4.19)$$

Die <u>Wartezeitverteilung</u> errechnet sich zu

$$F_{w_i}(x) = 1-\rho_i \, \exp \{-\mu_i(1-\rho_i)x\} \qquad \text{für } x>0 \qquad (4.20)$$

und die <u>Verweilzeitverteilung</u>

$$F_{t_i}(x) = 1- \exp \{-\mu_i(1-\rho_i)x\} \qquad \text{für } x>0 \qquad (4.21)$$

Im <u>M/M/m-Fall</u> erhalten wir die folgenden Formeln:
Die <u>Auslastung des i-ten Knotens</u> ist (vgl. Gl.(2.32))

$$\rho_i = \frac{\lambda_i}{m_i \mu_i} \qquad (4.22)$$

Die <u>mittlere Warteschlangenlänge</u> ist

$$\bar{Q}_i = \sum_{k_i=1}^{\infty} (k_i-m_i) \, p_i(k_i) = p_i(0) \, \frac{(m_i \rho_i)^{m_i} \cdot \rho_i}{m_i! \, (1-\rho_i)^2} \qquad (4.23)$$

Aus dem <u>Little'schen Gesetz</u> ermitteln wir die <u>mittlere Warte-zeit</u> eines Auftras im i-ten Knoten

$$\bar{w}_i = \frac{\bar{Q}_i}{\lambda_i} \qquad (4.24)$$

Die <u>mittlere Verweilzeit</u> eines Auftrags im i-ten Knoten ist

$$\bar{t}_i = \bar{w}_i + \frac{1}{\mu_i} \qquad (4.25)$$

Die <u>mittlere Anzahl der Aufträge</u> im i-ten Knoten kann ebenfalls aus dem Little'schen Gesetz bestimmt werden (vgl. Gl.(2.38))

$$\bar{k}_i = \lambda \, \bar{t}_i = m_i \rho_i + \bar{Q}_i \qquad (4.26)$$

Der Gesamtdurchsatz und die mittlere Gesamtverweilzeit der Aufträge im Netz können auch in diesem Fall aus den Gleichungen (4.12) bzw. (4.19) berechnet werden:

Die <u>Wartezeitverteilung</u> bekommt die folgende Form:

$$F_{w_i}(x) = 1 - p_i(0) \, \frac{m_i \rho_i^{\,m_i}}{m_i! \, (1-\rho_i)} \, \exp\{-m_i \mu_i (1-\rho_i)x\}$$
$$\text{für } x > 0 \qquad (4.27)$$

Eine andere interessierende Größe ist häufig die mittlere Anzahl der Besuche e_i eines Auftrags beim i-ten Knoten.
Es gilt:

$$e_i = \frac{\lambda_i}{\lambda} \qquad (4.28)$$

Da im Durchschnitt λ Aufträge pro Zeiteinheit von außen in das System gelangen und jeder den i-ten Knoten im Mittel e_i-mal besucht, muß die Ankunftsrate λ_i in den i-ten Knoten gleich $\lambda.e_i$ sein. Mit Hilfe der Gleichungen (4.1) und (4.28) können wir die e_i auch unmittelbar aus den Übergangswahrscheinlichkeiten bestimmen:
$(\lambda_{oi}=\lambda.p_{oi})$

$$e_i = p_{oi} + \sum_{j=1}^{N} e_j p_{ji} \qquad (4.29)$$

Zur Verdeutlichung dieser Methode werden die folgenden Beispiele durchgeführt.

<u>Beispiel 4.1</u>

Das folgende Rechensystem wird mit Hilfe der "Jackson-Methode" analysiert:

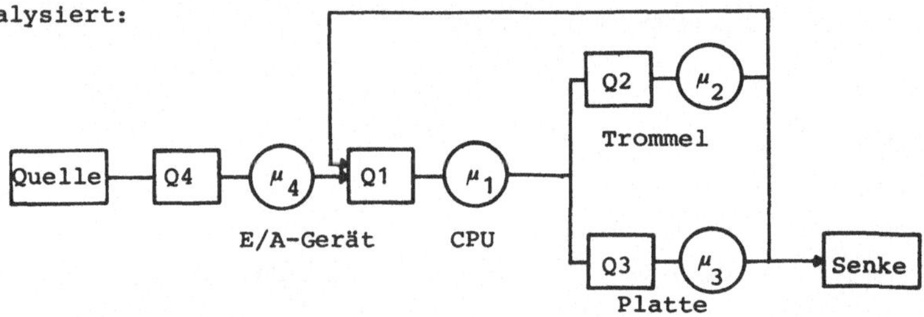

Fig. 4.1 Offenes Warteschlangenmodell für ein Rechensystem

Die Anzahl der Knoten ist N=4, wobei jeder Knoten eine einzige Bedieneinheit (m_2=1) hat. Die Bedienzeiten der Aufträge in jedem Knoten sind exponentiell verteilt mit der Rate μ_i. Die Abarbeitungsstrategie in jedem Knoten ist FCFS. Die Zwischenankunftszeiten sind exponentiell verteilt und die Ankunftsrate ist λ=4 Aufträge/sec. Ein Auftrag tritt in das System durch den E/A-Prozessor 4 ein. Wenn der Auftrag von E/A-Prozessor 4 bedient ist, wird er in den Hauptspeicher geladen und ist bereit zur Bearbeitung durch die CPU. Nachdem ein Auftrag von der CPU bedient worden ist, geht er mit der Wahrscheinlichkeit p_{12}=0.5 zum Trommelspeicher oder mit p_{13}=0.5 zum Plattenspeicher. Aus dem Trommelspeicher geht ein Auftrag mit p_{21}=1 zurück zur CPU und aus dem Plattenspeicher mit p_{31}=0.6 zurück zur CPU oder verläßt das System mit $p_{3,N+1}$=0.4. Die Bedienzeiten sind wie folgt gegeben:

$$\frac{1}{\mu_1} = 0.04 \text{ sec} \qquad \frac{1}{\mu_2} = 0.03 \text{ sec} \qquad \frac{1}{\mu_3} = 0.06 \text{ sec} \qquad \frac{1}{\mu_4} = 0.05 \text{ sec}$$

Aus der Gleichung (4.1) erhalten wir

$$
\begin{aligned}
\lambda_1 &= \lambda_2\, p_{21} + \lambda_3\, p_{31} + \lambda_4\, p_{41} = 20 \quad \text{Aufträge / sec} \\
\lambda_2 &= \lambda_1\, p_{12} \qquad\qquad\qquad\quad\ = 10 \qquad " \qquad " \\
\lambda_3 &= \lambda_1\, p_{13} \qquad\qquad\qquad\quad\ = 10 \qquad " \qquad " \\
\lambda_4 &= \lambda \qquad\qquad\qquad\qquad\quad\ \ = 4 \qquad " \qquad "
\end{aligned}
$$

Die Auslastung der einzelnen Knoten wird mit Gl.(4.11) ermittelt:

$$\rho_1 = \underline{0.8} \qquad \rho_2 = \underline{0.3} \qquad \rho_3 = \underline{0.6} \qquad \rho_4 = \underline{0.2}$$

Wir betrachten den Zustand $\underline{k}$=(3,2,4,1). Die Wahrscheinlichkeit für diesen Zustand kann man aus Jackson's Theorem (4.2) ermitteln:

$$p(3,2,4,1) = p_1(3)\ p_2(2)\ p_3(4)\ p_4(1) = \underline{0.000048}$$

wobei aus der Gleichung (4.5) folgt

$$
\begin{aligned}
p_1(3) &= (1-\rho_1)\ \rho_1^{\,3} = \underline{0.1} & \qquad p_3(4) &= (1-\rho_3)\ \rho_3^{\,4} = \underline{0.05} \\
p_2(2) &= (1-\rho_2)\ \rho_2^{\,2} = \underline{0.06} & \qquad p_4(1) &= (1-\rho_4)\ \rho_4^{\,1} = \underline{0.16}
\end{aligned}
$$

Die mittlere Anzahl der Aufträge im i-ten Knoten (i=1,2,3,4) ist gegeben durch die Gl. (4.13):

$$\bar{k}_1 = \underline{4} \qquad\qquad \bar{k}_2 = \underline{0.43} \qquad\qquad \bar{k}_3 = \underline{1.5} \qquad\qquad \bar{k}_4 = \underline{0.25}$$

Andere Leistungsgrößen können ähnlich aus den entsprechenden Gleichungen berechnet werden.

Beispiel 4.2

Wir betrachten ein anderes offenes Warteschlangenmodell, in dem
die Knoten aus $m_i > 1$ Bedieneinheiten bestehen.

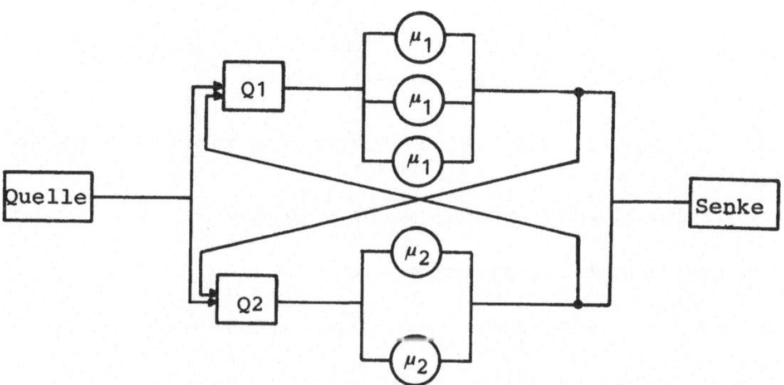

Fig. 4.2   Offenes Warteschlangenmodell eines Mehrprozessorsystems

Der erste Knoten besteht aus $m_1=3$ identischen Prozessoren, deren
Bedienzeiten exponentiell mit der mittleren Bedienzeit $\frac{1}{\mu_1}$ = 0.26 s
verteilt sind. Der zweite Knoten hat $m_2=2$ identische Prozessoren,
die auch exponentiell verteilte Bedienzeiten $\frac{1}{\mu_2}$ = 0.18 sec haben.
Die Abarbeitungsstrategie in beiden Warteschlangen ist FCFS.

Die Übergangswahrscheinlichkeiten sind wie folgt gegeben:

$$P_{o1} = P_{o2} = P_{12} = P_{13} = P_{23} = P_{21} = 0.5$$

und die Ankunftsrate von außen ist $\lambda=10$ Aufträge/sec. Daraus ergibt sich unmittelbar $\lambda_{oi}=\lambda \cdot P_{oi}=5$ (i=1,2).
Zunächst bestimmen wir aus der Gleichung (4.1) die folgenden Grös-
sen:

$$\lambda_1 = \lambda_{o1} + \lambda_2 P_{21} = \underline{10} \text{ Aufträge/sec.}$$

$$\lambda_2 = \lambda_{o2} + \lambda_1 P_{12} = \underline{10} \qquad \text{"}$$

Die Auslastungen der beiden Knoten sind (Gl.4.11)

$$\rho_1 = \underline{0.867} \qquad \rho_2 = \underline{0.9}$$

Die mittlere Warteschlangenlänge des ersten Knotens ist (Gl.4.23)

$$\bar{Q}_1 = p_1(0) \; \frac{(m_1 \rho_1)^{m_1} \rho_1}{m_1! \, (1 - \rho_1)^2} = \underline{4.945}$$

wobei $p_1(0)$ aus der Gleichung (4.4) ermittelt wird:

$$p_1(0) = \left[\sum_{k_1=0}^{2} \frac{(m_1 \rho_1)^{k_1}}{k_1!} + \frac{(m_1 \rho_1)^{m_1}}{m_1! \, (1 - \rho_1)} \right]^{-1} = \underline{0.0344}$$

Ähnlich kann man für den zweiten Knoten das folgende Ergebnis ermitteln:

$$\bar{Q}_2 = 7.669 \text{ Aufträge} \quad \text{wobei} \quad p_2(0) = \underline{0.0526}$$

Die mittlere Anzahl der Aufträge ist

$$\bar{k}_1 = m_1 \rho_1 + \bar{Q}_1 = \underline{7.546} \qquad \qquad \bar{k}_2 = \underline{9.469}$$

Die anderen Größen können damit leicht berechnet werden.

4.1.2 Das geschlossene Warteschlangennetz

Beim geschlossenen Warteschlangennetz gelten alle Annahmen wie beim offenen Netz mit der Ausnahme, daß keine Aufträge von außen in das System gelangen und keine Aufträge dieses System verlassen, ($\lambda_{oi} = \lambda_{io} = 0$), d.h. die Anzahl der Aufträge, die durch das System zirkulieren, ist konstant.

Es gilt

$$K = \sum_{i=1}^{N} k_i$$

Da $\lambda = 0$, bekommt die Gleichung (4.1) die folgende Form:

$$\lambda_i = \sum_{j=1}^{N} \lambda_j \, p_{ji} \qquad \text{für } i = 1, \ldots, N \qquad\qquad (4.30)$$

Mit N Knoten und K Aufträgen im System ist die Anzahl der möglichen Zustände gleich dem folgenden Binomialkoeffizienten, der angibt, wieviele unterschiedliche Möglichkeiten es gibt, K Aufträge auf N Knoten zu verteilen.

$$\binom{N + K - 1}{N - 1}$$

Theorem von Gordon/Newell (1967)

Die Wahrscheinlichkeit für den Gleichgewichtszustand $\underline{k}$ im allgemeinen geschlossenen Netzwerk ist gegeben durch

$$p(k_1,\ldots,k_N) = \frac{1}{G(K)} \prod_{i=1}^{N} \left\{ \frac{x_i^{k_i}}{\beta_i(k_i)} \right\} \qquad (4.31)$$

wobei

G(K)   die <u>Normalisierungskonstante</u> ist. Sie ergibt sich aus der
Bedingung, daß sich die Wahrscheinlichkeiten aller Systemzustände zu 1 summieren müssen.

$$G(K) = \sum_{\substack{N \\ \sum_{i=1} k_i=K}} \prod_{i=1}^{N} \left\{ \frac{x_i^{k_i}}{\beta_i(k_i)} \right\} \qquad (4.32)$$

Die Funktion $\beta_i(k_i)$ berechnet man aus der Formel

$$\beta_i(k_i) = \begin{cases} k_i! & k_i < m_i \\ m_i! m_i^{k_i-m_i} & \text{für} \quad k_i > m_i \\ 1 & m_i = 1 \end{cases} \qquad (4.33)$$

Die Parameter $x_i = \frac{\lambda_i}{\mu_i}$ (i=1,...,N) werden bestimmt durch das folgende lineare Gleichungssystem, das aus der Gleichung (4.30)
leicht abgeleitet werden kann:

$$\mu_i\, x_i = \sum_{j=1}^{N} \mu_j\, x_j\, p_{ji} \qquad (4.34)$$

x_i erhält man in Abhängigkeit von einer unbekannten $x_j (i{\neq}j)$, weil
nur (N-1) unabhängige Gleichungen existieren. Wenn der Parameter-
wert x_i in die Gleichung (4.31) eingesetzt wird, verschwinden die
unbekannten Parameter x_j.
Wir erhalten wieder eine Produktformlösung. Sie ist aber nicht
wie bei offenen Netzwerken ein Produkt der einzelnen Knotenwahr-
scheinlichkeiten. Die Zustände der Knoten sind abhängig voneinander, da die Anzahl der Aufträge im System konstant ist.

Aus den Zustandswahrscheinlichkeiten $p(k_1,\ldots,k_N)$, Gl.(4.31),
errechnen sich die Randwahrscheinlichkeiten wie folgt:

$$p_i(k_i=k) = \sum_{\substack{N \\ \sum_{i=1} k_i=K \\ \& k_i=k}} p(k_1,\ldots,k_N) \qquad (4.35)$$

Damit können alle Leistungsgrößen wie im Kapitel 2 bestimmt werden.

Beweis

In diesem Fall müssen wir wie im vorhergehenden Abschnitt verifizieren, daß die Gleichung (4.31) den globalen Gleichgewichtsgleichungen (4.6) genügen, die jetzt die folgende Form haben:

$$\left[\sum_{i=1}^{N} \in(k_i)\,\alpha_i(k_i)\,\mu_i \right]\, p(k_1,\ldots,k_N) \;=\;$$

$$= \sum_{j=1}^{N} \sum_{i=1}^{N} \in(k_i)\,\alpha_j(k_j+1)\,\mu_j\; p_{ji}\; p(k_1,\ldots,k_i-1,\ldots,k_j+1,\ldots,k_N) \tag{4.36}$$

wobei die linke Seite die Abgangsrate aus dem Zustand $(k_1,\ldots,k_N)$ und die rechte Seite die Zugangsrate aus den Nachbarzuständen in diesen Zustand beschreibt. Die Funktionen $\in(k_i)$ und $\alpha_i(k_i)$ sind gegeben durch die Gleichungen (4.7) und (4.8).

Um die Verteilung der Gleichgewichtszustände (4.31) durch die Methode der Variablenzerlegung zu bestimmen, die den Gleichungen (4.36) genügt, ist eine Variablentransformation nötig.
Daher definieren wir

$$p(k_1,\ldots,k_N) \;=\; \frac{Q(k_1,\ldots,k_N)}{\displaystyle\prod_{i=1}^{N} \beta_i(k_i)} \tag{4.37}$$

und

$$p(k_1,\ldots,k_i-1,\ldots,k_j+1,\ldots,k_N) \;=\;$$

$$\frac{\dfrac{\alpha_i(k_i)}{\alpha_j(k_j+1)}\; Q(k_1,\ldots,k_i-1,\ldots,k_j+1,\ldots,k_N)}{\displaystyle\prod_{i=1}^{N} \beta_i(k_i)}$$

Diese Gleichungen werden in die Gleichungen (4.36) eingesetzt und wir erhalten:

$$\frac{\displaystyle\sum_{i=1}^{N} \in(k_i)\,\alpha_i(k_i)\,\mu_i\; Q(k_1,\ldots,k_N)}{\displaystyle\prod_{i=1}^{N} \beta_i(k_i)} \;=\;$$

$$
= \frac{\displaystyle\sum_{j=1}^{N}\ \sum_{i=1}^{N} \in(k_i)\ \alpha_j(k_j+1)\mu_j\ P_{ji}\ \frac{\alpha_i(k_i)}{\alpha_j(k_j+1)}\ Q(k_1\ldots,k_i-1,\ldots,k_j+1,\ldots,k_N)}{\displaystyle\prod_{i=1}^{N}\ \beta_i(k_i)}
$$

Diese Gleichung kann durch Verwendung der Äquivalenz $\in(k_i)\ \alpha_i(k_i)$
$\equiv \alpha_i(k_i)$ wie folgt geschrieben werden:

$$
\sum_{i=1}^{N}\ \alpha_i(k_i)\mu_i\ Q(k_1\ldots,k_N) = \sum_{j=1}^{N}\ \sum_{i=1}^{N}\ \alpha_i(k_i)\mu_j\ P_{ji}
$$

$$
(4.38)
$$

$$
Q(k_1,\ldots,k_i-1,\ldots,k_j+1,\ldots,k_N)
$$

$Q(k_1,\ldots,k_N)$ kann in Termen von N unbekannten Parametern x_i ausgedrückt werden:

$$
Q(k_1,\ldots,k_N) = \left\{ \prod_{i=1}^{N}\ x_i^{k_i} \right\}\ \cdot\ \text{constant}
$$

Dieser Ausdruck wird in (4.38) eingesetzt.

$$
\sum_{i=1}^{N}\ \alpha_i(k_i)\ \left\{ \mu_i - \sum_{j=1}^{N}\ \mu_j\ P_{ji}\left(\frac{x_j}{x_i}\right) \right\} = 0
$$

Da es unmöglich ist, daß sich ein Auftrag gleichzeitig in mehreren Knoten befindet, folgt daraus, daß die Koeffizienten $\alpha_i(k_i)$
verschwinden. Daher erhalten wir die Gleichung (4.34). Durch Anwendung von (4.37) folgt dann (4.31). q.e.d.

Das folgende Beispiel dient der Verdeutlichung der bisherigen Definitionen:

Beispiel 4.3

Es sei das folgende allgemeine geschlossene Warteschlangenmodell
mit $N=3$ und $K=3$ gegeben (Fig. 4.3).

Die Übergangswahrscheinlichkeiten sind

$$
\begin{array}{lll}
P_{11}=0.6 & P_{21}=0.2 & P_{31}=0.4 \\
P_{12}=0.3 & P_{22}=0.3 & P_{32}=0.1 \\
P_{13}=0.1 & P_{23}=0.5 & P_{33}=0.5
\end{array}
$$

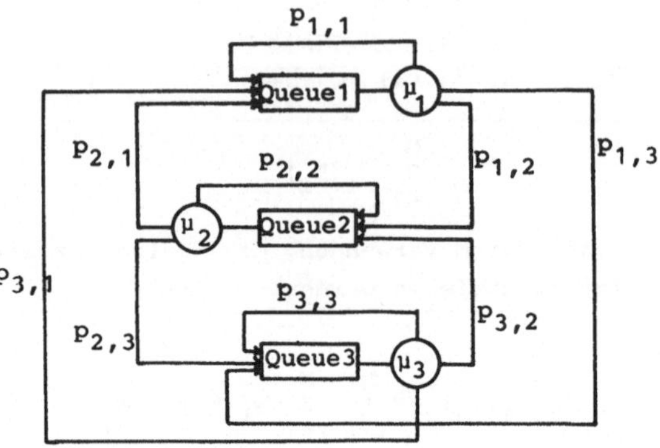

Fig. 4.3   Ein geschlossenes Warteschlangennetzwerk

Die Bedienzeit jedes Knotens, bestehend aus einer Bedieneinheit (m_i=1; i=1,2,3), ist exponentiell verteilt mit den folgenden Bedienraten:

$$\mu_1=0.8 \text{ sec}^{-1} \qquad \mu_2=0.6 \text{ sec}^{-1} \qquad \mu_3=0.4 \text{ sec}^{-1}$$

Die Warteschlangenstrategien sind FCFS.

Für dieses Netz gibt es

$$\binom{K + N - 1}{N - 1} = \underline{10} \text{ Zustände:}$$

(3,0,0), (2,1,0), (2,0,1), (1,2,0), (1,1,1)
(1,0,2), (0,3,0), (0,2,1), (0,1,2), (0,0,3)

Zunächst bestimmen wir die Parameter x_i aus der Gl.(4.34)

$$\mu_1 x_1 = \mu_1 x_1 p_{11} + \mu_2 x_2 p_{21} + \mu_3 x_3 p_{31}$$

$$\mu_2 x_2 = \mu_1 x_1 p_{12} + \mu_2 x_2 p_{22} + \mu_3 x_3 p_{32}$$

$$\mu_3 x_3 = \mu_1 x_1 p_{13} + \mu_2 x_2 p_{23} + \mu_3 x_3 p_{33}$$

Es ergibt sich $x_2 = \underline{0.71} \, x_1$ $x_3 = \underline{1.467} \, x_1$

Die Normalisierungskonstante G(K) Gl.(4.32) errechnet sich zu

$$G(3) = x_1^3 x_2^0 x_3^0 + x_1^2 x_2^1 x_3^0 + x_1^2 x_2^0 x_3^1 + x_1^1 x_2^2 x_3^0 + x_1^1 x_2^1 x_3^1 +$$

$$+ x_1^1 x_2^0 x_3^2 + x_1^0 x_2^3 x_3^0 + x_1^0 x_2^2 x_3^1 + x_1^0 x_2^1 x_2^2 + x_1^0 x_2^0 x_3^3 =$$

$$= \underline{12.657} \, x_1^3$$

Da $m_i=1$, sind $\beta_i(k)=1$ für $k=1,\ldots,K$.

Gordon/Newell's Theorem (4.31) liefert die folgenden Zustandswahrscheinlichkeiten:

$p(3,0,0) = 0.079$		$p(1,0,2) = 0.082$
$p(2,1,0) = 0.056$		$p(0,3,0) = 0.058$
$p(2,0,1) = 0.0398$		$p(0,2,1) = 0.17$
$p(1,2,0) = 0.028$		$p(0,1,2) = 0.12$
$p(1,1,1) = 0.116$		$p(0,0,3) = 0.249$

Aus der Gl.(4.35) können dann die Randwahrscheinlichkeiten ermittelt werden:

$$P_1(0) = p(0,3,0)+ p(0,2,1)+ p(0,1,2)+ p(0,0,3) = 0.4569$$

$$P_1(1) = p(1,2,0)+ p(1,1,1)+ p(1,0,2) = 0.2922$$

$$P_1(2) = p(2,1,0)+ p(2,0,1) = 0.172$$

$$P_1(3) = p(3,0,0) = 0.079$$

$$P_2(0) = p(2,0,1)+ p(1,0,2)+ p(0,0,3) = 0.2035$$

$$P_2(1) = p(2,1,0)+ p(1,1,1)+ p(0,1,2) = 0.2594$$

$$P_2(2) = p(1,2,0)+ p(0,2,1) = 0.0985$$

$$P_2(3) = p(0,3,0) = 0.0284$$

$$P_3(0) = p(3,0,0)+ p(2,1,0)+ p(1,2,0)+ p(0,3,0) = 0.2035$$

$$P_3(1) = p(2,0,1)+ p(1,1,1)+ p(0,2,1) = 0.2568$$

$$P_3(2) = p(1,0,2)+ p(0,1,2) = 0.29$$

$$P_3(3) = p(0,0,3) = 0.2491$$

Wie von Kapitel 2 bekannt, können wir aus diesen Zustandswahrscheinlichkeiten andere Leistungsgrößen leicht berechnen, wie z.B.
Auslastung der Knoten (Gl.(2.31)))

$$\rho_i - 1-p_i(0) \qquad \text{für } i=1,2,3$$

$$\rho_1 = \underline{0.543} \qquad \rho_2 = \underline{0.386} \qquad \rho_3 = \underline{0.796}$$

oder die mittlere Anzahl der Aufträge in einzelnen Knoten (Gl.(2.37))

$$\bar{k}_1 = \underline{0.87} \qquad \bar{k}_2=\underline{0.54} \qquad \bar{k}_3=\underline{1.58}$$

Durch Anwendung der entsprechenden Formeln können auch andere
Leistungsgrößen bestimmt werden.

Obwohl diese Produktformlösungen, Gl.(4.31), einfach ausgedrückt
werden können, kann die Berechnung der Zustandswahrscheinlichkeiten wegen der Normalisierungskonstanten $G(K)$ sehr aufwendig sein.
Wie dieses Beispiel auch zeigt, müssen sogar für die kleine Anzahl von Aufträgen ($K=3$) enorme Berechnungen durchgeführt werden.
1971 hat Buzen /BUZE 71,73/ einen Algorithmus für die Bestimmung
der Normalisierungskonstanten entwickelt und gezeigt, wie die
Leistungsgrößen eines Warteschlangennetzes aus den Systemparametern (z.B. Bedienzeiten, usw.) und der Normalisierungskonstanten
berechnet werden können. Viele Rechensysteme, die für die Analyse
zu komplex erschienen, konnten jetzt durch die /BUZE 71,73/-Algo-
rithmen untersucht werden.

Die Normalisierungskonstante

Inzwischen existieren viele Algorithmen für die Ermittlung der
Normalisierungskonstanten. Wir werden in diesem Abschnitt drei be-
kannte Algorithmen ausführlich behandeln und anhand von Beispielen erläutern.

a) Algorithmus von Buzen (1971/73)

Seien x_i ($i=1,\ldots,N$) gegeben durch

$$x_i = \frac{e_i}{\mu_i} \qquad (4.39)$$

wobei e_i die mittlere Anzahl der Besuche eines Auftrags beim i-ten
Knoten, die wie in der Gl.(4.29) aus den Übergangswahrscheinlichkeiten berechnet werden kann ($p_{0i}=0$)

$$e_i = \sum_{j=1}^{N} e_j\, p_{ji} \qquad (i=1,\ldots,N) \qquad (4.40)$$

Da es im geschlossenen Netz $N-1$ unabhängige Gleichungen gibt,
nimmt man $e_1=1$ an.
Wir definieren die folgende Hilfsfunktion:

$$g(k,n) = \sum_{\substack{\sum\limits_{i=1}^{n} k_i = k}} \prod_{i=1}^{n} \frac{x_i^{\,k_i}}{\beta_i(k_i)} \quad \text{für} \quad \begin{array}{l} n=1,\ldots,N \\ k \geqslant 0 \end{array} \qquad (4.41)$$

wobei $\beta_i(k_i)$ aus der Gl.(4.33) bestimmt wird.

Für $1<n\leqslant N$ gilt

$$g(k,n) = \sum_{\substack{l=0 \\ \sum\limits_{i=1}^{n} k_i=K \\ \&k_n = 1}}^{k} \sum \prod_{i=1}^{n} \frac{x_i^{k_i}}{\beta_i(k_i)} =$$

$$= \sum_{\substack{l=0 \\ \sum\limits_{i=1}^{n} k_i=k-1 \\ \&k_n = 0}}^{k} \frac{x_n^{l}}{\beta_n(1)} \sum \prod_{i=1}^{n-1} \frac{x_i^{k_i}}{\beta_i(k_i)} =$$

$$= \sum_{l=0}^{k} \frac{x_n^{l}}{\beta_n(1)} \; g(k-1,n-1) \qquad\qquad (4.42)$$

Aus Gl.(4.41) folgt unmittelbar

$$g(k,1) = \frac{x_1^{k}}{\beta_1(k)} \qquad \text{für } k=1,\ldots,K$$

$$\qquad\qquad\qquad\qquad\qquad\qquad\qquad (4.43)$$

$$g(O,n) = 1 \qquad\qquad \text{für } n=1,\ldots,N$$

Die Gleichungen (4.42) und (4.43) definieren vollständig den Algorithmus, der in der folgenden Tabelle schematisch dargestellt ist:
(Tabelle 4.1)

Die Iteration Gl.(4.42) zusammen mit den Anfangsbedingungen Gl.
(4.43) definieren den Algorithmus für G(K) vollständig. Das eigent-
liche Ziel des Algorithmus ist die Bestimmung des untersten Wertes
der letzten Spalte, weil dieser Wert g(K,N) die Normalisierungskonstante G(K) ist. Die Werte g(k,N) der letzten Spalte sind aber
auch wichtig, weil man mit ihnen unter Umgehung der Zustandswahrscheinlichkeiten die Leistungsgrößen berechnen kann.

K	$x_1 \quad x_2 \cdots\cdots\cdots \quad x_{n-1}$		$x_n \cdots\cdots x_N$
0	$1 \quad 1 \qquad g(0,n)\dfrac{x_n^{\,k}}{\beta_n(k)}$	$+\longrightarrow$	$1 \ \cdots\cdots\ 1$
1	$g(1,n-1)\dfrac{x_n^{\,k-1}}{\beta_n(k-1)}$	$+\longrightarrow$	
2	$g(2,n-1)\dfrac{x_n^{\,k-2}}{\beta_n(k-2)}$	$+\longrightarrow$	
. . .			
$k-2$	$g(k-2,n-1)\dfrac{x_n^{\,2}}{\beta_n(2)}$	$+\longrightarrow$	
$k-1$	$g(k-1,n-1)\dfrac{x_n^{\,1}}{\beta_n(1)}$	$+\longrightarrow$	
k	$g(k,n-1)\dfrac{x_n^{\,0}}{\beta_n(0)}$	$+\longrightarrow g(k,n)$	
. . .			
K	$\dfrac{x_1^{\,k}}{\beta_1(k)}$		$g(K,N)$

Tab.4.1 Algorithmus von Buzen

b) <u>Algorithmus von Chandy, Herzog und Woo (1975)</u>

Der Algorithmus von Buzen /BUZE 71,73/ ist von /CHAN 75a/ wie folgt
erweitert worden:

Ein (K+1)-dimensionaler Vektor wird definiert:

$$G_i = \begin{bmatrix} G(0,i) \\ G(1,i) \\ G(2,i) \\ \vdots \\ G(K,i) \end{bmatrix} \qquad \text{für } i=1,\ldots,N$$

Die Vektoren G_i $(i=1,\ldots,N)$ können aus der folgenden Gleichung bestimmt werden:

$$G_i = G_{i-1} \circledast Y_i \qquad (4.44)$$

mit dem Anfangswert

$$G_o = \begin{bmatrix} 1 \\ 0 \\ \vdots \\ 0 \end{bmatrix}$$

und

$$Y_i = \begin{bmatrix} y_i(0) \\ y_i(1) \\ \vdots \\ y_i(K) \end{bmatrix}$$

wobei die Komponenten $y_i(\cdot)$ iterativ berechnet werden können:

$$y_i(0) = 1$$

$$y_i(k) = \frac{y_i(k-1)e_i}{\mu_i(k)} \qquad \text{für} \qquad \begin{array}{l} i=1,\ldots,N \\ k=1,\ldots,K \end{array} \qquad (4.45)$$

e_i ergibt sich aus der Gl.(4.40) und $\mu_i(k)$ ist die lastabhängige mittlere Bedienrate des i-ten Knotens.

$\circledast$ ist eine Faltungsoperation, die wie folgt erklärt wird:

Seien A,B,C drei (K+1)-dimensionale Vektoren. Die Faltungsoperation $\circledast$ ergibt das folgende Ergebnis:

$$C = A \circledast B, \text{ d.h.}$$

$$c(i) = \sum_{j=o}^{i} a(j)\, b(i-j) \qquad i=0,1,\ldots,K$$

Wir werden diesen Algorithmus bei der parametrischen Analyse im Kapitel 6.3 auf ein Beispiel anwenden.

c) <u>Algorithmus von Kobayashi (1978)</u>

Mit Hilfe des Aufzählungstheorems von Polya hat /KOBA 78,79/ den folgenden iterativen Ausdruck für das zyklische Indexpolynom Z_{S_k} abgeleitet:

$$G(k,N) = Z_{S_k}(\tau_1,\ldots,\tau_k) = \begin{cases} \dfrac{1}{k} \displaystyle\sum_{l=0}^{k-1} \tau_{k-l}\, Z_{S_l}(\tau_1,\ldots,\tau_l) & k>1 \\[2ex] & \text{für} \\[2ex] 1 & k=o \end{cases}$$

$$(4.46)$$

wobei

$$\tau_l = \sum_{i=1}^{N} x_i^{\,l} \qquad\qquad l=1,2,3,\ldots \qquad\qquad (4.47)$$

x_i ist gegeben durch die Gl.(4.39)

Die Gleichung (4.46) für k=1,2,3,4 ist in der folgenden Tabelle (4.2) dargestellt:

Tab.4.2   <u>Algorithmus von Kobayashi</u>

k	$G(k,N) = Z_{S_k}$
o	1
1	τ_1
2	$1/2\ (\tau_1^{\,2}+\tau_2)$
3	$1/6\ (\tau_1^{\,3}+3\tau_1\tau_2+2\tau_3)$
4	$1/24\ (\tau_1^{\,4}+6\tau_1^{\,2}\tau_2+3\tau_2^{\,2}+8\tau_1\tau_3+6\tau_4)$

<u>Bemerkung</u>

Wir haben drei Algorithmen behandelt, von denen der erste und zweite Algorithmus auf Netze mit lastabhängigen und lastunabhängigen Knoten mit $m_i \geq 1$ Bedieneinheiten angewandt werden können und der dritte Algorithmus auf Netze mit kleiner Anzahl von Aufträgen und Knoten mit einer Bedieneinheit $m_i=1$ beschränkt ist. Es gibt auch andere Algorithmen wie z.B. derjenige von /REIS 75a/, der auf Horner's Regel basiert oder der von /MOOR 72/, der mit einem kombinatorischen Lemma einen Ausdruck für G(K) erhält.

Mit Hilfe der Normalisierungskonstanten $G(K)$ können wir zunächst die Randwahrscheinlichkeiten p_i und daraus alle interessierenden Leistungsgrößen bestimmen.

Die <u>Wahrscheinlichkeit</u>, daß im i-ten Knoten genau k Aufträge sind, ergibt sich aus:

$$p_i(k_i=k) = \frac{x_i^{\,k}}{G(K)}\,[G(K-k)-x_i\,G(K-k-1)] \qquad (4.48)$$

wobei x_i aus der Gl.(4.39) ermittelt werden kann.

<u>Beweis</u>

Die Wahrscheinlichkeit, daß im i-ten Knoten genau k Aufträge sind, kann wie folgt ausgedrückt werden:

$$p_i(k_i=k) = \sum_{\substack{N \\ \sum\limits_{i=1} k_i=K \\ \&k_i=k}} p(k_1,\dots,k_N)$$

$$= \sum_{\substack{N \\ \sum\limits_{i=1} k_i=K \\ \&k_i=k}} \frac{1}{G(K)} \prod_{j=1}^{N} x_j^{\,k_j}$$

$$= \frac{x_i^{\,k}}{G(K)} \sum_{\substack{N \\ \sum\limits_{i=1} k_i=K \\ \&k_i=k}} \prod_{\substack{j=1 \\ j\neq i}}^{N} x_j^{\,k_j}$$

$$= \frac{x_i^{\,k}}{G(K)}\,[G(K-k)-x_i\,G(K-k-1)] \qquad\qquad q.e.d.$$

Der <u>Durchsatz</u> ergibt sich für den lastunabhängigen und lastabhängigen Fall aus der folgenden Formel:

$$\lambda_i = \lambda_i(K) = e_i \cdot \frac{G(K-1)}{G(K)} \qquad i=1,\dots,N \qquad (4.49)$$

wobei e_i aus der Gl.(4.40) bestimmt werden kann.

Beweis

$$\lambda_i = \sum_{k=1}^{K} p_i(k)\mu_i$$

$$= \sum_{k=1}^{K} \frac{x_i^k}{G(K)} \, g(K-k,N) \, \mu_i$$

$$= \sum_{k=1}^{K} \frac{e_i}{\mu_i} \frac{x_i^{k-1}}{G(K)} \, g(K-k,N) \, \mu_i$$

$$= \frac{e_i}{G(K)} \sum_{k=1}^{K} x_i^{k-1} \, g(K-k,N)$$

$$= \frac{e_i}{G(K)} \sum_{k=o}^{K-1} x_i^{k-1} \, g(K-1-k,N)$$

$$= e_i \frac{G(K-1)}{G(K)} \qquad\qquad\qquad\qquad \text{q.e.d.}$$

Die Auslastung eines Knotens kann aus der bekannten Beziehung abgeleitet werden (vgl.2.30).
Wenn die Gl.(4.49) von λ_i in diese Formel eingesetzt wird, erhält man

$$\rho_i = x_i \frac{G(K-1)}{G(K)} \qquad\qquad\qquad\qquad (4.50)$$

Die mittlere Anzahl der Aufträge im i-ten Knoten ist gegeben durch (vgl. Gl.2.37):

$$\bar{k}_i = \sum_{k=1}^{K} k\, p_i(k) = \sum_{k=1}^{K} x_i^k \frac{G(K-k)}{G(K)} \quad \text{für } i=1,\ldots,N \qquad (4.51)$$

Der l-te Moment der Anzahl der Aufträge im i-ten Knoten ist

$$\bar{k}_i^{\,l} = \sum_{k=1}^{K} x_i^k \frac{G(K-k)}{G(K)} \, [k^l-(k-1)^l] \quad \text{für } i=1,\ldots,N) \qquad (4.52)$$

Die mittlere Verweilzeit kann aus der bekannten Little'schen Formel bestimmt werden (vgl. Gl.2.38):

$$\bar{t}_i = \sum_{k=1}^{K} x_i^k \frac{G(K-k)}{G(K-1)e_i} \qquad\qquad \text{für } i=1,\ldots,N \qquad (4.53)$$

Die <u>mittlere Wartezeit</u> ergibt sich aus der bekannten Beziehung:
(vgl.Gl.(2.36)

$$\bar{w}_i = \bar{t}_i - 1/\mu_i$$

Die <u>mittlere Warteschlangenlänge</u> kann mit dem Little'schen Gesetz
(Gl.2.39) bestimmt werden.

Im nächsten Abschnitt werden wir die Anwendungen der Algorithmen
für die Normalisierungskonstante und der Gleichungen für die Leistungsgrößen anhand von Beispielen zeigen.

Beispiel 4.4

Hier behandeln wir das Beispiel 4.3, wobei jetzt die Leistungsgrößen mit Hilfe der Normalisierungskonstanten /BUZE 71,73/ berechnet werden.

Zunächst bestimmen wir e_i aus der Gl.(4.40):

$$e_1 = e_1 p_{11} + e_2 p_{21} + e_3 p_{31} = \underline{1}$$
$$e_2 = e_1 p_{12} + e_2 p_{22} + e_3 p_{32} = \underline{0.533}$$
$$e_3 = e_1 p_{13} + e_2 p_{23} + e_3 p_{33} = \underline{0.732}$$

Aus der Gl.(4.39) bekommen wir x_i (i=1,2,3)

$$x_1 = \underline{1.25} \qquad x_2 = \underline{0.888} \qquad x_3 = \underline{1.83}$$

Die Tabelle 4.1 liefert uns die Normalisierungskonstante:

K	x_1=1.25	x_2=0.888	x_3=1.83
O	1	1	1
1	1.25	2.138	3.968
2	1.5625	3.46	10.721
3	1.953	5.026	24.646

Die Wahrscheinlichkeit, daß z.B. im 1.Knoten genau 2 Aufträge
sind, bestimmen wir aus der Gl.(4.48):

$$P_1(k_1=2) = \frac{x_1^2}{G(3)} \ [G(1) - x_1 \ G(0)] \ = \underline{0.172}$$

<u>Der Durchsatz</u> λ_i (i=1,2,3) ergibt sich aus der Gl.(4.49)

$$\lambda_1 = e_1 \frac{G(2)}{G(3)} = \underline{0.435 \text{ Aufträge/sec}}$$

$$\lambda_2 = e_2 \frac{G(2)}{G(3)} = \underline{0.232} \qquad "$$

$$\lambda_3 = e_3 \frac{G(2)}{G(3)} = \underline{0.318} \qquad "$$

Die <u>Auslastungen</u> ρ_i (i=1,2,3) berechnen wir aus Gl.(4.50)

$$\rho_1 = \underline{0.543} \qquad \rho_2 = \underline{0.386} \qquad \rho_3 = \underline{0.796}$$

<u>Die mittlere Anzahl der Aufträge</u> im i-ten Knoten (i=1,2,3)(Gl.(4.51)

$$\bar{k}_1 = x_1 \frac{G(2)}{G(3)} + x_1^2 \frac{G(1)}{G(3)} + x_1^3 \frac{G(0)}{G(3)} = \underline{0.87}$$

$$\bar{k}_2 = x_2 \frac{G(2)}{G(3)} + x_2^2 \frac{G(1)}{G(3)} + x_2^3 \frac{G(0)}{G(3)} = \underline{0.54}$$

Ähnlich dann $\bar{k}_3 = \underline{1.58}$

Wie ersichtlich, haben wir die gleichen Ergebnisse, wie im Beispiel 4.3 mit einer anderen Vorgehensweise erzielt.

<u>Beispiel 4.5</u>

In diesem Beispiel betrachten wir ein Modell, das aus N=3 Knoten
und K=3 Aufträgen besteht. Der 1.Knoten hat m_1=2 identische Bedieneinheiten, der 2.Knoten m_2=3 identische Bedieneinheiten und
für den 3.Knoten gilt m_3=1 (eine Bedieneinheit) (Fig.4.4)

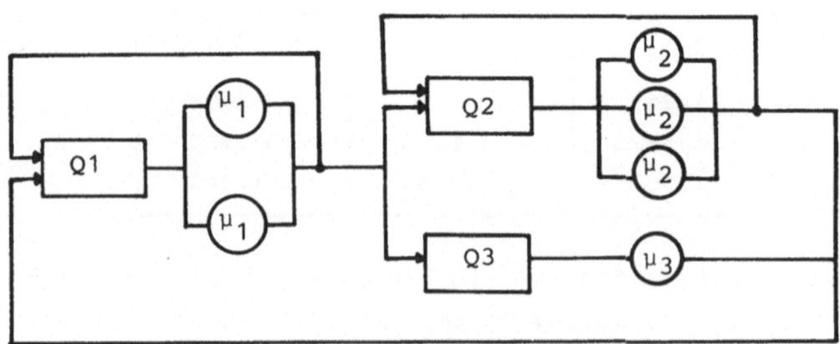

Fig.4.4   Ein geschlossenes Warteschlangennetz

Die Bedienzeit im i-ten Knoten (i=1,2,3) ist exponentiell verteilt mit den Raten

$$\mu_1 = 0.8 \ sec^{-1} \qquad \mu_2 = 0.6 \ sec^{-1} \qquad \mu_3 = 0.4 \ sec^{-1}$$

Die Übergangswahrscheinlichkeiten sind gegeben

$$P_{11} = 0.4 \qquad P_{21} = 0.6 \qquad P_{31} = 1$$
$$P_{12} = 0.4 \qquad P_{22} = 0.4$$
$$P_{13} = 0.2$$

Zunächst bestimmen wir aus der Gl.(4.40) e_i (i=1,2,3)

$$e_1 = e_1 P_{11} + e_2 P_{21} + e_3 P_{31} = \underline{1}$$
$$e_2 = e_1 P_{12} + e_2 P_{22} + e_3 P_{32} = \underline{0.667}$$
$$e_3 = e_1 P_{13} + e_2 P_{23} + e_3 P_{33} = \underline{0.2}$$

Aus der Gl.(4.39) ermitteln wir dann

$$x_1 = \underline{1.25} \qquad x_2 = \underline{1.111} \qquad x_3 = \underline{0.5}$$

Für $\beta_i(k_i)$ folgt aus der Gl.(4.33)

$$\beta_1(0) = \underline{1} \quad \beta_1(1) = \underline{1} \quad \beta_1(2) = \underline{2} \quad \beta_1(3) = \underline{4} \quad \beta_1(4) = \underline{8}$$
$$\beta_2(0) = \underline{1} \quad \beta_2(1) = \underline{1} \quad \beta_2(2) = \underline{2} \quad \beta_2(3) = \underline{6} \quad \beta_2(4) = \underline{18}$$
$$\beta_3(k) = 1 \qquad \text{für } k=0,1,2,3,4$$

Jetzt können wir die Normalisierungskonstante mit Hilfe des in der Tabelle 4.1 gezeichneten Algorithmus berechnen:

	$x_1=1.25$	$x_2=1.111$	$x_3=0.5$
0	1	1	1
1	1.25	2.36	2.86
2	0.781	2.7869	4.2169
3	0.488	2.35569	4.464
4	0.305	1.699	3.931

Den Durchsatz bestimmen wir aus der Gl.(4.49)

$$\lambda_1 = e_1 \frac{G(3)}{G(4)} = \underline{1.135}$$

$$\lambda_2 = e_2 \frac{G(3)}{G(4)} = \underline{0.757}$$

$$\lambda_3 = e_3 \frac{G(3)}{G(4)} = \underline{0.227}$$

Die Auslastung ergibt sich aus

$$\rho_1 = \frac{\lambda_1}{m_1 \mu_1} = \underline{0.709} \qquad \rho_2 = \frac{\lambda_2}{m_2 \mu_2} = \underline{0.42} \qquad \rho_3 = \frac{\lambda_3}{\mu_3} = \underline{0.5675}$$

Die mittlere Anzahl der Aufträge, z.B. im 2.Knoten berechnen wir aus der Gl.(4.51)

$$\bar{k}_2 = x_2 \frac{G(3)}{G(4)} + x_2^2 \frac{G(2)}{G(4)} + x_2^3 \frac{G(1)}{G(4)} + x_2^4 \frac{G(0)}{G(4)} = \underline{3.975}$$

Die mittlere Verweilzeit eines Auftrags, z.B. im 1.Knoten aus Gl.(4.53)

$$\bar{t}_1 = \sum_{k=1}^{4} x_1^k \frac{G(4-k)}{G(3) e_1} = \underline{4.524} \text{ sec}$$

Beispiel 4.6

In diesem Beispiel werden wir den Algorithmus von Kobayashi /KOBA 78,79/ anwenden. Das geschlossene Netz besteht aus $N=3$ Knoten und $K=4$ Aufträgen. Die Bedienzeit im i-ten Knoten $(i=1,2,3)$, der aus $m_i=1$ Bedieneinheiten besteht, ist exponentiell verteilt mit den Raten $\mu_1=4 \text{ sec}^{-1}$, $\mu_2=1 \text{ sec}^{-1}$, $\mu_3=2 \text{ sec}^{-1}$. Die Übergangs-wahrscheinlichkeiten sind wie folgt gegeben:

$$P_{11} = 0.3 \qquad P_{22} = 0.6 \qquad P_{31} = 0.5$$
$$P_{13} = 0.7 \qquad P_{23} = 0.4 \qquad P_{32} = 0.5$$

Wir berechnen e_i $(i=1,2,3)$ aus der Gl.(4.40)

$$e_1 = e_1 P_{11} + e_2 P_{21} + e_3 P_{31} = \underline{0.704}$$

$$e_2 = e_1 P_{12} + e_2 P_{22} + e_3 P_{32} = \underline{1.25}$$

$$e_3 = e_1 P_{13} + e_2 P_{23} + e_3 P_{33} = \underline{1}$$

Die unbekannten Parameter x_i ermitteln wir aus der Gl.(4.39)

$$x_1 = \underline{0.1785} \qquad x_2 = \underline{1.25} \qquad x_3 = \underline{0.5}$$

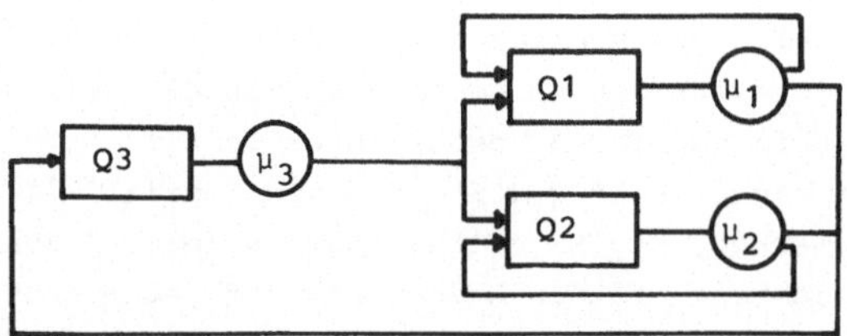

Fig. 4.5   Ein geschlossenes Warteschlangennetz

Die Gl.(4.47) liefert uns τ_1 (1=1,2,3,4) wie folgt:

$$\tau_1 = x_1^{\ 1} + x_2^{\ 1} + x_3^{\ 1} = 1.9285$$

$$\tau_2 = x_1^{\ 2} + x_2^{\ 2} + x_3^{\ 2} = 1.844$$

$$\tau_3 = x_1^{\ 3} + x_2^{\ 3} + x_3^{\ 3} = 2.084$$

$$\tau_4 = x_1^{\ 4} + x_2^{\ 4} + x_3^{\ 4} = 2.505$$

Aus der Tabelle (4.2) erhalten wir dann

$$G(0,3) = \underline{1}$$

$$G(1,3) = \tau_1 = \underline{1.9285}$$

$$G(2,3) = 1/2(\tau_1^{\ 2}+\tau_2) = \underline{2.782}$$

$$G(3,3) = 1/6(\tau_1^{\ 3}+3\tau_1\tau_1+2\tau_3) = \underline{3.668}$$

$$G(4,3) = 1/24(\tau_1^{\ 4}+6\tau_1^{\ 2}\tau_2+3\tau_2^{\ 2}+8\tau_1\tau_3+6\tau_4) = \underline{4.6818}$$

Aus der Gl.(4.49) bestimmen wir den Durchsatz

$$\lambda_1 = \underline{0.559} \text{ Auftr./sec} \quad \lambda_2 = \underline{0.979} \text{ Auftr./sec}$$

$$\lambda_3 = \underline{0.783} \text{ Auftr./sec.}$$

Die Auslastungen ergeben sich aus der Gl.(4.50)

$$\rho_1 = \underline{0.139} \qquad \rho_2 = \underline{0.979} \qquad \rho_3 = \underline{0.392}$$

Andere Leistungsgrößen können aus den entsprechenden Formeln berechnet werden.

4.1.3 Das Central-Server-Modell

Während Buzen /BUZE 71/ Algorithmen für die Bestimmung der Normalisierungskonstanten entwickelte, versuchte er, auch spezielle
Warteschlangenmodelle von Rechensystemen zu entwickeln, die den
genauen Ablauf von Aufträgen in Rechensystemen darstellen können.
So entwarf er das in Kapitel 3 beschriebene Central-Server-Modell
eines Mehrprogrammsystems (Fig.3.5), das ein Spezialfall des geschlossenen Netzwerkes ist. Es gelten daher alle im Abschnitt 4.1.1
vorgestellten Annahmen, mit den Ausnahmen, daß jeder Knoten eine
einzige Bedienheinheit ($m_i=1$) hat und die Wahrscheinlichkeiten
p_{ij} wie folgt definiert sind:

$$
p_{ij} = \begin{cases} p_j & & i=1 \wedge j=1,\ldots,N \\ 1 & \text{für} & j=1 \wedge i=2,3,\ldots,N \\ 0 & & \text{sonst} \end{cases}
\tag{4.54}
$$

mit der Interpretation: Aufräge, die den ersten Knoten, Central-
Server, verlassen, gehen direkt zum j-ten Knoten (E/A-Gerät)
(j=2,...,N) mit der Wahrscheinlichkeit p_j, wobei $\sum\limits_{j=1}^{N} p_j = 1$.
Aufträge, die einen von den (N-1) Knoten (E/A-Geräte) verlassen,
gehen mit der Wahrscheinlichkeit 1 zum Central-Server zurück.

Da $m_i=1$ und $\beta_i(k_i)=1$ für i=1,...,N, wird hier x_i (Gl.(4.34)und
(4.39)) wie folgt bestimmt:

$$
x_i = \begin{cases} 1 & & i=1 \\ \dfrac{\mu_1 p_i}{\mu_i} & & i=2,\ldots,N \end{cases} \quad \text{für}
\tag{4.55}
$$

Das Theorem von Gordon-Newell (Gl.(4.31)) bleibt in diesem Fall
erhalten und hat die folgende Form:

$$
p(k_1,\ldots,k_N) = \frac{1}{G(K)} \prod_{i=2}^{N} x_i^{k_i}
\tag{4.56}
$$

wobei

$$
G(K) = \sum_{\substack{N \\ \sum\limits_{i=1} k_i = K}} \prod_{i=2}^{N} x_i^{k_i}
\tag{4.57}
$$

Die Normalisierungskonstante $G(K)$ und die Leistungsgrößen können mit den im vorhergehenden Abschnitt eingeführten Algorithmen und Formeln berechnet werden, wobei man hier die unbekannten Parameter x_i aus der Gl.(4.55) bestimmen muß und nicht wie bisher üblich aus der Gl.(4.39).

Für das Central-Server-Modell ist der <u>Gesamtdurchsatz</u> des Systems gleich der Wahrscheinlichkeit p_1 multipliziert mit der Abgangsrate des Central-Servers. Diese Abgangsrate ist gleich der Bedienrate μ_1, wenn der Central-Server aktiv ist ($k_1>0$) und gleich Null, wenn er nicht aktiv ist.

$$\lambda = \rho_1 \mu_1 p_1 = \frac{G(K-1)}{G(K)} \ \mu_1 p_1 \tag{4.58}$$

<u>Der Durchsatz</u> (Gl.(4.49)) bekommt hier die folgende Form:

$$\lambda_i = \begin{cases} \rho_1 \mu_1 & i=1 \\ & \text{für} \\ \rho_1 \mu_1 p_i & i=2,\dots,N \end{cases} \tag{4.59}$$

Wie oben erwähnt, können andere Leistungsgrößen aus den entsprechenden Formeln ermittelt werden.

<u>Beispiel 4.7</u>

Wir untersuchen das folgende Central-Server-Modell, Fig. 4.6.

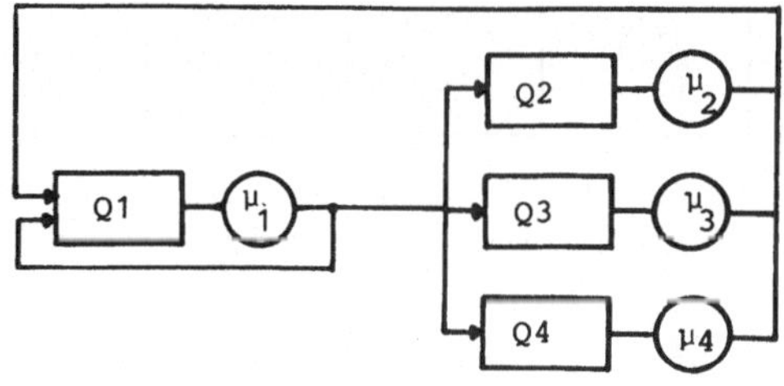

<u>Fig. 4.6</u>   Central-Server-Modell

Es gibt N=4 Knoten (1 CPU, 2 Trommeln, 1 Platte), wobei jeder Knoten nur eine Bedieneinheit m_i=1 hat und die Anzahl der Aufträge im System K=6 ist.

Die Bedienzeit eines Auftrags im i-ten Knoten (i=1,2,3,4) ist exponentiell verteilt mit den folgenden Bedienraten

$$\mu_1 = 50 \ \text{sec}^{-1} \quad \mu_2 = 5 \ \text{sec}^{-1} \quad \mu_3 = 2.5 \ \text{sec}^{-1} \quad \mu_4 = 1.67 \ \text{sec}^{-1}$$

Die Übergangswahrscheinlichkeiten sind gegeben wie folgt:

$$p_1 = 0.3 \quad p_2 = 0.4 \quad p_3 = 0.2 \quad p_4 = 0.1$$

Wie bekannt, muß zunächst die Normalisierungskonstante berechnet werden, damit die anderen Leistungsgrößen leicht bestimmt werden können.

Aus der Gl.(4.55) erhalten wir

$$x_1 = \underline{1} \quad x_2 = \underline{4} \quad x_3 = \underline{4} \quad x_4 = \underline{3}$$

Aus der Tabelle 4.1 berechnen wir dann

K	x_1=1	x_2=4	x_3=4	x_4=3
O	1	1	1	1
1	1	5	9	12
2	1	21	57	93
3	1	85	313	592
4	1	341	1593	3369
5	1	1365	7737	17844
6	1	5461	36409	89941

Die Auslastung der CPU und der anderen Knoten ergibt sich aus der Gl.(4.50):

$$\rho_1 = \frac{G(K-1)}{G(K)} = \frac{17844}{89941} = \underline{0.198}$$

$$\rho_2 = x_2 \ \rho_1 = \underline{0.793} \qquad \rho_3 = x_3 \ \rho_1 = \underline{0.793} \qquad \rho_4 = x_4 \ \rho_1 = \underline{0.59}$$

Die mittlere Anzahl der Aufträge im i-ten Knoten läßt sich aus
der Gl.(4.51) bestimmen:

$$\bar{k}_1 = \frac{G(K-1)}{G(K)} + \frac{G(K-2)}{G(K)} + \frac{G(K-3)}{G(K)} + \frac{G(K-4)}{G(K)} + \frac{G(K-5)}{G(K)} + \frac{G(K-6)}{G(K)} =$$

$$= \underline{0.243}$$

$$\bar{k}_2 = (x_2)^1 \frac{G(K-1)}{G(K)} + (x_2)^2 \frac{G(K-2)}{G(K)} + (x_2)^3 \frac{G(K-3)}{G(K)} +$$

$$+ (x_2)^4 \frac{G(K-4)}{G(K)} + (x_2)^5 \frac{G(K-5)}{G(K)} + (x_2)^6 \frac{G(K-6)}{G(K)} =$$

$$= \underline{2.2594}$$

Ähnlich erhalten wir

$$\bar{k}_3 = \underline{2.259} \qquad\qquad \bar{k}_4 = \underline{1.2343}$$

Den <u>Gesamtdurchsatz</u> des Systems berechnen wir aus der Gl.(4.58):

$$\lambda = \rho_1 \mu_1 p_1 = \underline{2.97 \text{ Aufträge/sec}}$$

Der <u>Durchsatz der CPU</u> und der anderen Knoten, i=2,3,4 wird aus
der Gl.(4.59) ermittelt:

$$\lambda_1 = \rho_1 \mu_1 = \underline{9.9 \text{ Aufträge/sec}}$$
$$\lambda_2 = \rho_1 \mu_1 p_2 = \underline{3.96} \qquad \text{"}$$
$$\lambda_3 = \rho_1 \mu_1 p_3 = 1.98 \qquad \text{"}$$
$$\lambda_4 = \rho_1 \mu_1 p_4 = 0.99 \qquad \text{"}$$

Die anderen Leistungsgrößen können auch leicht aus den entsprechenden Formeln bestimmt werden.

Aufgabe 4.1

Gegeben ist ein offenes Netz mit N=3 Knoten. Der erste Knoten
(CPU) hat $m_1=3$ identische Bedieneinheiten und die anderen zwei
Knoten enthalten jeweils eine Bedieneinheit $m_i=1$ (i=2,3). Die
Bedienzeiten der Aufträge in jedem Knoten sind exponentiell ver-
teilt mit den Raten:

$$\mu_1 = 12.5 \text{ sec}^{-1} \qquad \mu_2 = 16.67 \text{ sec}^{-1} \qquad \mu_3 = 25 \text{ sec}^{-1}$$

Die Zwischenankunftszeiten sind ebenfalls exponentiell verteilt und die Ankunftsrate ist $\lambda=4$ Aufträge/sec. Die Übergangswahrscheinlichkeiten sind gegeben als:

$$p_{11} = 0.4 \qquad p_{21} = 1 \qquad p_{31} = 0.6$$
$$p_{12} = 0.3 \qquad\qquad\qquad p_{30} = 0.4$$
$$p_{13} = 0.3$$

Bestimmen Sie die Wahrscheinlichkeit des Zustandes $\underline{k}=(4,3,2)$ und sämtliche Leistungsgrößen.

Aufgabe 4.2

Gegeben ist ein geschlossenes Netz mit K=3 Aufträgen und N=3 Knoten. Der 1.Knoten hat $m_1=3$ und die anderen beiden haben jeweils eine Bedieneinheit.
Die Übergangswahrscheinlichkeiten sind:

$$p_{11} = 0.6 \qquad p_{21} = 0.2 \qquad p_{31} = 0.4$$
$$p_{12} = 0.3 \qquad p_{22} = 0.3 \qquad p_{32} = 0.1$$
$$p_{13} = 0.1 \qquad p_{23} = 0.5 \qquad p_{33} = 0.5$$

Die Bedienzeiten sind exponentiell verteilt mit den Raten

$$\mu_1 = 0.8 \text{ sec}^{-1} \qquad \mu_2 = 0.6 \text{ sec}^{-1} \qquad \mu_3 = 0.4 \text{ sec}^{-1}$$

i)   Wieviele Zustände gibt es in diesem Netz?

ii) Wie groß ist die Wahrscheinlichkeit, daß im 2.Knoten zwei Aufträge sind?

iii) Wie groß ist die mittlere Anzahl von Aufträgen im 1.Knoten?

iv) Berechnen Sie alle anderen Leistungsgrößen.

Aufgabe 4.3

Bestimmen Sie die CPU-Auslastung und andere Leistungsgrößen eines Central-Server-Modells, das aus N=3 Knoten und K=4 Aufträgen besteht. Jeder Knoten enthält genau eine Bedieneinheit. Die exponentiell verteilten Bedienzeiten sind gegeben als:

$$1/\mu_1 = 0.05 \text{ sec} \qquad 1/\mu_2 = 0.005 \text{ sec} \qquad 1/\mu_3 = 0.0025 \text{ sec}$$

Die Übergangswahrscheinlichkeiten sind:

$$p_1 = 0.3 \qquad p_2 = 0.5 \qquad p_3 = 0.2$$

Aufgabe 4.4

Gegeben sind die Parameter x_i (i=1,2,3,4,5,6) für ein Central-Server Modell:

$$x_1=x_2=x_3= 0.24 \qquad x_6=11.2$$
$$x_4=x_5 \quad = 0.36$$

Bestimmen Sie mit Hilfe des Kobayashi-Algorithmus die Normalisierungskonstante G(K).

Aufgabe 4.5

Ein Central-Server Modell mit N=3 Knoten und K=3 Aufträgen, exponentiell verteilten Bedienzeiten mit den Raten $\mu_1=0.72$ sec^{-1} $\mu_2=0.64$ sec^{-1} $\mu_3=1$ sec^{-1} und den Übergangswahrscheinlichkeiten

$$P_{31} = 0.4 \qquad P_{13} = 1$$
$$P_{32} = 0.6 \qquad P_{23} = 1$$

ist gegeben.

Bestimmen Sie die Normalisierungskonstante mit CHW-Algorithmus /CHAN 75a/ und zeigen Sie, daß man mit dem Buzen-Algorithmus die gleichen Ergebnisse erzielen kann.

4.2 Produktformlösung von Warteschlangennetzen mit nichtexponentiell verteilten Bedienzeiten und mehreren Auftragsklassen

Die Netzwerkmodelle von /JACK 57,63; GORD 67; BUZE 71,73/, die wir im vorhergehenden Abschnitt behandelt haben, haben einige Beschränkungen:
i)   Alle Bedienzeiten sind exponentiell verteilt
ii)   Alle Aufträge gehören nur zu einer Klasse
iii) Die Warteschlangenstrategien in jedem Knoten sind FCFS.

In Rechensystemen gibt es aber verschiedene Auftragsklassen; die Bedienzeitverteilungen sind selten exponentiell verteilt und die Warteschlangenstrategien können andere als FCFS sein. Deshalb wurden die klassischen Ergebnisse vom vorhergehenden Abschnitt auf Warteschlangennetze mit mehreren Auftragsklassen, verschiedenen Warteschlangenstrategien und allgemein verteilten Bedienzeiten erweitert /BCMP 75; REIS 75/.
Für solche Warteschlangennetze machen wir folgende Annahmen:
Im Netz befinden sich N Knoten und R verschiedene Auftragsklassen. Aufträge zirkulieren durch das Netzwerk entsprechend einer

Markoff-Kette erster Ordnung und dürfen ihre Klassenzugehörigkeit
ändern. Die Markoff-Kette ist durch die Matrix $\underline{P}=[p_{i,r;j,s}]$ gegeben,
wobei $p_{i,r;j,s}$ die Wahrscheinlichkeit darstellt, daß ein Auftrag
der Klasse r im Knoten i dann in Klasse s und nach Knoten j gelangt. Wenn im Netz Klassenwechsel nicht stattfindet, dann ist

$$p_{i,r;j,s} = 0, \quad \text{wenn } r \neq s$$

Im Falle der offenen Warteschlangennetze gilt:

$p_{O;j,s}$ Wahrscheinlichkeit, daß ein Auftrag von außerhalb des
Netzes zum Knoten j in Klasse s gelangt.

$p_{i,r;N+1}$ Wahrscheinlichkeit, daß ein Auftrag der Klasse r nach
der Bedienung durch den Knoten i das Netz verläßt.

In Netzen, in denen Klassenwechsel der Aufträge erlaubt ist, ist
die Anzahl der Aufträge in jeder Klasse nicht mehr konstant.
Die NRxNR Matrix der Übergangswahrscheinlichkeiten $\underline{P}=[p_{i,r;js}]$
kann als eine Markoff-Kette betrachtet werden, deren Zustände
durch die Paare (i,r) gegeben sind. Diese Markoff-Kette ist in
$m>1$ ergodische, disjunkte Teilketten $E_1,E_2,\ldots,E_m$ wie folgt zerlegbar: Zwei Zustände (i,r) und (j,s), die ein Auftrag annehmen
kann, gehören dann derselben Teilkette an, wenn die Wahrscheinlichkeit, daß ein Auftrag, der sich in einem der beiden Zustände
befindet, in den jeweils anderen übergehen kann, größer als Null
ist.

Formal

$$E_r = \left\{ \begin{array}{l} s \,/\, \text{Zustand (j,s) kann aus dem Zustand (i,r) für} \\ \text{beliebige } i,j=1,\ldots,N \text{ erreicht werden} \end{array} \right\}$$

$$= \left\{ s \,/\, p_{i,r;j,s} \neq 0, \ i,j=1,\ldots,N \right\} \quad \text{für } r,s=1,\ldots,R.$$

E_r definiert R Mengen, eine für jede Auftragsklasse. Aus diesen
R Mengen werden die identischen Mengen eliminiert und die restlichen m Mengen mit EC_s (s=1,\ldots,m) bezeichnet. Da Aufträge die
verschiedenen Teilketten nicht wechseln können, ist die Gesamtanzahl der Aufträge in jeder Teilkette konstant. Der Gesamtzu-
stand des Netzwerkes $\underline{S}$, der die Anzahl von Aufträgen in den verschiedenen Knoten und Klassen beschreibt, ist durch den folgenden Zustandsvektor gegeben:

$$\underline{S} = (S_1,\ldots,S_N)$$

wobei

$$S_i = (k_{i1},\ldots,k_{iR}) \text{ der Zustand des i-ten Knotens ist und}$$

k_{ir} die Anzahl von Aufträgen der Klasse r im i-ten
Knoten angibt.

Ein Zustand des Netzwerkes muß die folgende Gleichung erfüllen:

$$\underline{K} = (K_1,\ldots,K_r,\ldots,K_R) = \sum_{i=1}^{N} S_i$$

wobei $K_r = \sum\limits_{i=1}^{N} k_{ir}$ $(r=1,\ldots,R)$ die Gesamtanzahl von Aufträgen der
r-ten Klasse im Netzwerk ist.

Die Gesamtanzahl von Aufträgen in jeder ergodischen Teilkette
EC_s, wenn das Netzwerk sich im Zustand $\underline{S}$ befindet, ist gegeben
durch

$$K_s = \sum_{(i,r)\in EC_s} k_{ir} \qquad \text{für } s=1,2,\ldots,m \qquad (4.61)$$

Die Gesamtanzahl von Aufträgen im Netz ergibt sich aus

$$K = \sum_{s=1}^{m} K_s$$

Die Menge der möglichen Zustände ist gegeben durch den folgenden
Binomialkoeffizienten:

$$\prod_{s=1}^{m} \begin{pmatrix} NC_s + K_s - 1 \\ NC_s - 1 \end{pmatrix}$$

wobei C_s die Anzahl der Elemente von EC_s $(s=1,\ldots,m)$ ist.
Diese Definitionen werden wir an dieser Stelle anhand eines Beispiels erläutern.

Beispiel 4.8

Wir betrachten ein geschlossenes Netzwerk mit R=3 Auftragsklassen und N=2 Knoten. Sei die Gesamtanzahl der Aufträge am Anfang
K=20, die wie folgt auf die Klassen verteilt ist:

$$K_1 = 10 \qquad K_2 = 6 \qquad K_3 = 4$$

Die Übergangsmatrix sei gegeben durch

$\underline{P}$	(1,1)	(1,2)	(1,3)	(2,1)	(2,2)	2,3)
(1,1)	0.25	0	0	0	0	0.75
(1,2)	0	0	0	0	1	0
(1,3)	0	0	0.5	0	0	0.5
(2,1)	0.25	0	0	0.75	0	0
(2,2)	0	1	0	0	0	0
(2,3)	0.75	0	0	0	0	0.25

Die Markoff-Kette, die durch die Übergangsmatrix $\underline{P}$ definiert ist, ist in 3 Teilketten zerlegbar:

$$E_1 = \{1,3\} \qquad E_2 = \{2\} \qquad E_3 = \{1,3\}$$

Durch die Eliminierung der identischen Mengen haben wir

$$EC_1 = \{1,3\} \qquad EC_2 = \{2\}$$

Jetzt befinden sich in den jeweiligen Ketten

$$K_1' = K_1+K_3 = \underline{14} \text{ Aufträge}$$

$$K_2' = K_2 \quad\;\; = \underline{6} \text{ Aufträge}$$

Die Anzahl der Elemente in der jeweiligen Kette ist

$$C_1 = 2 \qquad C_2 = 1$$

Die Anzahl der möglichen Zustände ist:

$$\binom{NC_1+K_1'-1}{NC_1-1} \binom{NC_2+K_2'-1}{NC_2-1} \;\; = \underline{4760}$$

Weitere Annahmen sind: Liegt ein offenes Netzwerk vor, so werden die folgenden beiden Zwischenankunftsprozesse unterschieden:

a) Alle Aufträge gelangen von einer einzigen nicht homogenen Quelle mit der Ankunftsrate λ in das Netz, wobei λ von der Anzahl der Aufträge im Netz abhängig sein kann, $\lambda(K)$. Die Aufträge werden gemäß den Wahrscheinlichkeiten $p_{0;i,r}$ auf die Knoten und Klassen verteilt. Es gilt

$$\sum_{i=1}^{N} \sum_{r=1}^{R} p_{0;i,r} = 1.$$

b) Die Aufträge gelangen von s unabhängigen nicht homogenen Quellen, die den m ergodischen Teilketten zugeordnet sind, mit zustandsabhängigen Ankunftsraten $\lambda_s(K_s)$, $(s=1,2,\ldots,m)$, wobei λ_s die mittlere Ankunftsrate aus der s-ten Quelle ist. Ein Auftrag aus der s-ten Quelle tritt in den i-ten Knoten mit der Wahrscheinlichkeit $p_{0;i,r}$ ein, wobei

$$\sum_{(i,r)\in EC_s} p_{0;i,r} = 1 \qquad \text{für alle } s=1,\ldots,m.$$

Die Aufträge können das offene Netz mit der Wahrscheinlichkeit

$$1 - \sum_{j=1}^{N} \sum_{r=1}^{R} p_{i,r;j,s} \qquad \text{verlassen.}$$

In dem Warteschlangennetz dürfen einzelne Knoten eine der folgenden Formen haben:

<u>Typ-1-Knoten</u>   (M/M/m_i-FCFS)

Die Knoten von diesem Typ haben $m_i \geqslant 1$ Bedieneinheiten. Alle Aufträge besitzen dieselbe negativ exponentielle Bedienzeitverteilung mit dem gleichen Mittelwert ($\mu_{i1}=\mu_{i2}=\ldots=\mu_{ir}=\mu_i$) und werden nach der FCFS-Strategie, d.h. in der Reihenfolge ihrer Ankunft, bedient. Die Bedienrate μ_i kann lastabhängig sein, wobei $\mu_i(j)$ die Bedienrate des i-ten Knotens mit j Aufträgen bezeichnet.

Der Zustand S_i ist abhängig von dem Typ des Knotens und ist in diesem Fall wie folgt gegeben:

$$S_i = (s_{i1}, s_{i2}, \ldots, s_{ik_i})$$

wobei k_i die Anzahl der Aufträge beim i-ten Knoten und s_{ij} ($j=1,\ldots,k_i \wedge s_{ij}=1,\ldots,R$) die Klasse des Auftrags ist, der sich an j-ter Stelle der FCFS-Reihenfolge befindet.

In der Praxis typische Beispiele für Typ-1-Knoten sind die E/A-Geräte, Platten- und Trommelspeicher. Typ-1-Knoten, zu einem Netz zusammengefaßt, haben wir bereits im vorhergehenden Abschnitt behandelt.

<u>Typ-2-Knoten</u>   (M/G/1-PS[RR])

Die Abfertigungsstrategie ist PS (Processor Sharing), d.h. alle Aufträge werden parallel bedient. Jeder Auftrag bekommt die gleiche Bedieneinheitskapazität. Verschiedene Klassen von Aufträgen dürfen verschiedene Bedienzeitverteilungen besitzen. Die Bedienzeitverteilungen müssen rationale Laplace Transformierte haben.
Der Zustand S_i für diesen Typ wird nun wie folgt definiert:

$$S_i = (v_{i1}, v_{i2}, \ldots, v_{iR})$$
$$v_{ir} = (k_{ir1}, k_{ir2}, \ldots, k_{iru_{ir}})$$

wobei k_{irl} ($l=1,\ldots,u_{ir}$) jetzt die Anzahl von Aufträgen der Klasse r und in der l-ten Bedienphase des i-ten Knotens bezeichnet.

Eine CPU kann oft als Typ-2-Knoten modelliert werden.

<u>Typ-3-Knoten</u>   (M/G/∞ - keine Warteschlange)

Jeder Knoten besteht aus so vielen Bedieneinheiten, daß alle

Aufträge sofort bedient werden können. Verschiedene Klassen von
Aufträgen dürfen verschiedene Bedienzeitverteilungen besitzen.
Die Bedienzeitverteilungen müssen rationale Laplace Transformierte
haben. Der Zustand S_i eines solchen Knotentyps ist wie beim Typ-2-
Knoten definiert.
Terminals in einem Teilnehmerbetrieb können als Typ-3-Knoten mo-
delliert werden.

<u>Typ-4-Knoten</u>   (M/G/1-LCFS Preemptive Resume)

Die Abfertigungsstrategie ist LCFS, d.h. der zuletzt eintreffende
Auftrag wird zuerst bedient. Der ankommende Auftrag unterbricht
den momentan aktiven. Dieser setzt später seine Tätigkeit am
Unterbrechungspunkt fort. Verschiedene Klassen von Aufträgen dürfen verschiedene Bedienzeitverteilung besitzen. Die Bedienzeitverteilungen müssen rationale Laplace Transformierte haben.

Der Zustand S_i ist definiert durch

$$S_i = ((r_1,m_1),(r_2,m_2),\ldots,(r_{k_i},m_{k_i}))$$

wobei das Paar (r_j,m_j) den j-ten Auftrag in der LCFS-Reihenfolge
bezeichnet. r_j ist die Klasse dieses Auftrags und m_j ist die Bedienphase, in der dieser Auftrag sich befindet.
Es gibt keine konkreten Beispiele für die Anwendung von Typ-4-
Knoten in den Rechensystemen.

Wie vorhin erwähnt, müssen für die Bedienzeitverteilungen für
Typ-2,3,4-Knoten rationale Laplace Transformierte existieren.

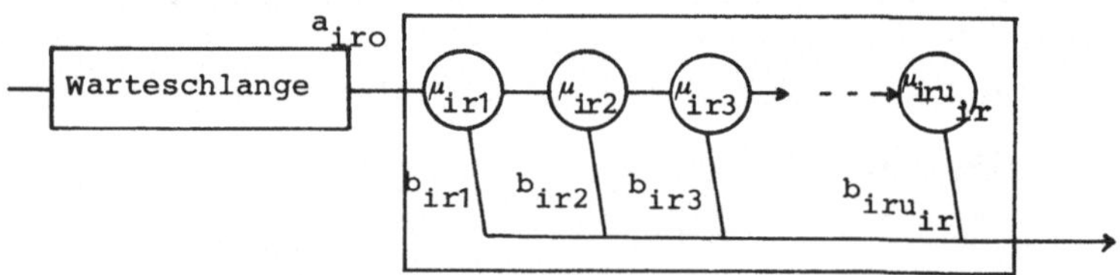

Fig.4.7   Darstellung der Bedienzeitverteilungen

Exponentielle, hyperexponentielle und Erlang-Verteilungen haben
diese Eigenschaft. Wie schon im Kapitel 2 behandelt, hat /COX 55/
gezeigt, daß beliebige Verteilungen durch ein Netz exponentieller
Phasen dargestellt werden können (siehe Fig.4.7).

Die Parameter haben die folgenden Bedeutungen:

μ_{irl} mittlere Bedienrate der l-ten Phase, $l=1,2,\ldots,u_{ir}$.

u_{ir} maximale Anzahl der exponentiellen Phasen.

a_{irl} Wahrscheinlichkeit, mit der ein Auftrag in die $(l+1)$-te Phase übergeht. ($a_{iro}=1$)

b_{irl} Wahrscheinlichkeit, mit der ein Auftrag nach Abfertigung in der Phase l den Knoten verläßt. ($b_{iru_{ir}}=1$)

Beim Typ-2-Knoten werden alle Aufträge parallel bedient. Da Typ-3-Knoten aus genügend vielen Beideneinheiten bestehen, entsteht keine Warteschlange. Typ-4-Knoten können betrachtet werden, als ob sie aus genügend vielen parallelen Bedieneinheiten bestehen, von denen jede Coxverteilung hat. Bei der Ankunft eines neuen Auftrags wird dieser sofort bedient, während ein schon in der Beideneinheit befindlicher Auftrag an seiner derzeitigen Position eingefroren wird. Ein an irgendeiner Stelle eingefrorener Auftrag wird weiterbedient, wenn er der erste von den restlichen Aufträgen im Knoten wird.

Die mittlere Anzahl der Besuche e_{ir} eines Auftrags der r-ten Klasse beim i-ten Knoten können wir wie in der Gl.(4.29) unmittelbar aus den Übergangswahrscheinlichkeiten bestimmen:

$$e_{ir} = p_{0;i,r} + \sum_{(j,s)\in EC_k} e_{js}\, p_{j,s;i,r} \qquad \begin{array}{l} \text{für } (i,r)\in EC_k \\ k=1,\ldots,m \end{array} \qquad (4.62)$$

Da beim geschlossenen Netz $p_{0;i,r}=0$, bekommt die Gl.(4.62) die folgende Form (vgl.4.40):

$$e_{ir} = \sum_{(j,s)\in EC_k} e_{js}\, p_{j,s;i,r} \qquad \begin{array}{l} \text{für } (i,r)\in EC_k \\ k=1,\ldots,m \end{array} \qquad (4.63)$$

Da es nur N-1 unabhängige Gleichungen in (4.63) gibt, kann $e_{1r}=1$ für $r=1,\ldots,R$ gesetzt werden.

Theorem von BCMP (1975)

Liegt ein offenes, geschlossenes oder gemischtes Warteschlangennetz vor, dessen sämtliche Knoten vom Typ 1,2,3 oder 4 sind, so können die Gleichgewichtszustandswahrscheinlichkeiten durch folgenden Produktformansatz bestimmt werden:

$$p(\underline{S}=(S_1,\dots,S_N)) = \frac{1}{G(\underline{K})} \; d(\underline{S}) \prod_{i=1}^{N} f_i(S_i) \qquad (4.64)$$

wobei

$d(\underline{S})$ eine Funktion der Anzahl der Aufträge im Warteschlangennetz ist

$$d(\underline{S}) = \begin{cases} \prod\limits_{i=0}^{K-1} \lambda(i) & \text{Ankunftsprozeß a)} \\[2mm] & \quad\quad\quad\quad\text{für} \\[1mm] \prod\limits_{j=1}^{m} \prod\limits_{i=0}^{K_s-1} \lambda_j(i) & \text{Ankunftsprozeß b)} \\[4mm] 1 \end{cases} \Big\} \;\text{für das offene Netz} \qquad (4.65)$$

$f_i(S_i)$ eine vom Typ und Zustand der Knoten abhängige Funktion ist.

$$f_i(S_i) = \begin{cases} \prod\limits_{j=1}^{k_i} \left(\dfrac{e_i s_{ij}}{\mu_i(j)}\right)^{k_i} & \text{Typ-1-Knoten} \\[4mm] k_i! \prod\limits_{r=1}^{R} \prod\limits_{l=1}^{u_{ir}} \dfrac{1}{k_{irl}!}\left(\dfrac{e_{ir}A_{irl}}{\mu_{irl}}\right)^{k_{irl}} & \text{Typ-2-Knoten} \\[4mm] \prod\limits_{r=1}^{R} \prod\limits_{l=1}^{u_{ir}} \dfrac{1}{k_{irl}!}\left(\dfrac{e_{ir}A_{irl}}{\mu_{irl}}\right)^{k_{irl}} & \text{Typ-3-Knoten} \\[4mm] \prod\limits_{j=1}^{k_i} \dfrac{e_{ir_j}A_{ir_j m_j}}{\mu_{ir_j m_j}} & \text{Typ-4-Knoten} \end{cases} \quad \text{für} \qquad (4.66)$$

$A_{irl} = \prod\limits_{j=0}^{l-1} a_{irj}$ ist die Wahrscheinlichkeit, mit der ein Auftrag der r-ten Klasse im i-ten Knoten die l-te Bedienphase erreicht. $A_{ir1}=1$, da $a_{iro}=1$.

Für den lastunabhängigen M/M/1-FCFS-Fall bekommt die Gl.(4.66)
die folgende Form:

$$f_i(S_i) = (\frac{1}{\mu_i})^{k_i} \prod_{j=1}^{k_i} e_{is_{ij}}$$

und für den (M/M/∞- keine Warteschlange)-Fall

$$f_i(S_i) = \frac{1}{k_i!} (\frac{1}{\mu_i})^{k_i} \prod_{j=1}^{k_i} e_{is_{ij}}$$

$G(\underline{K})$ die Normalisierungskonstante ist, so daß die Summe der
Wahrscheinlichkeiten aller möglichen Systemzustände Eins
ergibt.

$$G(\underline{K}) = \begin{cases} \displaystyle\sum_{\substack{\sum\limits_{i=1}^{N} S_i = \underline{K}}} \prod_{i=1}^{N} f_i(S_i) & \text{geschlossene Netze} \\[6mm] & \text{für} \\[4mm] \displaystyle\sum_{\underline{S}} d(\underline{S}) \prod_{i=1}^{N} f_i(S_i) & \text{offene Netze} \end{cases} \tag{4.67}$$

<u>Beweis</u>

Für dieses Theorem möchten wir nur die Beweisidee angeben, da der
ausführliche Beweis sehr aufwendig ist /MUNT 72/. Um eine Lösung
für die Zustandswahrscheinlichkeiten im Gleichgewicht $p(\underline{S})$,
Gl.(4.64) zu finden, müssen folgende globale Gleichgewichtsgleichungen gelöst werden, die eine Erweiterung von (4.6) und (4.36)
sind:

$$\forall \underline{S} : p(\underline{S}) \,[\text{Übergangsrate aus } \underline{S}] = \sum_{\forall \underline{S}'} p(\underline{S}') \,[\text{Übergangsrate von } \underline{S}' \text{ nach } \underline{S} \,]$$

$$\tag{4.68}$$

mit der Normalisierungsgleichung:

$$\sum_{\underline{S}} p(\underline{S}) = 1 \tag{4.69}$$

Dieses Gleichungssystem (4.68) kann folgendermaßen interpretiert
werden: "Für alle Zustände gilt, daß der Gesamtfluß in den Zustand
gleich dem Gesamtfluß aus diesem Zustand ist".
Wir können Gl.(4.64) in (4.68) einsetzen und verifizieren, daß
die Gl.(4.68) dann einer Menge von Gleichgewichtsgleichungen ge-

nügt, die von /CHAN 72/ lokale Gleichgewichtsgleichungen genannt
worden sind.

Lokales Gleichgewicht bedeutet:

Die Abgangsrate eines vom Knoten i fertig bedienten Auftrags der
Klasse r aus dem Zustand $\underline{S}$ ist gleich der Zugangsrate eines den
Knoten i erreichten Auftrags der Klasse r in den Zustand $\underline{S}$. Das
bedeutet, daß ein Knoten vom Rest des Netzes isoliert betrachtet
werden kann. Die Summe der lokalen Gleichgewichtsgleichungen
ergibt das globale Gleichgewichtsgleichungssystem. Die lokalen
Gleichgewichtsgleichungen stellen ein Gleichungssystem mit N-1
unabhängigen Gleichungen dar. Um die Eindeutigkeit des Gleichungssystems zu erhalten, muß deshalb die Normalisierungsbedingung
(4.69) hinzugezogen werden.   q.e.d.

Wir wollen zunächst anhand eines Beispiels die Begriffe "lokales"
und "globales" Gleichgewicht verdeutlichen. In diesem Beispiel
betrachten wir nur eine einzige Klasse von Aufträgen, damit die
Begriffe leicht verstanden werden können. Ein Beispiel mit zwei
Klassen kann in /BCMP 75/ nachgelesen werden.

<u>Beispiel 4.9</u>

Das Netzwerk besteht aus N=2 Knoten, wobei der erste Knoten vom
Typ 3 (M/M/∞-.) mit der Bedienrate μ_1=0.5 sec^{-1} und der 2.Knoten
vom Typ 1 (M/M/1-FCFS) mit μ_2=0.3 sec^{-1} ist. Im Netz befinden

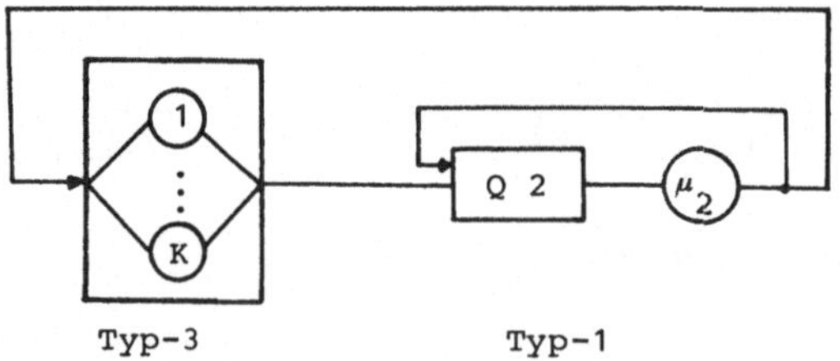

Fig. 4.8   Ein einfaches geschlossenes Netz

sich K=3 Aufträge. Die Übergangswahrscheinlichkeiten sind gegeben zu:

$$P_{11} = 0.4 \qquad P_{12} = 0.6 \qquad P_{21} = 1$$

In diesem Netz sind folgende Zustände möglich:

$$(3,0) \quad (2,1) \quad (1,2) \quad (0,3)$$

Mit den Gleichungen (4.36) bzw. (4.68) können wir die globale Gleichgewichtsgleichung wie folgt schreiben:

$$\mu_1 k_1 p(k_1,k_2) + \mu_2 p(k_1,k_2) =$$

$$= \mu_2 p_{21} p(k_1-1,k_2+1) + \mu_1 k_1 p_{11} p(k_1,k_2) + \mu_1 p_{12}(k_1+1)p(k_1+1,k_2-1)$$

Die lokalen Gleichgewichtsgleichungen lauten dann:

$$\mu_2 p_{21} p(k_1-1,k_2+1) + \mu_1 k_1 p_{11} p(k_1,k_2) = \mu_1 k_1 p(k_1,k_2)$$
$$\mu_1 p_{12}(k_1+1)p(k_1+1,k_2-1) = \mu_2 p(k_1,k_2)$$

Es lassen sich folgende Beziehungen ableiten:

$$0.3p(1,2) + 0.4\,p(2,1) = P(2,1)$$
$$0.9p(3,0) = 0.3p(2,1)$$
$$0.3p(0,3) + 0.2p(1,2) = 0.5p(1,2)$$
$$0.6p(2,1) = 0.3p(1,2)$$

und als Normalisierungsbedingung

$$p(0,3) + p(1,2) + p(2,1) + p(3,0) = 1.$$

Es ergibt sich

$$p(0,3) = \underline{0.375} \quad p(1,2) = \underline{0.375} \quad p(2,1) = \underline{0.1875} \quad p(3,0) = \underline{0.0625}$$

Details über lokale Gleichgewichtsgleichungen können in /CHAN 72, REIS 75,LAM 77/ nachgelesen werden.

Im nächsten Beispiel werden wir das BCMP-Theorem und die dazugehörigen Definitionen erläutern.

Beispiel 4.10

Das geschlossene Netz besteht aus $N=3$ Knoten und $R=2$ Auftragsklassen, wobei sich in der 1.Klasse $K_1=1$ und in der 2.Klasse $K_2=1$ Aufträge befinden. Im Netz ist der Klassenwechsel von Aufträgen nicht erlaubt. Der erste Knoten ist vom Typ 2 und die

anderen beiden Knoten sind vom Typ 1. Die Bedienzeit der CPU ist
Erlang-2-verteilt mit den mittleren Bedienraten

$$\mu_{111}{=}0.8 \text{ sec}^{-1} \quad \mu_{112}{=}0.8 \text{ sec}^{-1} \quad \mu_{121}{=}0.4 \text{ sec}^{-1} \quad \mu_{122}{=}0.4 \text{ sec}^{-1}$$

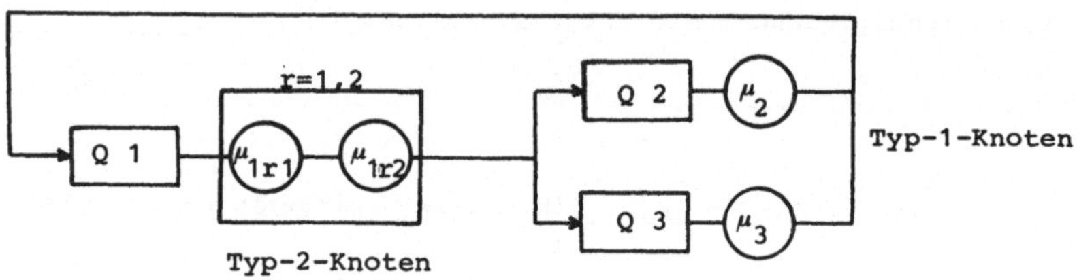

Fig. 4.9   Ein Central-Server-Modell

Die Bedienraten der beiden Typ-1-Knoten sind $\mu_2{=}0.3 \text{ sec}^{-1}$ und
$\mu_3{=}0.4 \text{ sec}^{-1}$. Die Übergangswahrscheinlichkeiten sind gegeben
durch

$$p_{1,1;2,1}{=}0.5 \quad p_{2,1;1,1}{=}1 \quad p_{1,2;2,2}{=}0.5 \quad p_{2,2;1,2}{=}1$$

$$p_{1,1;3,1}{=}0.5 \quad p_{3,1;1,1}{=}1 \quad p_{1,2;3,2}{=}0.5 \quad p_{3,2;1,2}{=}1$$

Die Besuchshäufigkeiten errechnen sich aus der Gl.(4.63)

$$e_{11}{=}e_{21}\, p_{2,1;1,1}{+}e_{31}\, p_{3,1;1,1} = \underline{1}$$

$$e_{21}{=}e_{11}\, p_{1,1;2,1} \qquad\qquad = \underline{0.5}$$

$$e_{31}{=}e_{11}\, p_{1,1;3,1} \qquad\qquad = \underline{0.5}$$

$$e_{12}{=}e_{22}\, p_{2,2;1,2}{+}e_{32}\, p_{3,2;1,2} = \underline{1}$$

$$e_{22}{=}e_{12}\, p_{1,2;2,2} \qquad\qquad = \underline{0.5}$$

$$e_{32}{=}e_{12}\, p_{1,2;3,2} \qquad\qquad = \underline{0.5}$$

Um die Zustandswahrscheinlichkeiten Gl.(4.64) zu berechnen, brauchen wir die Funktionen $f_i(S_i)$ (i=1,2,3).

$$S_1 = (v_{11}, v_{12})$$

$$= (k_{111}, k_{112}, k_{121}, k_{122})$$

Die Funktion $f_1(S_1)$ bestimmen wir dann aus der Gl.(4.66):

$$f_1(0,0,0,0) = 1 \qquad f_1(1,0,1,0) = 6.25$$
$$f_1(1,0,0,0) = 1.25 \qquad f_1(1,0,0,1) = 6.25$$
$$f_1(0,1,0,0) = 1.25 \qquad f_1(0,1,1,0) = 6.25$$
$$f_1(0,0,1,0) = 2.5 \qquad f_1(0,1,0,1) = 6.25$$
$$f_1(0,0,0,1) = 2.5$$

Die Funktionen $f_i(S_i)$ (i=2,3) berechnen wir ebenfalls aus
Gl.(4.66)

$$f_2(0) \quad = 1 \qquad f_3(0) \quad = 1$$
$$f_2(1) \quad = 1.667 \qquad f_3(1) \quad = 1.25$$
$$f_2(2) \quad = 1.667 \qquad f_3(2) \quad = 1.25$$
$$f_2(1,2) = 2.778 \qquad f_3(1,2) = 1.5625$$
$$f_2(2,1) = 2.778 \qquad f_3(2,1) = 1.5625$$

Der Ausdruck $f_i(S_i)$ (i=2,3) besagt, daß sich der Auftrag der
Klasse 1 in Bedienung und der Auftrag der Klasse 2 in der Warteschlange beim i-ten Knoten befinden. Entsprechendes gilt für
$f_i(2,1)$, d.h. der Auftrag der Klasse 2 wird bedient und derjenige
der Klasse 1 wartet. $f_i(0)$ bedeutet, daß sich kein Auftrag im
i-ten Knoten befindet.

Wir können jetzt die Zustandswahrscheinlichkeiten (Gl.4.64) in
Abhängigkeit von G berechnen.

$$p(0,0,0,0;0;1,2) = \tfrac{1}{G}\,1.5625 \qquad p(0,1,0,0;0;2) = \tfrac{1}{G}\,1.5625$$
$$p(0,0,0,0;0;2,1) = \tfrac{1}{G}\,1.5625 \qquad p(0,0,1,0;1;0) = \tfrac{1}{G}\,4.1668$$
$$p(0,0,0,0;1;2) \quad = \tfrac{1}{G}\,2.0834 \qquad p(0,0,1,0;0;1) = \tfrac{1}{G}\,3.125$$
$$p(0,0,0,0;2;1) \quad = \tfrac{1}{G}\,2.0834 \qquad p(0,0,0,1;1;0) = \tfrac{1}{G}\,4.1668$$
$$p(0,0,0,0;1,2;0) = \tfrac{1}{G}\,2.7778 \qquad p(0,0,0,1;0;1) = \tfrac{1}{G}\,3.125$$
$$p(0,0,0,0;2,1;0) = \tfrac{1}{G}\,2.7778 \qquad p(1,0,1,0;0;0) = \tfrac{1}{G}\,6.25$$
$$p(1,0,0,0;2;0) \quad = \tfrac{1}{G}\,2.0834 \qquad p(1,0,0,1;0;0) = \tfrac{1}{G}\,6.25$$
$$p(1,0,0,0;0;2) \quad = \tfrac{1}{G}\,1.5625 \qquad p(0,1,1,0;0;0) = \tfrac{1}{G}\,6.25$$
$$p(0,1,0,0;2;0) \quad = \tfrac{1}{G}\,2.0834 \qquad p(0,1,0,1;0;0) = \tfrac{1}{G}\,6.25$$

Die Normalisierungskonstante $G(\underline{K})$ bestimmen wir aus der Gl.(4.67)

$$\tfrac{1}{G}\,(1.5625+1.5625+2.0834+2.0834+2.7778+2.7778+2.0834+$$
$$1.5625+2.0834+1.5625+4.1668+3.125+4.1668+3.125+$$
$$6.25+6.25+6.25+6.25) = 1$$

Daraus ergibt sich: $\qquad G = \underline{59.723}$

Aus den Zustandswahrscheinlichkeiten können wir dann sämtliche
Leistungsgrößen bestimmen. Obwohl wir in diesem Beispiel nur einen
Auftrag in der jeweiligen Klasse angenommen haben, führte das zu
vielen Zuständen.

Wie dieses Beispiel auch gezeigt hat, beinhaltet die Funktion
$f_i(S_i)$ Gl.(4.66) mehr Information als meistens benötigt wird.
Die Funktion $f_i(S_i)$ drückt nicht nur aus, wieviele Aufträge im
jeweiligen Knoten sind, sondern auch, in welcher Phase sie sich
befinden und wie die Reihenfolge der Aufträge der jeweiligen Klassen in der Warteschlange ist.

Die folgenden zwei Korollare berücksichtigen nur die notwendige
Information und führen daher zur einfacheren Formel für die Zustandswahrscheinlichkeiten.

Korollar 1

Wir betrachten ein <u>geschlossenes Netz</u>, das die Annahmen des BCMP-
Theorems erfüllt. Ein zusammengesetzter Zustand wird als die Anzahl jeder Klasse in jedem Knoten definiert; formal:

$$\underline{S} = (S_1, S_2, \ldots, S_N)$$

wobei

$$S_i = (k_{i1}, k_{i2}, \ldots, k_{iR}) \qquad (i=1, \ldots, N)$$

k_{ir} ist die Anzahl von Aufträgen der Klasse r im Knoten i. Die
Zustandswahrscheinlichkeiten der Netze mit Knoten vom Typ 1,2,3
oder 4 (mit $m_i=1$) können dann aus der folgenden Gleichung ermittelt werden:

$$p(\underline{S}=(S_1, S_2, \ldots, S_N)) = \frac{1}{G(\underline{K})} \prod_{i=1}^{N} F_i(S_i) \tag{4.70}$$

wobei $G(\underline{K})$ wie in Gl.(4.67) definiert ist und $F_i(S_i)$ gegeben ist
durch

$$F_i(S_i) = \begin{cases} k_i! \prod_{r=1}^{R} \frac{1}{k_{ir}!} x_{ir}^{k_{ir}} & \text{Typ-1,2,4 Knoten} \\ & \text{für} \\ \prod_{r=1}^{R} \frac{1}{k_{ir}!} x_{ir}^{k_{ir}} & \text{Typ-3-Knoten} \end{cases} \tag{4.71}$$

wobei

$$x_{ir} = \frac{e_{ir}}{\mu_{ir}} \qquad (4.71a)$$

e_{ir} wird aus der Gl.(4.63) bestimmt.

Man erkennt, daß die Verteilung für $\underline{S}$ nur von den Mittelwerten der Bedienzeitverteilungen abhängt.

Korollar 2

Wir betrachten ein <u>offenes Netzwerk</u>, das die Annahmen des BCMP-Theorems erfüllt mit der zusätzlichen Annahme, daß der Ankunftsprozeß und die Bedienraten konstant (lastunabhängig) sind.
Sei $\underline{S}=(k_1,k_2,\ldots,k_N)$ der Zustand des Netzwerkes, wobei k_i die Gesamtanzahl der Aufträge aller Klassen im Knoten i ist.
Die Wahrscheinlichkeit für den Zustand $\underline{S}$ ergibt sich in diesem Fall aus:

$$p(\underline{S}=(k_1,\ldots,k_N)) = \prod_{i=1}^{N} p_i(k_i) \qquad (4.72)$$

wobei

$$p_i(k_i)=\begin{cases} (1-\rho_i)\rho_i^{\,k_i} & \text{Typ-1,2, oder 4 } (m_i=1) \\[2mm] & \text{für} \\[2mm] e^{-\rho_i}\,\dfrac{\rho_i^{\,k_i}}{k_i!} & \text{Typ-3} \end{cases} \qquad (4.73)$$

und

$$\rho_i=\begin{cases} \displaystyle\sum_{r=1}^{R} \lambda\,\frac{e_{ir}}{\mu_i} & \text{Typ-1 } (m_i=1) \\[2mm] & \text{für} \\[2mm] \displaystyle\sum_{r=1}^{R} \lambda\,\frac{e_{ir}}{\mu_{ir}} & \text{Typ-2,3 oder 4} \end{cases} \qquad (4.74)$$

Für die Existenz der Zustandswahrscheinlichkeiten ist $\rho_i<1$ (Stabilitätsbedingung) erforderlich. Es ist ersichtlich, daß sich die Knoten im offenen Netz wie N unabhängige M/M/1-Knoten vom Typ-1, 2 oder 4 oder M/G/∞-Knoten vom Typ-3 verhalten, entsprechend Abschnitt 4.1 (Jackson's Theorem).

Am Ende dieses Abschnitts werden wir anhand eines Beispiels zeigen, wie diese zusammengesetzten Zustände zur einfachen Berechnung der Leistungsgrößen beitragen.

Die Lösung von /BCMP 75/ erhalten wir auch, wenn wir beachten, daß
der Ausgangsprozeß eines Knotens in einem BCMP-Netzwerk ein Poissonprozeß ist. Diese ergibt sich aus der Tatsache, daß die Knoten
in einem BCMP-Netzwerk die M → M (Markoff liefert Markoff) Eigenschaft haben /MUNT 73/. Das bedeutet, daß in diesem Fall der Ausgangsprozeß eines Knotens ein Poissonprozeß ist, wenn der Ein-
gangsprozeß ein Poissonprozeß ist. Man nennt solche Netzwerke
auch vollständig.

Aus den Zustandswahrscheinlichkeiten können Leistungsgrößen wie
Auslastungen der einzelnen Knoten, Durchsatz der Aufträge verschiedener Klassen, mittlere Warteschlangenlängen, mittlere Wartezeiten und mittlere Verweilzeiten der Aufträge berechnet werden.
In den nächsten Abschnitten werden wir zeigen, wie solche Leistungsgrößen auch mit Hilfe der Normalisierungskonstanten ermittelt werden können. Es gibt verschiedene Algorithmen für die Bestimmung der Normalisierungskonstanten. /MUNT 74a, WONG 75/ haben
einen Algorithmus entwickelt, der eine Erweiterung des im Kap.4.1
beschriebenen Algorithmus /BUZE 71,73/ darstellt. Andere Algorithmen für die Berechnung der Normalisierungskonstanten sind von
/REIS 75, BALB 77/ eingeführt worden. Wir werden den Algorithmus
von MUNT 74a, WONG 75/ ausführlich behandeln.

Wir nehmen zunächst an, daß kein Klassenwechsel stattfindet, d.h.
die Gesamtanzahl der Aufträge in jeder Klasse ist konstant und
jeder Auftrag von jeder Klasse kann jeden Knoten besuchen.

1. Normalisierungskonstante

Wie im vorhergehenden Abschnitt gezeigt wurde, ist ein Zustand
des BCMP-Modells durch den Vektor $\underline{S}$ definiert:

$$\underline{S} = (S_1, \ldots, S_N)$$

wobei

$$S_i = (k_{i1}, k_{i2}, \ldots, k_{iR})$$

$$\underline{K} = (K_1, \ldots, K_r, \ldots, K_R) = \sum_{i=1}^{N} S_i$$

Wir definieren einen anderen Vektor

$$S_i = (k^*_{i1}, k^*_{i2}, \ldots, k^*_{iR})$$

wobei

k^*_{ir} $(r=1,\ldots,R)$ die Gesamtanzahl von Aufträgen der Klasse r in den Knoten $1,2,\ldots,i-1,i$ ist.

Es gilt

$$k^*_{ir} = \sum_{j=1}^{i} k_{jr}$$

wobei

k_{jr} die Anzahl von Aufträgen der Klasse r im Knoten j angibt.

Zusätzlich definieren wir:

$$F^*_i(S^*_i) = \sum_{\substack{i\\ \sum\limits_{l=1} S_l=S^*_i}} \prod_{l=1}^{i} F_l(S_l)$$

$$= \sum_{S^*_{i-1}+S_i=S^*_i} \sum_{\substack{i-1\\ \sum\limits_{l=1} S_l=S^*_{i-1}}} \prod_{l=1}^{i-1} F_l(S_l)\, F_i(S_i)$$

$$= \sum_{S^*_{i-1}+S_i=S^*_i} F^*_{i-1}(S^*_{i-1}) F_i(S_i) \tag{4.75}$$

Aus dieser Gleichung ist ersichtlich, daß gilt:

$$F^*_1(\cdot) = F_1(\cdot) \tag{4.76}$$

Die Normalisierungskonstante ergibt sich dann aus

$$G(\underline{K}) = F^*_N(\underline{K}) \tag{4.77}$$

Der Algorithmus /MUNT 74a,WONG 75/ zur Berechnung der Normalisierungskonstanten $G(\underline{K})$ unter der Bedingung, daß alle $F_i(S_i)$-Funktionen berechenbar sind, kann wie folgt zusammengefaßt werden:

i) Berechne $F^*_i(S^*_i)$ mit Gl.(4.75) für $i=1,\ldots,N$ und alle möglichen Vektoren (S^*_i).

Dieser Schritt ist in der Tabelle 4.3 durch Strichlinien erläutert.

ii) Die Normalisierungskonstante ist

$$G(\underline{K}) = F^*_N(\underline{K})$$

Die anderen Werte in der letzten Spalte sind die Normalisierungskonstanten für verschiedene Anzahl von Aufträgen. Diese Werte sind für die Ermittlung der Leistungsgrößen wichtig.

Tab. 4.3 Berechnung der Normalisierungskonstanten

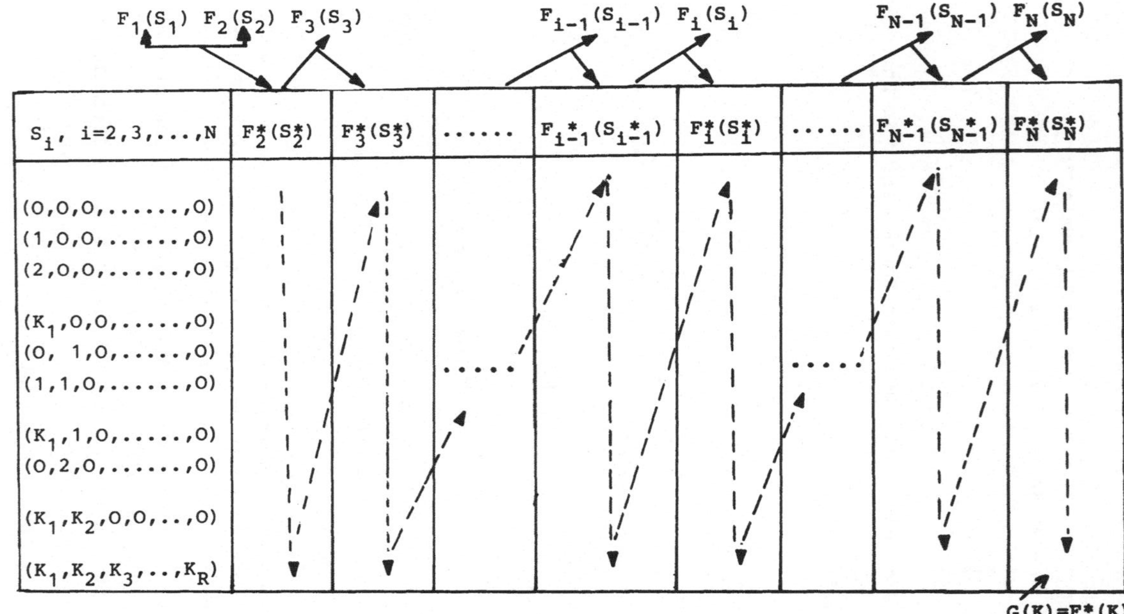

S_i, i=2,3,...,N	$F_2^*(S_2^*)$	$F_3^*(S_3^*)$	......	$F_{i-1}^*(S_{i-1}^*)$	$F_1^*(S_1^*)$	......	$F_{N-1}^*(S_{N-1}^*)$	$F_N^*(S_N^*)$
(0,0,0,.......,0)								
(1,0,0,......,0)								
(2,0,0,......,0)								
(K_1,0,0,.....,0)								
(0, 1,0,.....,0)								
(1,1,0,.......,0)								
(K_1,1,0,.....,0)								
(0,2,0,.......,0)								
(K_1,K_2,0,0,...,0)								
(K_1,K_2,K_3,...,K_R)								

2. Randwahrscheinlichkeiten

Sei $p_i(S_i)$ die Randwahrscheinlichkeit, daß der i-te Knoten im Zustand S_i (i=1,...,N) ist und $p_i^*(S_i^*)$ die Randwahrscheinlichkeit, daß das Teilnetz bestehend aus Knoten 1,2,...,i-1,i sich im Zustand S_i^* (i=1,2,...,N-1) befindet.

Zunächst können $p_N(S_N)$ und $p_{N-1}^*(S_{N-1}^*)$ aus der folgenden Gleichung bestimmt werden:

$$p_N(S_N) = \frac{1}{G(\underline{K})} \ F_{N-1}^*(\underline{K}-S_N) \ F_N(S_N) \tag{4.78a}$$

und

$$p_{N-1}^*(S_{N-1}^*) = \frac{1}{G(\underline{K})} \ F_{N-1}^*(S_{N-1}^*) \ F_N(\underline{K}-S_{N-1}^*) \tag{4.78b}$$

Für i=N-1,N-2,...,2 können wir $p_i(S_i)$ und $p_{i-1}^*(S_{i-1}^*)$ wie folgt berechnen:

$$p_i(S_i) = \sum_{k_1=k_{i1}}^{K_1} \ \sum_{k_2=k_{i2}}^{K_2} \ . \ . \ \sum_{k_R=k_{iR}}^{K_R} \ p_i^*(\underline{k}) \frac{F_{i-1}^*(\underline{k}-S_i) F_i(S_i)}{F_i^*(\underline{k})} \tag{4.79a}$$

$$p_{i-1}^*(S_{i-1}^*) = \sum_{k_1=k_{i-1,1}^*}^{K_1} \ \sum_{k_2=k_{i-1,2}^*}^{K_2} \ . \ . \ \sum_{k_R=k_{i-1,R}^*}^{K_R}$$

$$p_i^*(\underline{k}) \ \frac{F_{i-1}^*(S_{i-1}^*) F_i(\underline{k}-S_{i-1}^*)}{F_i^*(\underline{k})} \tag{4.79b}$$

wobei $\underline{k} = (k_1,k_2,...,k_R)$

$p_1(S_1)$ ergibt sich aus

$$p_1(S_1) = p_1^*(S_1^*) \tag{4.80}$$

3. Der Durchsatz

Der Durchsatz λ_{ir} von Aufträgen der Klasse r durch den i-ten Knoten in einem geschlossenen Netzwerk mit K_r Gesamtaufträgen der Klasse r ist gegeben durch:

$$\lambda_{ir} = e_{ir} \ \frac{G(K_1,...,K_r-1,...,K_R)}{G(K_1,...,K_r,...,K_R)} \tag{4.81}$$

wobei e_{ir} die Lösung der Gl.(4.63) ist.

-92-

<u>Beweis</u>

λ_{ir} ist die mittlere Ankunftsrate von Aufträgen der Klasse r in den i-ten Knoten. Im Gleichgewicht ist λ_{ir} auch die mittlere Abgangsrate von Aufträgen der Klasse r aus dem i-ten Knoten.

Für den i-ten Knoten vom Typ-1,2 oder 4 mit $m_i=1$ ist die mittlere Abgangsrate von Aufträgen der Klasse r gegeben durch

$$\lambda_{ir} = \sum_{\substack{\text{Alle } \underline{S} \\ \text{so daß } k_{ir}>0}} p(S_1,\ldots,S_N)\,\frac{k_{ir}}{k_i}\,\mu_{ir} \qquad (4.81a)$$

wobei $\dfrac{k_{ir}}{k_i}$ der Anteil der Kapazität der Bedieneinheit für Aufträge der Klasse r ist, wenn der Knoten vom Typ-2 ist oder die Wahrscheinlichkeit ist, daß ein Auftrag der Klasse r die volle Kapazität der Bedieneinheit benutzt, wenn der Knoten vom Typ-1 oder 4 ist.

Durch Anwendung der Gl.(4.70) auf (4.81a) erhalten wir

$$\lambda_{ir}= \frac{1}{G(K_1,\ldots,K_R)} \sum_{\substack{\text{alle } \underline{S},\text{ so daß} \\ \sum_{i=1}^{N} k_{is}=K_S\,(s=1,\ldots,R) \\ \& k_{ir}>0}}$$

$$\left[\prod_{j\neq i} p_j(S_j)\right]\left[k_i!\prod_{s=1}^{R}\frac{1}{k_{is}!}\left(\frac{e_{is}}{\mu_{is}}\right)^{k_{is}}\right]\frac{k_{ir}}{k_i}\,\mu_{ir}$$

oder

$$\lambda_{ir} = \frac{1}{G(K_1,\ldots,K_R)} \sum_{\substack{\text{alle } \underline{S},\text{ so daß} \\ \sum_{i=1}^{N} k_{is}=K_S\,(s=1,\ldots,R) \\ \& k_{ir}>0}}$$

$$\left[\prod_{j\neq i} p_j(S_j)\right]\left[(k_i-1)!\prod_{s\neq r}\frac{1}{k_{is}!}\left(\frac{e_{is}}{\mu_{is}}\right)^{k_{is}}\right]$$

$$\left[\frac{1}{(k_{ir}-1)!}\left(\frac{e_{ir}}{\mu_{ir}}\right)^{k_{ir}-1}\right]e_{ir}$$

Durch Substitution $k_{ir}=(k_{ir}-1)$ bekommen wir

$$\lambda_{ir} = \frac{1}{G(K_1,\ldots,K_R)} \sum_{\substack{\text{alle } \underline{S}, \text{ so daß} \\ \sum\limits_{i=1}^{N} k_{is}=K_S \, (s\neq r) \\ \& \sum\limits_{i=1}^{N} k_{ir}=K_R-1}}$$

$$\left[\prod_{j\neq i} p_j(S_j) \right] \left[k_i! \prod_{s=1}^{R} \frac{1}{k_{is}!} \left(\frac{e_{is}}{\mu_{is}}\right)^{k_{is}} \right] e_{ir}$$

Daraus erhalten wir dann

$$\lambda_{ir} = e_{ir} \cdot \frac{G(K_1,\ldots,K_r-1,\ldots,K_R)}{G(K_1,\ldots,K_r,\ldots,K_R)} \qquad \text{q.e.d.}$$

4. Die Auslastung

Wenn die Bedienraten konstant (lastunabhängig) sind, ergibt sich die Auslastung für den i-ten Knoten vom Typ 1,2,3 oder 4 (mit $m_i=1$) aus der folgenden bekannten Gleichung:

$$\rho_{ir} = \frac{\lambda_{ir}}{\mu_{ir}} \qquad \begin{array}{l} i=1,\ldots,N \\ r=1,\ldots,R \end{array} \qquad (4.82)$$

wobei λ_{ir} aus der Gl.(4.81) bestimmt wird.

Wenn die Bedienraten lastabhängig sind, kann die Auslastung für den i-ten Knoten vom Typ 1,2 oder 4 aus der folgenden Gleichung ermittelt werden:

$$\rho_{ir} = \sum_{\text{alle Zustände } \underline{S}} p_i(S_i) \cdot \frac{k_{ir}}{k_i} \qquad (4.83)$$

5. Die mittlere Anzahl von Aufträgen der Klasse r im i-ten Knoten

$$\bar{k}_{ir} = \begin{cases} \sum\limits_{\substack{\text{alle } S_i, \\ \text{so daß } k_{ir}>0}} p_i(S_i)\, k_{ir} & \text{Typ-1,2,4} \\[2ex] & \text{für} \quad \begin{array}{l} i=1,\ldots,N \\ r=1,\ldots,R \end{array} \\[2ex] \dfrac{\lambda_{ir}}{\mu_{ir}} & \text{Typ-3} \end{cases} \qquad (4.84)$$

6. Die mittlere Verweilzeit

ergibt sich mit Little's Gesetz aus der mittleren Anzahl der Aufträge (Gl.(4.84)) und dem Durchsatz (Gl.(4.81))

$$\bar{t}_{ir} = \begin{cases} \dfrac{\bar{k}_{ir}}{\lambda_{ir}} & \text{Typ-1,2,4} \\[2ex] \dfrac{1}{\mu_{ir}} & \text{Typ-3} \end{cases} \quad \text{für} \qquad (4.85)$$

7. Die mittlere Wartezeit

$$\bar{w}_{ir} = \begin{cases} \bar{t}_{ir} - \dfrac{1}{\mu_{ir}} & \text{Typ-1,2,4} \\[2ex] 0 & \text{Typ-3} \end{cases} \quad \text{für} \qquad (4.86)$$

8. Die mittlere Warteschlangenlänge

$$\bar{Q}_{ir} = \begin{cases} \lambda_{ir}\,\bar{w}_{ir} & \text{Typ-1,2,4} \\[2ex] 0 & \text{Typ-3} \end{cases} \quad \text{für} \qquad (4.87)$$

Beispiel 4.11

Ein geschlossenes Netz besteht aus N=4 Knoten und R=2 Auftragsklassen. Die Aufträge dürfen ihre Klassenzugehörigkeit nicht ändern. Der erste Knoten ist vom Typ-2 mit den Bedienzeiten

$\dfrac{1}{\mu_{11}} = 1$ sec und $\dfrac{1}{\mu_{12}} = 2$ sec, der 2. und 3. Knoten ist vom Typ-4

mit den Bedienraten

$$\frac{1}{\mu_{21}} = 4 \text{ sec} \qquad \frac{1}{\mu_{22}} = 5 \text{ sec} \qquad \frac{1}{\mu_{31}} = 8 \text{ sec} \qquad \frac{1}{\mu_{32}} = 10 \text{ sec}$$

Der 4. Knoten ist vom Typ-3 mit der Bedienzeit

$$\frac{1}{\mu_{41}} = 12 \text{ sec} \qquad \frac{1}{\mu_{42}} = 16 \text{ sec.}$$

Die Übergangswahrscheinlichkeiten sind gegeben durch

$$P_{1,1;2,1}=0.4 \qquad\qquad P_{1,2;2,2}=0.4$$
$$P_{1,1;3,1}=0.4 \qquad\qquad P_{1,2;3,2}=0.3$$
$$P_{1,1;4,1}=0.2 \qquad\qquad P_{1,2;4,2}=0.3$$

$$P_{4,r;1,r}=P_{3,r;1,r}=P_{2,r;1,r} = 1 \qquad r=1,2$$

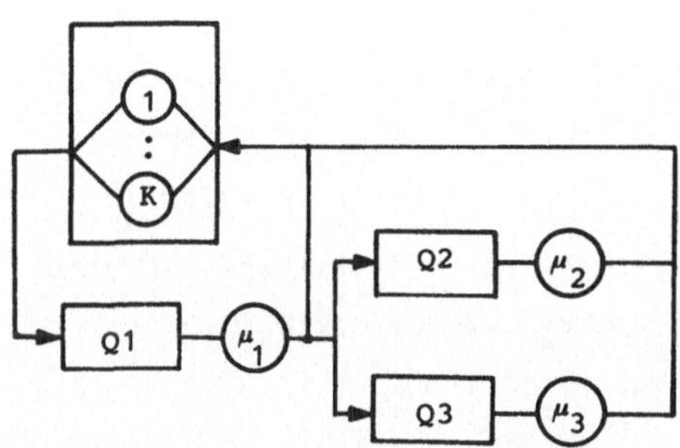

Fig. 4.10   Ein Teilnehmerbetrieb

Aus Gl.(4.63) bestimmen wir

<u>Für Klasse 1</u>

$$e_{11} = e_{21}P_{2,1;1,1} + e_{31}P_{3,1;1,1} + e_{41}P_{4,1;1,1} = \underline{1}$$

$$e_{21} = e_{11}P_{1,1;2,1} = \underline{0.4}$$

$$e_{31} = e_{11}P_{1,1;3,1} = \underline{0.4}$$

$$e_{41} = e_{11}P_{1,1;4,1} = \underline{0.2}$$

<u>Für Klasse 2</u>

$$e_{12} = e_{12}P_{1,2;1,2} + e_{22}P_{2,2;1,2} + e_{32}P_{3,2;1,2} + e_{42}P_{4,2;1,2} = \underline{1}$$

$$e_{22} = e_{12}P_{1,2;2,2} = \underline{0.4}$$

$$e_{32} = e_{12}P_{1,2;3,2} = \underline{0.3}$$

$$e_{42} = e_{12}P_{1,2;4,4} = \underline{0.3}$$

Die Funktionen $F_i(S_i)$ i=1,2,3,4 ermitteln wir aus der Gl.(4.71)

(S_i)	$F_1(S_1)$	$F_2(S_2)$	$F_3(S_3)$	$F_4(S_4)$
0,0	1	1	1	1
1,0	1	1.6	3.2	2.4
0,1	2	2	3	4.8
1,1	4	6.4	19.2	11.52
0,2	4	4	9	11.52
1,2	12	19.2	86.4	27.648

Für die Bestimmung der Normalisierungskonstanten brauchen wir $F_i^*(S_i^*)$ aus der Gl.(4.75)

$$F_2^*(0,0) = \underline{1}$$

$$F_2^*(1,0) = F_1^*(0,0)F_2(1,0)+F_1^*(1,0)F_2(0,0) = \underline{2.6}$$

$$F_2^*(0,1) = F_1^*(0,0)F_2(0,1)+F_1^*(0,1)F_2(0,0) = \underline{4}$$

$$F_2^*(1,1) = F_1^*(0,0)F_2(1,1)+F_1^*(1,1)F_2(0,0) +$$
$$+ F_1^*(1,0)F_2(0,1)+F_1^*(0,1)F_2(1,0) = \underline{15.6}$$

$$F_2^*(0,2) = F_1^*(0,0)F_2(0,2)+F_1^*(0,2)F_2(0,0) +$$
$$+ F_1^*(0,1)F_2(0,1) \qquad\qquad = \underline{12}$$

$$F_2^*(1,2) = F_1^*(0,0)F_2(1,2)+F_1^*(1,2)F_2(0,0) +$$
$$+ F_1^*(1,1)F_2(0,1)+F_1^*(0,1)F_2(1,1) +$$
$$+ F_1^*(1,0)F_2(0,2)+F_1^*(0,2)F_2(1,0) = \underline{62.4}$$

Ähnlich erhalten wir dann $F_3^*(S_3^*)$ und $F_4^*(S_4^*)$

S_i^*	$F_2^*(S_2^*)$	$F_3^*(S_3^*)$	$F_4^*(S_4^*)$
0,0	1	1	1
1,0	2.6	5.8	8.2
0,1	4	7	11.8
1,1	15.6	55.4	111.56
0,2	12	33	78.12
1,2	62.4	334.2	854.424

Den Durchsatz berechnen wir aus der Gl.(4.81)

$$\lambda_{11}=e_{11}\,\frac{G(0,2)}{G(1,2)} = \underline{0.0914} \qquad \lambda_{12}=e_{12}\,\frac{G(1,1)}{G(1,2)} = \underline{0.1305}$$

$$\lambda_{21}=e_{21}\,\frac{G(0,2)}{G(1,2)} = \underline{0.0365} \qquad \lambda_{22}=e_{22}\,\frac{G(1,1)}{G(1,2)} = \underline{0.0522}$$

$$\lambda_{31}=e_{31}\,\frac{G(0,2)}{G(1,2)} = \underline{0.0365} \qquad \lambda_{32}=e_{32}\,\frac{G(1,1)}{G(1,2)} = \underline{0.039}$$

$$\lambda_{41}=e_{41}\,\frac{G(0,2)}{G(1,2)} = \underline{0.0183} \qquad \lambda_{42}=e_{42}\,\frac{G(1,1)}{G(1,2)} = \underline{0.039}$$

Die Auslastungen ergeben sich aus der Gl.(4.82)

$$\rho_{11} = \underline{0.0914} \qquad \rho_{12} = \underline{0.261}$$
$$\rho_{21} = \underline{0.146} \qquad \rho_{22} = \underline{0.261}$$
$$\rho_{31} = \underline{0.292} \qquad \rho_{32} = \underline{0.391}$$

$$\rho_{41} = \underline{0.219} \qquad\qquad \rho_{42} = \underline{0.626}$$

Aus der Gl.(4.78a) bestimmen wir die Randwahrscheinlichkeiten:

$$p_4(0,0) = \frac{1}{G(\underline{K})}\ F_3^*(1,2)F_4(0,0) = 0.3911407$$

$$p_4(1,0) = \frac{1}{G(\underline{K})}\ F_3^*(0,2)F_4(1,0) = 0.0926913$$

$$p_4(0,1) = \frac{1}{G(\underline{K})}\ F_3^*(1,1)F_4(0,1) = 0.3112181$$

$$p_4(1,1) = \frac{1}{G(\underline{K})}\ F_3^*(0,1)F_4(1,1) = 0.0943766$$

$$p_4(0,2) = \frac{1}{G(\underline{K})}\ F_3^*(1,0)F_4(0,2) = 0.0781978$$

$$p_4(1,2) = \frac{1}{G(\underline{K})}\ F_3^*(0,0)F_4(1,2) = 0.0323577$$

Aus der Gl.(4.79a) erhalten wir dann:

$$
\begin{aligned}
p_3(0,0) = {}& p_3^*(0,0)\frac{F_2^*(0,0)F_3(0,0)}{F_3^*(0,0)} + p_3^*(1,0)\frac{F_2^*(1,0)F_3(0,0)}{F_3^*(1,0)} + \\[4pt]
& + p_3^*(0,1)\frac{F_2^*(0,1)F_3(0,0)}{F_3^*(0,1)} + p_3^*(1,1)\frac{F_2^*(1,1)F_3(0,0)}{F_3^*(1,1)} + \\[4pt]
& + p_3^*(0,2)\frac{F_2^*(0,2)F_3(0,0)}{F_3^*(0,2)} + p_3^*(1,2)\frac{F_2^*(1,2)F_3(0,0)}{F_3^*(1,2)} = \\[4pt]
= {}& \underline{0.3023}
\end{aligned}
$$

$$
\begin{aligned}
p_3(1,0) = {}& p_3^*(1,0)\frac{F_2^*(0,0)F_3(1,0)}{F_3^*(1,0)} + p_3^*(1,1)\frac{F_2^*(0,1)F_3(1,0)}{F_3^*(1,1)} + \\[4pt]
& + p_3^*(1,2)\frac{F_2^*(0,2)F_3(1,0)}{F_3^*(1,2)} = \underline{0.16}
\end{aligned}
$$

$$
\begin{aligned}
p_3(0,1) = {}& p_3^*(0,1)\frac{F_2^*(0,0)F_3(0,1)}{F_3^*(0,1)} + p_3^*(1,1)\frac{F_2^*(1,0)F_3(0,1)}{F_3^*(1,1)} + \\[4pt]
& + p_3^*(0,2)\frac{F_2^*(0,1)F_3(0,1)}{F_3^*(0,2)} + p_3^*(1,2)\frac{F_2^*(1,1)F_3(0,1)}{F_3^*(1,2)} = \\[4pt]
= {}& \underline{0.1726}
\end{aligned}
$$

$$
\begin{aligned}
p_3(1,1) = {}& p_3^*(1,1)\frac{F_2^*(0,0)F_3(1,1)}{F_3^*(1,1)} + p_3^*(1,2)\frac{F_2^*(0,1)F_3(1,1)}{F_3^*(1,2)} = \\[4pt]
= {}& \underline{0.1977}
\end{aligned}
$$

$$p_3(0,2) = p_3^*(0,2)\frac{F_2^*(0,0)F_3(0,2)}{F_3^*(0,2)} + p_3^*(1,2)\frac{F_2^*(1,0)F_3(0,2)}{F_3^*(1,2)} =$$

$$= \underline{0.052665}$$

$$p_3(1,2) = p_3^*(1,2)\frac{F_2^*(0,0)F_3(1,2)}{F_3^*(1,2)} = \underline{0.1011178}$$

Die anderen Wahrscheinlichkeiten $p_i(S_i)$ i=1,2, können ähnlich bestimmt werden. Bei der Bestimmung von $p_3^*(S_1^*=(k_{21}^*,k_{22}^*))$ möchten wir die Gl.(4.79b) näher erläutern.

$$p_2^*(S_2^*=(k_{21}^*,k_{22}^*)) = \sum_{k_1=k_{21}^*}^{K_1=1}\sum_{k_2=k_{22}^*}^{K_2=2} p_3^*(k_1,k_2)\frac{F_2^*(S_2^*)F_3(k_1-k_{21}^*,k_2-k_{22}^*)}{F_3^*(k_1,k_2)}$$

z.B. für $S_2^*=(0,0)$ ermitteln wir

$$p_2^*(0,0) = \sum_{k_1=0}^{1}\sum_{k_2=0}^{2} p_3^*(k_1,k_2)\frac{F_2^*(0,0)F_3(k_1-k_{21}^*,k_2-k_{22}^*)}{F_3^*(k_1,k_2)} =$$

$$= p_3^*(0,0)\frac{F_2^*(0,0)F_3(0,0)}{F_3^*(0,0)} + p_3^*(1,0)\frac{F_2^*(0,0)F_3(1,0)}{F_3^*(1,0)} +$$

$$+ p_3^*(0,1)\frac{F_2^*(0,0)F_3(0,1)}{F_3^*(0,1)} + p_3^*(1,1)\frac{F_2^*(0,0)F_3(1,1)}{F_3^*(1,1)} +$$

$$+ p_3^*(0,2)\frac{F_2^*(0,0)F_3(0,2)}{F_3^*(0,2)} + p_3^*(1,2)\frac{F_2^*(0,0)F_3(1,2)}{F_3^*(1,2)} = \underline{0.35}$$

Ähnlich können die anderen Randwahrscheinlichkeiten z.B. $p_2^*(1,0)$, $p_2^*(0,1)$ usw. berechnet werden.

Aus der Gl.(4.84) können wir die mittlere Anzahl von Aufträgen der Klasse r=1,2, z.B. im 3.und 4.Knoten bestimmen:

$$\bar{k}_{31} = p_3(1,0) + p_3(1,1) + p_3(1,2) = \underline{0.4588}$$

$$\bar{k}_{32} = p_3(0,1) + p_3(1,1) + 2p_3(0,2) + 2p_3(1,2) = \underline{0.677}$$

$$\bar{k}_{41} = \frac{\lambda_{41}}{\mu_{41}} = \underline{0.219} \qquad \bar{k}_{42} = \frac{\lambda_{42}}{\mu_{42}} = \underline{0.624}$$

Die anderen Leistungsgrößen können aus den entsprechenden Formeln leicht ermittelt werden.

Beispiel 4.12

Wir betrachten ein offenes Netz, das aus N=3 Knoten und R=2 Auftragsklassen besteht. Der erste Knoten hat den Typ-2, der 2. und
3. Knoten den Typ-4. Die Bedienzeiten sind exponentiell verteilt
mit den Raten

$$\mu_{11}=8 \text{ sec}^{-1} \qquad \mu_{12}=24 \text{ sec}^{-1}$$
$$\mu_{21}=12 \text{ sec}^{-1} \qquad \mu_{22}=32 \text{ sec}^{-1}$$
$$\mu_{31}=16 \text{ sec}^{-1} \qquad \mu_{32}=36 \text{ sec}^{-1}$$

Die Zwischenankunftszeiten sind exponentiell verteilt und die Ankunftsraten für Klasse 1 und 2 sind $\lambda_1=\lambda_2=1$ Auftrag/sec.

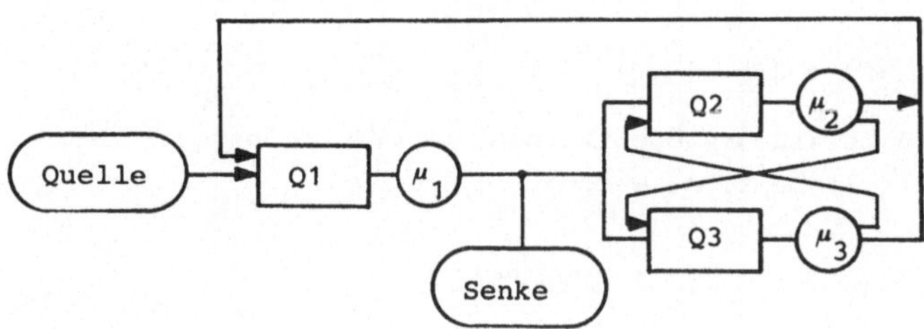

Fig. 4.11   Ein offenes Warteschlangennetz

Die Übergangswahrscheinlichkeiten sind gegeben durch

$$P_{0;1,1} = 1 \qquad P_{2,1;1,1}= 0.6 \qquad P_{0;1,2} = 1 \qquad P_{2,2;1,2}= 0.7$$
$$P_{1,1;2,1}=0.4 \qquad P_{2,1;3,1}= 0.4 \qquad P_{1,2;2,2}=0.3 \qquad P_{2,2;3,2}= 0.3$$
$$P_{1,1;3,1}=0.3 \qquad P_{3,1;1,1}= 0.5 \qquad P_{1,2;3,2}=0.6 \qquad P_{3,2;1,2}= 0.4$$
$$P_{1,1;N+1}=0.3 \qquad P_{3,1;2,1}= 0.5 \qquad P_{1,2;N+1}=0.1 \qquad P_{3,2;2,2}= 0.6$$

Im Netz ist der Klassenwechsel von Aufträgen nicht erlaubt.

Aus der Gl.(4.62) bestimmen wir die relativen Durchsätze:

$$e_{11}=P_{0;1,1}+e_{11} P_{1,1;1,1}+e_{21} P_{2,1;1,1}+e_{31} P_{3,1;1,1} = \underline{3.332}$$
$$e_{21}=P_{0;2,1}+e_{11} P_{1,1;2,1}+e_{21} P_{2,1;2,1}+e_{31} P_{3,1;2,2} = \underline{2.29}$$
$$e_{31}=P_{0;3,1}+e_{11} P_{1,1;3,1}+e_{21} P_{2,1;3,1}+e_{31} P_{3,1;3,1} = \underline{1.916}$$

Ähnlich erhalten wir auch für Klasse 2

$$e_{12} = \underline{9.967} \qquad e_{22} = \underline{8.024} \qquad e_{32} = \underline{8.387}$$

Die Auslastungen ergeben sich aus der Gl.(4.74)

$$\rho_1 = \lambda_1 \frac{e_{11}}{\mu_{11}} + \lambda_2 \frac{e_{12}}{\mu_{12}} = \underline{0.8315}$$

$$\rho_2 = \lambda_1 \frac{e_{21}}{\mu_{21}} + \lambda_2 \frac{e_{22}}{\mu_{22}} = \underline{0.44}$$

$$\rho_3 = \lambda_1 \frac{e_{31}}{\mu_{31}} + \lambda_2 \frac{e_{32}}{\mu_{32}} = \underline{0.352}$$

Die Wahrscheinlichkeit, daß z.B. im 1.Knoten 3 Aufträge sind, können wir aus der Gl.(4.73) ermitteln:

$$p_1(3) = (1-\rho_1)\ \rho_1^{k_1} = \underline{0.0968}$$

Die anderen Leistungsgrößen können aus den bekannten Formeln (Abschnitt 4.1) bestimmt werden.

Berücksichtigung des Klassenwechsels

Wir haben bis jetzt bei der Bestimmung der Normalisierungskonstanten und Leistungsgrößen angenommen, daß in Netzen kein Klassenwechsel der Aufträge stattfinden darf. Wenn wir Netze untersuchen wollen, in denen die Aufträge ihre Klassen wechseln dürfen, müssen wir auf einem anderen Weg die Ergebnisse erzielen.
Wie wir am Anfang dieses Abschnitts erwähnt haben, ist die Gesamtanzahl der Aufträge in jeder Teilkette nicht mehr konstant, wenn in Netzen ein Klassenwechsel der Aufträge stattfindet. Wie dort gezeigt wurde, ist die Markoff-Kette, die durch die Übergangsmatrix $\underline{P} = [P_{i,r;j,s}]$ definiert ist, in $m \geqslant 1$ ergodische, disjunkte Teilketten EC_s zerlegbar. Die Gesamtanzahl der Aufträge in jeder dieser ergodischen Teilketten bleibt dann konstant.
Um die Normalisierungskonstante $G(\underline{K})$ bestimmen zu können, müssen wir einen neuen Zustand definieren:

$$L_i = (1_{i11}, 1_{i12}, \ldots, 1_{im}) \tag{4.88}$$

und die Funktionen $F_i(S_i)$ (Gl.4.71) ersetzen durch:

$$1_{is} = \sum_{r \in EC_s} k_{ir} \qquad \text{für } s=1,\ldots,m$$

$$H_i(L_i) = \sum_{\substack{\text{Für alle Zustände } S_i, \\ \text{so daß für alle} \\ \text{ergodischen Teilketten } s,}} F_i(S_i) \qquad (4.89)$$

$$\sum_{r \in EC_s} k_{ir} = l_{is}$$

Die Umwandlung der Zustandsbeschreibung von S_i nach L_i ist äquivalent zur Definition, daß alle Aufträge, die zur gleichen ergodischen Teilkette gehören, in derselben Klasse sind. /MUNT 72/ hat
gezeigt, daß ein geschlossenes Netz mit m ergodischen Teilketten
äquivalent ist zu einem geschlossenen Netz mit m Auftragsklassen.

Mit den Funktionen $H_i(L_i)$ (Gl.4.89) können wir dann wieder mit
Gln.(4.75,4.76,4.77), Tabelle 4.3, die Normalisierungskonstante
bestimmen.

Die <u>Wahrscheinlichkeit</u> $p_i(L_i)$, daß der Knoten i im Zustand L_i
(Gl.4.88) ist, kann aus den Gleichungen (4.78,4.79) berechnet
werden.

Mit $p_i(L_i)$ erhalten wir dann

$$p_i(S_i) = p_i(L_i) \frac{F_i(S_i)}{H_i(L_i)} \qquad (4.90)$$

Wenn die Klasse r das einzige Element in der Teilkette EC_s ist,
dann ergibt sich der <u>Durchsatz</u> aus

$$\lambda_{ir} = e_{ir} \frac{G(K_1,\ldots,K_s-1,\ldots,K_m)}{G(K_1,\ldots,K_m)} \quad \text{für} \quad \begin{matrix} i=1,\ldots,N \\ r \in EC_s \end{matrix} \qquad (4.91)$$

Die <u>Auslastungen</u> ρ_{ir} können wir dann aus den bekannten Formeln
Gl.(4.82) durch Anwendung der Gl.(4.91) bestimmen.

Wenn die Klasse r aber nicht das einzige Element von EC_s ist, müssen wir zunächst ρ_{ir} aus der Gl.(4.83) ermitteln und dann aus der
Gl.(4.82) den Durchsatz λ_{ir}.

Andere Leistungsgrößen, wie z.B. die mittlere Anzahl von Aufträgen,
die mittlere Verweilzeiten für Typ 1,2 oder 4-Knoten usw. können
wir mit den Gleichungen (4.84) bzw. (4.85) berechnen.

<u>Beispiel 4.13</u>

Wir betrachten ein geschlossenes Netz mit N=2 Knoten (Typ-2 und
Typ-4) und R=3 Auftragsklassen, wobei in jeder Klasse sich nur

ein Auftrag befindet, $K_1=1$, $K_2=1$, $K_3=1$. Die Bedienzeiten sind exponentiell verteilt mit den folgenden Werten:

$$1/\mu_{11} = 2 \qquad 1/\mu_{12} = 3 \qquad 1/\mu_{13} = 4$$
$$1/\mu_{21} = 5 \qquad 1/\mu_{22} = 6 \qquad 1/\mu_{23} = 8$$

Die Matrix der Übergangswahrscheinlichkeiten ist gegeben durch

(i,r) \ (j,s)	(1,1)	(1,2)	(1,3)	(2,1)	(2,2)	(2,3)
(1,1)	0.3	0	0	0.3	0	0.4
(1,2)	0	0.2	0	0	0.8	0
(1,3)	0.25	0	0.5	0	0	0.25
(2,1)	0.4	0	0.3	0.2	0	0.1
(2,2)	0	0.6	0	0	0.4	0
(2,3)	0.2	0	0.2	0.4	0	0.2

Diese Matrix der Übergangswahrscheinlichkeiten ist in 3 Teilketten zerlegbar:

$$E_1 = \{1,3\} \qquad E_2 = \{2\} \qquad E_3 = \{1,3\}$$

wobei wir identische Mengen eliminieren

$$EC_1 = \{1,3\} \qquad EC_2 = \{2\}$$

In den jeweiligen Klassen befinden sich jetzt

$$K_1' = K_1 + K_3 = \underline{2}$$
$$K_2' = \underline{1}$$

So bestimmen wir die Anzahl der möglichen Zustände

$$\binom{NC_1+K_1-1}{NC_1-1} \binom{NC_2+K_2-1}{NC_2-1} = \underline{20} \text{ Zustände}$$

Aus der Gl.(4.63) erhalten wir

$$e_{11} = e_{11}\, P_{1,1;1,1} + e_{21}\, P_{2,1;1,1} + e_{13}\, P_{1,3;1,1} + e_{23}\, P_{2,3;1,1} = \underline{1}$$
$$e_{21} = e_{11}\, P_{1,1;2,1} + e_{21}\, P_{2,1;2,1} + e_{13}\, P_{1,3;2,1} + e_{23}\, P_{2,3;2,1} = \underline{0.804}$$
$$e_{13} = e_{11}\, P_{1,1;1,3} + e_{21}\, P_{2,1;1,3} + e_{13}\, P_{1,3;1,3} + e_{23}\, P_{2,3;1,3} = \underline{0.826}$$
$$e_{23} = e_{11}\, P_{1,1;2,3} + e_{21}\, P_{2,1;2,3} + e_{13}\, P_{1,3;2,3} + e_{23}\, P_{2,3;2,3} = \underline{0.858}$$

$$e_{12} = e_{12}\, P_{1,2;1,2} + e_{22}\, P_{2,2;1,2} = \underline{1}$$

$$e_{22} = e_{12}\, P_{1,2;2,2} + e_{22}\, P_{2,2;2,2} = \underline{1}$$

Zur Bestimmung der Normalisierungskonstanten brauchen wir $H_i(L_i)$ ($i=1,2$) aus der Gl.(4.89). Daher ermitteln wir die Funktionen $F_i(S_i)$ ($i=1,2$) aus der Gl.(4.71).

$$
\begin{aligned}
F_1(0,0,0) &= 1 & F_2(0,0,0) &= 1 \\
F_1(1,0,0) &= 2 & F_2(1,0,0) &= 4.02 \\
F_1(0,1,0) &= 3 & F_2(0,1,0) &= 6.864 \\
F_1(0,0,1) &= 3.304 & F_2(0,0,1) &= 6.864 \\
F_1(1,1,0) &= 12 & F_2(1,1,0) &= 48.24 \\
F_1(1,0,1) &= 13.216 & F_2(1,0,1) &= 55.1865 \\
F_1(0,1,1) &= 19.824 & F_2(0,1,1) &= 82.368 \\
F_1(1,1,1) &= 118.944 & F_2(1,1,1) &= 993.358
\end{aligned}
$$

Der Zustand L_i (Gl.4.88) ergibt sich hier wie folgt:

$$
\begin{aligned}
L_1 &= (l_{11}, l_{12}) & L_2 &= (l_{21}, l_{22}) \\
&= (k_{11}+k_{13}, k_{12}) & &= (k_{21}+k_{23}, k_{22})
\end{aligned}
$$

Aus den Funktionen $F_i(S_i)$ ($i=1,2$) ermitteln wir dann

$$
\begin{aligned}
H_1(0,0) &= F_1(0,0,0) & &= 1 \\
H_1(1,0) &= F_1(1,0,0)+F_1(0,0,1) &&= 5.304 \\
H_1(2,0) &= F_1(1,0,1) & &= 13.216 \\
H_1(0,1) &= F_1(0,1,0) & &= 3 \\
H_1(1,1) &= F_1(1,1,0)+F_1(0,1,1) &&= 31.824 \\
H_1(2,1) &= F_1(1,1,1) & &= 118.944
\end{aligned}
$$

$$
\begin{aligned}
H_2(0,0) &= F_2(0,0,0) & &= 1 \\
H_2(1,0) &= F_2(1,0,0)+F_2(0,0,1) &&= 10.884 \\
H_2(2,0) &= F_2(1,0,1) & &= 55.1865 \\
H_2(0,1) &= F_2(0,1,0) & &= 6 \\
H_2(1,1) &= F_2(1,1,0)+F_2(0,1,1) &&= 130.608 \\
H_2(2,1) &= F_2(1,1,1) & &= 993.358
\end{aligned}
$$

Jetzt können wir die Normalisierungskonstante mit Tabelle 4.3 berechnen:

$$H_2^*(0,0) = \underline{1}$$

$$H_2^*(1,0) = H_1^*(0,0)H_2(1,0)+H_1^*(1,0)H_2(0,0) = \underline{16.188}$$

$$H_2^*(2,0) = H_1^*(0,0)H_2(2,0) + H_1^*(2,0)H_2(0,0) + H_1^*(1,0)H_2(1,0) = \underline{126.13}$$

$$H_2^*(0,1) = H_1^*(0,0)H_2(0,1) + H_1^*(0,1)H_2(0,0) = \underline{9}$$

$$H_2^*(1,1) = H_1^*(0,0)H_2(1,1) + H_1^*(1,1)H_2(0,0) + H_1^*(1,0)H_2(0,1) +$$
$$+ H_1^*(0,1)H_2(1,0) = \underline{226.908}$$

$$H_2^*(2,1) = H_1^*(0,0)H_2(2,1) + H_1^*(2,1)H_2(0,0) + H_1^*(1,1)H_2(1,0) +$$
$$+ H_1^*(1,0)H_2(1,1) + H_1^*(2,0)H_2(0,1) + H_1^*(0,1)H_2(2,0) = \underline{2396.2747}$$

Da es in der 2.Teilkette nur eine einzige Klasse ist $(EC_2=\{2\})$, können wir den Durchsatz aus der Gl.(4.91) bestimmen.

$$\lambda_{12} = e_{12} \frac{G(K_1,K_2-1)}{G(K_1,K_2)} = \frac{G(2,0)}{G(2,1)} = \underline{0.0526}$$

$$\lambda_{22} = e_{12} \frac{G(K_1,K_2-1)}{G(K_1,K_2)} = \frac{G(2,0)}{G(2,1)} = \underline{0.0526}$$

Aus der Gl.(4.82) ermitteln wir die Auslastungen

$$\rho_{12} = \frac{\lambda_{12}}{\mu_{12}} = \underline{0.1578} \qquad \rho_{22} = \frac{\lambda_{22}}{\mu_{22}} = \underline{0.3156}$$

Da sich in der 1.Teilkette 2 Klassen befinden, können wir Auslastungen aus den Zustandswahrscheinlichkeiten Gl.(4.90) und daraus andere Leistungsgrößen, Durchsatz, Warteschlangenlängen, mittlere Anzahl von Aufträgen usw., berechnen.

Daher brauchen wir zunächst die Wahrscheinlichkeiten $p_i(L_i)$ $(i=1,2)$, daß der Knoten im Zustand L_i ist (Gl.(4.78) und 4.79)).

$$p_2(0,0) = \frac{1}{G(\underline{K})} H_1^*(2,1)H_2(0,0) = 0.049637$$

$$p_2(1,0) = \frac{1}{G(\underline{K})} H_1^*(1,1)H_2(1,0) = 0.1445$$

$$p_2(2,0) = \frac{1}{G(\underline{K})} H_1^*(0,1)H_2(2,0) = 0.069$$

$$p_2(0,1) = \frac{1}{G(\underline{K})} H_1^*(2,0)H_2(0,1) = 0.033$$

$$p_2(1,1) = \frac{1}{G(\underline{K})} H_1^*(1,0)H_2(1,1) = 0.289$$

$$p_2(2,1) = \frac{1}{G(\underline{K})} H_1^*(0,0)H_2(2,1) = 0.4145$$

Ähnlich erhalten wir mit Gl.(4.78)

$$p_1^*(0,0) = 0.4146 \qquad p_1^*(0,1) = 0.069$$
$$p_1^*(1,0) = 0.289 \qquad p_1^*(1,1) = 0.144$$
$$p_1^*(2,0) = 0.033 \qquad p_1^*(2,1) = 0.049$$

Aus diesen Zustandswahrscheinlichkeiten bestimmen wir mit Gl.(4.90)

$$p_1(0,0,0) = p_1(0,0)\,\frac{F_1(0,0,0)}{H_1(0,0)} = 0.4146$$

$$p_1(1,0,0) = p_1(1,0)\,\frac{F_1(1,0,0)}{H_1(1,0)} = 0.1089$$

$$p_1(0,1,0) = p_1(0,1)\,\frac{F_1(0,1,0)}{H_1(0,1)} = 0.069$$

$$p_1(0,0,1) = p_1(1,0)\,\frac{F_1(0,0,1)}{H_1(1,0)} = 0.18$$

$$p_1(1,1,0) = p_1(1,1)\,\frac{F_1(1,1,0)}{H_1(1,1)} = 0.0545$$

$$p_1(1,0,1) = p_1(2,0)\,\frac{F_1(1,0,1)}{H_1(2,0)} = 0.033$$

$$p_1(0,1,1) = p_1(1,1)\,\frac{F_1(0,1,1)}{H_1(1,1)} = 0.09$$

$$p_1(1,1,1) = p_1(2,1)\,\frac{F_1(1,1,1)}{H_1(2,1)} = 0.0496$$

Ähnlich dann

$$p_2(0,0,0) = 0.0496 \qquad p_2(1,1,0) = 0.1067$$
$$p_2(1,0,0) = 0.0533 \qquad p_2(1,0,1) = 0.069$$
$$p_2(0,1,0) = 0.033 \qquad p_2(0,1,1) = 0.182$$
$$p_2(0,0,1) = 0.091 \qquad p_2(1,1,1) = 0.414$$

Die Gl.(4.83) liefert uns dann die Auslastungen:

$$\rho_{11} = p_1(1,0,0) + \tfrac{1}{2}\,p_1(1,1,0) + \tfrac{1}{2}\,p_1(1,0,1) +$$
$$+ \tfrac{1}{3}\,p_1(1,1,1) = \underline{0.169}$$

$$\rho_{13} = p_1(0,0,1) + \tfrac{1}{2}\,p_1(1,0,1) + \tfrac{1}{2}\,p_1(0,1,1) +$$
$$+ \tfrac{1}{3}\,p_1(1,1,1) = \underline{0.258}$$

$$\rho_{21} = P_2(1,0,0)+\frac{1}{2}\,P_2(1,1,0)+\frac{1}{2}\,P_2(1,0,1)+\frac{1}{3}\,P_2(1,1,1)= \underline{0.279}$$

$$\rho_{23} = P_2(0,0,1)+\frac{1}{2}\,P_2(1,0,1)+\frac{1}{2}\,P_2(0,1,1)+\frac{1}{3}\,P_2(1,1,1)= \underline{0.355}$$

Aus der Gl.(4.82) ermitteln wir den Durchsatz

$$\lambda_{11} = \rho_{11}\,\mu_{11} = 0.0845 \qquad \lambda_{21} = 0.0558$$

$$\lambda_{13} = \rho_{13}\,\mu_{13} = 0.0645 \qquad \lambda_{23} = 0.044$$

Die mittlere Anzahl von Aufträgen ergibt sich aus der Gl.(4.84)

$$\bar{k}_{11} = 0.246 \qquad \bar{k}_{21} = 0.643$$

$$\bar{k}_{12} = 0.2631 \qquad \bar{k}_{22} = 0.735$$

$$\bar{k}_{13} = 0.3526 \qquad \bar{k}_{23} = 0.756$$

Bevor wir das Kapitel 4.2 abschließen, möchten wir einige wichtige Ergebnisse zusammenfassen.

Warteschlangennetze, die sich aus Knoten vom Typ-1,2,3 oder 4 zusammensetzen, haben folgende Eigenschaften:

- M → M (Markoff impliziert Markoff) Eigenschaft /MUNT 73/ d.h. daß ein Knoten einen Poisson'schen Ankunftsprozeß in einen Poisson' schen Abgangsprozeß transformiert.

- "Local Balance" Eigenschaft /CHAN 72/, d.h. die Rate, mit der ein Zustand aufgrund des Abgangs eines Auftrages aus einem Knoten (bzw. einer Phase, wenn eine Coxverteilung vorliegt) verlassen wird, ist gleich derjenigen Rate, mit der dieser Zustand aufgrund des Übergangs eines Auftrages in diesen Knoten (bzw. diese Phase) wieder erreicht werden kann.

Netze mit diesen Eigenschaften liefern Produktformlösungen und werden auch Produktformnetze genannt.

Trotz intensiver Bemühungen wie z.B. durch Einführung der "Station-Balance" Eigenschaft /CHAN 76/, ist es bisher nicht gelungen, exakte Lösungen für andere Knotentypen zu finden. Dabei versteht man unter der Station-Balance-Eigenschaft, daß die Warteschlange von einem Knoten in einzelne Positionen (sogenannte Stationen) unterteilt wird und die Raten, mit denen diese Positionen betreten bzw. verlassen werden, gleichgesetzt werden. Mit anderen Worten, eine Warteschlangenstrategie erfüllt die Station-Balance-

Eigenschaft, wenn die Rate, mit der Aufträge in einer Position
(Station) der Warteschlange bedient werden, proportional zur
Wahrscheinlichkeit ist, daß ein Auftrag diese Position (Station)
betritt. /CHAN 76/ haben gezeigt, daß ein Netz, das die Station-
Balance-Eigenschaft erfüllt, auch Local-Balance und die $M \to M$
Eigenschaften erfüllt und Produktformlösung hat. Typ-2,3,4-Knoten
erfüllen die Station-Balance-Eigenschaft, Typ-1-Knoten nicht.

Auch die im nächsten Kapitel behandelte Mittelwertanalyse ist
nur für Produktformnetze anwendbar. Eine Erweiterung bringen
erst die numerischen und die approximativen Verfahren.

Aufgabe 4.6

Das geschlossene Netz besteht aus $N=2$ Knoten und $R=2$ Auftragsklassen. Insgesamt befinden sich $K=4$ Aufträge im Netz, wobei in Klasse
1 $K_1=2$ und in Klasse 2 $K_2=2$ Aufträge sind. Ein Klassenwechsel der
Aufträge findet nicht statt, d.h. $k_{11}+k_{21}=$konst und $k_{12}+k_{22}=$konst.
Der erste Knoten ist vom Typ-3 ($M/G/\infty-\cdot$) mit den Bedienraten
$\mu_{11}=0.4$ sec^{-1} und $\mu_{12}=0.2$ sec^{-1}. Der zweite Knoten ist vom Typ-2
($M/G/1-RR\,[PS]$) mit den Bedienraten $\mu_{21}=0.3$ sec^{-1} und $\mu_{22}=0.4$ sec^{-1}.
Die Übergangswahrscheinlichkeiten sind gegeben wie folgt:

$$P_{1,1;1,1} = P_{1,1;2,1} = 0.5$$

$$P_{2,1;1,1} = P_{2,2;1,2} = P_{1,2;2,2} = 1$$

a) Wie lautet das globale Gleichgewichtsgleichungssystem für dieses Netz? /siehe BCMP 75/

b) Wie lauten die lokalen Gleichgewichtsgleichungen?

c) Bestimmen Sie aus den lokalen Gleichgewichtsgleichungen die
   einzelnen Zustandswahrscheinlichkeiten.

Aufgabe 4.7

Gegeben ist ein Teilnehmersystem, das aus $N=4$ Knoten und $R=2$ Auftragsklassen besteht, wobei der 1.Knoten vom Typ-4 ($M/G/1-LCFS$)
mit den Bedienraten $\mu_{11}=1$ sec^{-1} und $\mu_{12}=2$ sec^{-1}, der 2.Knoten
auch vom Typ-4 mit der Bedienrate $\mu_{21}= 2$ sec^{-1}; $\mu_{22}= 2$ sec^{-1}
der dritte Knoten vom Typ-1 mit der Rate $\mu_3 = 4$ sec^{-1} und der
vierte Knoten vom Typ-3 (terminals) ist mit den Raten $\mu_{41}=0.1$ sec^{-1}
und $\mu_{42}=0.2$ sec^{-1}.

In den jeweiligen Klassen befinden sich $K_1=2$ und $K_2=2$ Aufträge.
Ein Klassenwechsel findet nicht statt. Die mittlere Besuchshäufigkeit der Aufträge in den einzelnen Knoten beträgt

$$e_{11}=1 \quad e_{21}=0.4 \quad e_{31}=0.4 \quad e_{41}=0.2$$
$$e_{12}=1 \quad e_{22}=0.4 \quad e_{32}=0.3 \quad e_{42}=0.3$$

Bestimmen Sie die Randwahrscheinlichkeiten, die Normalisierungskonstanten und sämtliche Leistungsgrößen dieses Netzes.

Aufgabe 4.8

Ein offenes Netz mit $N=4$ Knoten und $R=2$ Auftragsklassen soll untersucht werden. Alle Knoten haben denselben Typ-2 mit den Bedienraten

$$\mu_{ir} = \begin{bmatrix} 1 & 2 \\ 3 & 5 \\ 4 & 9 \\ 2 & 6 \end{bmatrix}$$

Die Übergangswahrscheinlichkeiten sind gegeben:

Für Klasse 1

$$p_{0,1;1,1}=0.6 \quad p_{0,1;2,1}=0.4 \quad p_{3,1;4,1}=1$$
$$p_{1,1;2,1}=0.5 \quad p_{2,1;1,1}=0.6 \quad p_{4,1;1,1}=0.7$$
$$p_{1,1;3,1}=0.5 \quad p_{2,1;2,1}=0.4 \quad p_{4,1;0,1}=0.3$$

Für Klasse 2

$$p_{0,2;1,2}=0.4 \quad p_{0,2;2,2}=0.6 \quad p_{3,2;1,2}=1$$
$$p_{1,2;2,2}=0.7 \quad p_{2,2;1,2}=0.3 \quad p_{4,2;1,2}=0.6$$
$$p_{1,2;3,2}=0.3 \quad p_{2,2;2,2}=0.7 \quad p_{4,2;0,2}=0.4$$

Bestimmen Sie die Zustandswahrscheinlichkeiten und sämtliche Leistungsgrößen.

Aufgabe 4.9

Ein durch ein geschlossenes Netz modelliertes Teilnehmersystem
soll analysiert werden. Im Netz sind $N=5$ Knoten und $R=3$ Auftragsklassen. Die Aufträge dürfen ihre Klassen wechseln. In den Klassen befinden sich jeweils zu Beginn $K_1=2$ $K_2=2$ $K_3=2$ Aufträge. Der
erste Knoten ist CPU (Typ-2) mit den Bedienraten $\mu_{11}=200$ sec^{-1},
$\mu_{12}=50$ sec^{-1}, $\mu_{13}=2$ sec^{-1};der zweite Knoten istein Plattenspeicher
(Typ-1) mit $\mu_{21}=4$ sec^{-1}, $\mu_{22}=4$ sec^{-1};der dritte Knoten istein Trom-

melspeicher (Typ-1) mit $\mu_{31}=10$ sec^{-1}, $\mu_{32}=10$ sec^{-1} und der vierte Knoten stellt die Terminals (Typ-3) dar mit $\mu_{51}=1$ sec^{-1}, $\mu_{52}=2$ sec^{-1}. Die Übergangswahrscheinlichkeiten sind gegeben:

$$
\begin{array}{llll}
P_{1,1;1,1}=0.05 & P_{2,1;1,1}=0.8 & P_{1,2;1,2}=0.1 & P_{1,3;1,3}=0.1 \\
P_{1,1;2,1}=0.5 & P_{2,1;1,2}=0.2 & P_{1,2;2,2}=0.3 & P_{1,3;2,3}=0.4 \\
P_{1,1;3,1}=0.2 & P_{3,1;1,1}=1 & P_{1,2;3,2}=0.4 & P_{1,3;3,3}=0.3 \\
P_{1,1;4,1}=0.1 & P_{4,1;1,1}=1 & P_{1,2;4,2}=0.1 & P_{1,3;4,3}=0.2 \\
P_{1,1;1,2}=0.05 & P_{1,2;1,1}=0.2 & P_{2,2;1,1}=0.1 & P_{2,3;1,3}=1 \\
P_{1,1;2,2}=0.04 & P_{1,2;2,1}=0.02 & P_{2,2;1,2}=0.9 & P_{3,3;1,3}=1 \\
P_{1,1;3,2}=0.04 & P_{1,2;3,1}=0.05 & P_{3,2;1,2}=1 & P_{4,3;1,3}=1
\end{array}
$$

a) Wieviele Zustände gibt es in diesem Netz?

b) Zerlegen Sie die Klassen R=3 in Teilketten!

c) Bestimmen Sie die Normalisierungskonstanten und sämtliche Leistungsgrößen.

4.3 Mittelwertanalyse

Warteschlangennetze mit Produktformlösungen können mit der Mittelwertanalyse, in Kurzform MVA (Mean Value Analysis), untersucht werden, wobei man sich auf die Bestimmung von stochastischen Mittelwerten interessierender Größen wie Verweilzeiten, Durchsatz und Anzahl der Aufträge in den Knoten beschränken kann und mit Beziehungen operiert, die ausschließlich Mittelwerte verwenden. Der Vorteil dieser Methode liegt vor allem darin, daß die Leistungsgrößen ohne Ermittlung der Normalisierungskonstanten iterativ bestimmt werden können.

Die Mittelwertanalyse basiert auf 2 Theoremen:

1. Theorem Verteilung beim Ankunftszeitpunkt

In einem geschlossenen Warteschlangennetz ist die Wahrscheinlichkeit, daß ein Auftrag, der in den Knoten i eintritt, den Netzwerkzustand $\underline{k}=(k_1,\ldots,k_i,\ldots,k_N)$ vorfindet, gleich der Zustandswahrscheinlichkeit $p(k_1,\ldots,k_i-1,\ldots,k_N)$ des Systems im Gleichgewicht mit einem Auftrag weniger.

/SEVC 81, REIS 80/ haben dieses Theorem bewiesen und haben gezeigt, daß es für alle Netze mit Produktformlösungen gilt.

2. Das Theorem von Little, das wir in Kapitel 2 beschrieben haben, wird auf jeden Knoten mehrfach angewandt.

4.3.1 Mittelwertanalyse von Warteschlangennetzen mit einer Auftragsklasse

Wir nehmen an, daß geschlossene Warteschlangennetze gegeben sind, die alle Annahmen vom Kapitel 4.1 erfüllen. Die Mittelwertanalyse solcher Netze wird wie folgt durchgeführt:

a) Initialisiere

$$\bar{k}_i(0) = 0 \quad \text{für } i=1,\dots,N \tag{4.92}$$

b) Iteriere $k=1,\dots,K$

    i) <u>Die mittlere Verweilzeit</u> folgt direkt aus dem 1.Theorem /REIS 79,80/

$$\bar{t}_i(k) = \begin{cases} x_i[1 + \bar{k}_i(k-1)] & m_i=1 \\[2ex] \dfrac{x_i}{m_i}\Big[1+\bar{k}_i(k-1)+ \sum_{1=0}^{m_i-2}(m_i-1-1)p_i(1/k-1)\Big] & m_i>1 \\[2ex] x_i & m_i=\infty \end{cases} \tag{4.93}$$

wobei man x_i aus der Gl.(4.39) erhält. Die Wahrscheinlichkeiten in dieser Gleichung lassen sich wie folgt bestimmen:

$$p_i(1/k) = x_i\frac{\lambda(k)}{1}\, p_i(1-1/k-1) \qquad 1=1,\dots,m-1$$

$$p_i(0/k) = 1 - \frac{1}{m_i}\Big[x_i\lambda(k) + \sum_{1=1}^{m_i-1}(m_i-1)\, p_i(1/k)\Big] \tag{4.94}$$

mit $p_i(0/0)=1$ und $p_i(1/0)=0$ für $\begin{array}{l} 1=1,\dots,m-1 \\ i=1,\dots,N \end{array}$

    ii) <u>Der Durchsatz</u> folgt aus dem 2.Theorem:

$$\lambda(k) = \frac{k}{\displaystyle\sum_{i=1}^{N}\bar{t}_i(k)} \tag{4.95}$$

Die Durchsätze einzelner Knoten ergeben sich aus

$$\lambda_i = \lambda(k)\, e_i \quad \text{für } i=1,\dots,N \tag{4.96}$$

wobei e_i aus der Gl.(4.40) ermittelt wird.

iii) <u>Die mittlere Anzahl von Aufträgen</u> folgt auch aus dem 2.Theorem

$$\bar{k}_i(k) = \lambda(k)\ \bar{t}_i(k) \quad \text{für } i=1,\ldots,N \qquad (4.97)$$

Die Gleichungen (4.93,4.95,4.97) erlauben eine iterative Bestimmung der Leistungsgrößen, wobei der Algorithmus genau dann abbricht, wenn K, die Gesamtanzahl der Aufträge im Netz, erreicht ist. Die anderen Leistungsgrößen wie z.B. Auslastung, Wartezeit, Warteschlangenlänge, usw. können dann aus diesen Größen (4.93, 4.95,4.97) abgeleitet werden.

<u>Beispiel 4.13</u>

Wir werden das Beispiel (4.7) vom Kapitel 4.1 hier noch einmal durchführen, um zu zeigen, daß ohne Berechnung der Normalisierungskonstanten die gleichen Ergebnisse erzielt werden:

Zunächst bestimmen wir e_i (i=1,2,3,4) aus der Gl.(4.40)

$$e_1 = \underline{1} \qquad e_2 = \underline{0.4} \qquad e_3 = \underline{0.2} \qquad e_4 = \underline{0.1}$$

und daraus

$$x_1 = \underline{0.02} \qquad x_2 = \underline{0.08} \qquad x_3 = \underline{0.08} \qquad x_4 = \underline{0.06}$$

a) Initialisiere

$$\bar{k}_i(0) = 0 \quad i=1,2,3,4$$

b) <u>1. Iteration</u>

   i) <u>Die mittlere Verweilzeit</u> Gl.(4.93)

$$\bar{t}_1(1) = x_1\ [1+\bar{k}_1(0)] = \underline{0.02}$$
$$\bar{t}_2(1) = x_2\ [1+\bar{k}_2(0)] = \underline{0.08}$$
$$\bar{t}_3(1) = x_3\ [1+\bar{k}_3(0)] = \underline{0.08}$$
$$\bar{t}_4(1) = x_4\ [1+\bar{k}_4(0)] = \underline{0.06}$$

  ii) <u>Der Durchsatz</u> (4.95)

$$\lambda(1) = \frac{1}{\displaystyle\sum_{i=1}^{4}\ \bar{t}_i(1)} = \underline{4.168}$$

 iii) <u>Die mittlere Anzahl der Aufträge</u>

$$\bar{k}_1(1) = \lambda(1)\ \bar{t}_1(1) = \underline{0.083}$$

$$\bar{k}_2(1) = \lambda(1)\ \bar{t}_2(1) = \underline{0.333}$$
$$\bar{k}_3(1) = \lambda(1)\ \bar{t}_3(1) = \underline{0.333}$$
$$\bar{k}_4(1) = \lambda(1)\ \bar{t}_4(1) = \underline{0.249}$$

2. Iteration

i) Die mittlere Verweilzeit

$$\bar{t}_1(2) = x_1\ [1+\bar{k}_1(1)] = \underline{0.0216}$$
$$\bar{t}_2(2) = x_2\ [1+\bar{k}_2(1)] = \underline{0.106}$$
$$\bar{t}_3(2) = x_3\ [1+\bar{k}_3(1)] = \underline{0.106}$$
$$\bar{t}_4(2) = x_4\ [1+\bar{k}_4(1)] = \underline{0.075}$$

ii) Der Durchsatz

$$\lambda(2) = \frac{2}{\displaystyle\sum_{i=1}^{4} \bar{f}_i(2)} = \underline{6.456}$$

iii) Die mittlere Anzahl von Aufträgen

$$\bar{k}_1(2) = \lambda(2)\ \bar{t}_1(2) = \underline{0.139}$$
$$\bar{k}_2(2) = \lambda(2)\ \bar{t}_2(2) = \underline{0.688}$$
$$\bar{k}_3(2) = \lambda(2)\ \bar{t}_3(2) = \underline{0.688}$$
$$\bar{k}_4(2) = \lambda(2)\ \bar{t}_4(2) = \underline{0.483}$$

In diesem Fall haben wir K=6 Aufträge im System. Nach 6 Iterationen erhalten wir die endgültigen Ergebnisse, die in der folgenden Tabelle zusammengefaßt sind.

	1	2	3	4
Mittlere Verweilzeiten $\bar{t}_i$	0.0245	0.567	1.134	1.258
Durchsatz λ_i	9.93	3.97	1.98	0.99
Mittlere Anzahl von Aufträgen $\bar{k}_i$	0.24	2.25	2.25	1.25
Auslastung ρ_i	0.198	0.794	0.794	0.594

Die Ergebnisse sind dieselben wie im Beispiel 4.7.

Beispiel 4.14

Das geschlossene Warteschlangennetz (Fig.4.13) besteht aus 2 Knoten, wobei der erste Knoten die Terminals und der zweite Knoten $m_2=2$ identische Prozessoren darstellt. Die Anzahl der Aufträge im System ist K=3. Die Bedienzeit eines Auftrags im i-ten Knoten (i=1,2) ist exponentiell verteilt mit Mittelwert $\frac{1}{\mu_i}$ mit den Werten $\frac{1}{\mu_1}$ = 2 sec $\frac{1}{\mu_2}$ = 1 sec.

Die Warteschlangenstrategie im zweiten Knoten ist FIFO.

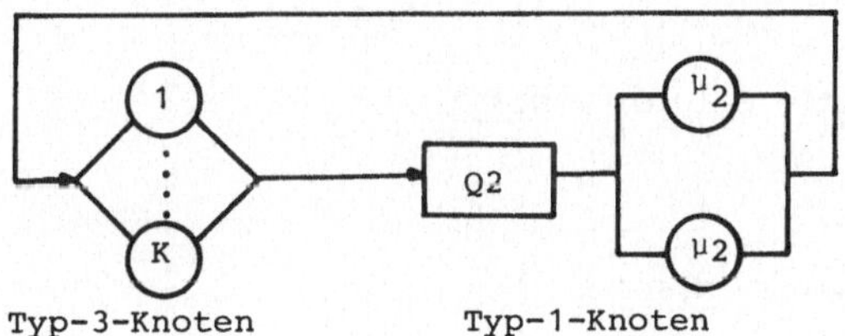

Fig. 4.13   Ein einfaches Mehrprozessorsystem

Aus der Gl.(4.40) ist ersichtlich, daß

$$e_1 = e_1\, p_{11} + e_2\, p_{12} = \underline{1}$$
$$e_2 = e_1\, p_{21} + e_2\, p_{22} = \underline{1}$$

und aus der Gl.(4.39):

$$x_1 = \underline{2} \qquad x_2 = \underline{1}$$

a) Initialisiere

$$\bar{k}_2(0) = 0$$

b) 1. Iteration

i) Die mittlere Verweilzeit

$$\bar{t}_1(k) = x_1 = \underline{2}$$
$$\bar{t}_2(1) = \frac{x_2}{m_2}\,[1+\bar{k}_2(o)+p_2(0/0)] = \underline{1}$$

ii) Der Durchsatz

$$\lambda(1) = \frac{1}{\sum\limits_{i=1}^{2}\bar{t}_i(1)} = \underline{0.333}$$

iii) <u>Die mittlere Anzahl von Aufträgen</u>

$$\bar{k}_1(1) = \lambda(1)\ \bar{t}_1(1) = \underline{0.666}$$
$$\bar{k}_2(1) = \lambda(1)\ \bar{t}_2(1) = \underline{0.333}$$

2. Iteration

i) <u>Die mittlere Verweilzeit</u>

$$\bar{t}_2(2) = \frac{x_2}{m_2}\ [1+\bar{k}_2(1)+ p_2(0/1)] = \underline{1}$$

wobei

$$p_2(0/1) = 1 - \frac{1}{m_2}\ [x_2\lambda(1)+ p_2(1/1)] = \underline{0.667}$$

$$p_2(1/1) = x_2\lambda(1)\quad p_2(0/0) = \underline{0.333}$$

ii) <u>Der Durchsatz</u>

$$\lambda(2) = \frac{2}{\displaystyle\sum_{i=1}^{2}\ \bar{t}_i(2)} = \underline{0.667}$$

iii) <u>Die mittlere Anzahl von Aufträgen</u>

$$\bar{k}_1(2) = \lambda(2)\ \bar{t}_1(2) = \underline{1.333}$$

$$\bar{k}_2(2) = \lambda(2)\ \bar{t}_2(2) = \underline{0.667}$$

3. Iteration

i) <u>Die mittlere Verweilzeit</u>

$$\bar{t}_2(3) = \frac{x_2}{m_2}\ [1+\bar{k}_2(2)+ p_2(0/2)] = \underline{1.055}$$

wobei

$$p_2(0/2) = 1 - \frac{1}{m_2}\ [x_2\ \lambda(2)+ p_2(1/2)] = \underline{0.444}$$

$$p_2(1/2) = x_2\ \lambda(2)\ p_2(0|1) = \underline{0.444}$$

ii) <u>Der Durchsatz</u>

$$\lambda(3) = \frac{3}{\displaystyle\sum_{i=1}^{2}\ \bar{t}_i(3)} = \underline{0.98}$$

iii) <u>Die mittlere Anzahl von Aufträgen</u>

$$\bar{k}_1(3) = \lambda(3)\ \bar{t}_1(3) = \underline{1.96}$$
$$\bar{k}_2(3) = \lambda(3)\ \bar{t}_2(3) = \underline{1.04}$$

Der Algorithmus bricht hier ab, weil wir K=3 erreicht haben.

4.3.2 Mittelwertanalyse von Warteschlangennetzen mit mehreren Auftragsklassen

Wir betrachten wieder geschlossene Warteschlangennetze, welche die Annahmen für BCMP-Netze (Abschnitt 4.2) erfüllen. In diesem Fall stellt sich der Algorithmus folgendermaßen dar: (/REIS 80/)

a) Initialisiere

$$\bar{k}_{ir}(0,0,\ldots,0) = 0 \quad \text{für} \quad \begin{array}{l} r=1,\ldots,R \\ i=1,\ldots,N \end{array}$$

b) Iteriere

   i) Die mittlere Verweilzeit

$$\bar{t}_{ir}(\underline{k}) = \begin{cases} x_{ir}\left[1+\bar{k}_i(\underline{k}-1_r)\right] & \text{Typ-1,2,4 } (m_i=1) \\[2em] \dfrac{x_{ir}}{m_i}\left[1+\bar{k}_i(\underline{k}-1_r)+\sum_{l=o}^{m_i-2}(m_i-1-l)p_i(l)\underline{k}-1_r)\right] & \text{Typ-1 } (m_i>1) \\[2em] x_{ir} & \text{Typ-3} \end{cases}$$

$$(4.98)$$

wobei

$$\underline{k} = (k_1,\ldots,k_r,\ldots,k_R)$$

$$(\underline{k}-1_r) = (k_1,\ldots,k_r-1,\ldots,k_R)$$

$$\bar{k}_i = \sum_{r=1}^{R}\bar{k}_{ir}$$

x_{ir} wird aus der Gl.(4.71a) bestimmt.

Die Wahrscheinlichkeiten

$$p_i(1/k) = \frac{1}{l}\sum_{r=1}^{R}x_{ir}\lambda_r(\underline{k})\,p_i(1-1/\underline{k}-1_r) \quad \text{für } l=1,\ldots,m-1$$

$$p_i(0/k) = 1-\frac{1}{m_i}\left[\sum_{r=1}^{R}x_{ir}\lambda_r(\underline{k})+\sum_{l=1}^{m_i-1}(m_i-1)p_i(1/k)\right]$$

$$\text{mit } p_i(0/\underline{0}) = 1 \qquad p_i(1/\underline{0}) = 0 \qquad l=1,\ldots,m-1$$

ii) Der Durchsatz

$$\lambda_r(\underline{k}) = \frac{k_r}{\sum\limits_{i=1}^{N} \bar{t}_{ir}(\underline{k})} \qquad r=1,\dots,R \qquad (4.99)$$

iii) Die mittlere Anzahl von Aufträgen

$$\bar{k}_{ir}(\underline{k}) = \lambda_r(\underline{k})\,\bar{t}_{ir}(\underline{k}) \qquad (4.100)$$

Die Gleichungen (4.98, 4.99, 4.100) mit der Anfangsbedingung $\bar{k}_{ir}(\underline{0})=0$ definieren vollständig die Mittelwertanalyse von Netzen mit mehreren Auftragsklassen.

Beispiel 4.15

Das geschlossene Netz von Beispiel 4.11 möchten wir nun mit der Mittelwertanalyse untersuchen und zeigen, daß genau die gleichen Ergebnisse erhalten werden.

1. Iteration
Klasse 1
Die mittlere Verweilzeit

$$
\begin{aligned}
\bar{t}_{11}(1,0) &= x_{11}\,[1+\bar{k}_1(0,0)] &&= \underline{1}\\
\bar{t}_{21}(1,0) &= x_{21}\,[1+\bar{k}_2(0,0)] &&= \underline{1.6}\\
\bar{t}_{31}(1,0) &= x_{31}\,[1+\bar{k}_3(0,0)] &&= \underline{3.2}\\
\bar{t}_{41}(1,0) &= x_{41} &&= \underline{2.4}
\end{aligned}
$$

Der Durchsatz

$$\lambda_1(1,0) = \frac{1}{\sum\limits_{i=1}^{4} \bar{t}_{ir}} = \underline{0.1219}$$

Die mittlere Anzahl von Aufträgen

$$\bar{k}_{11}(1,0)=\underline{0.1219} \qquad \bar{k}_{21}(1,0)=\underline{0.195} \qquad \bar{k}_{31}(1,0)=\underline{0.39} \qquad \bar{k}_{41}(1,0)=\underline{0.29}$$

Klasse 2
Die mittlere Verweilzeit

$$\bar{t}_{12}(0,1)=\underline{2} \qquad \bar{t}_{22}(0,1)=\underline{2} \qquad \bar{t}_{32}(0,1)=\underline{3} \qquad \bar{t}_{42}(0,1)=\underline{4.8}$$

Der Durchsatz

$$\lambda_2(0,1) = \underline{0.0847}$$

<u>Die mittlere Anzahl von Aufträgen</u>

$\bar{k}_{12}(0,1)=\underline{0.1695}$ $\bar{k}_{22}(0,1)=\underline{0.1695}$ $\bar{k}_{32}(0,1)=\underline{0.254}$

$\bar{k}_{42}(0,1)=\underline{0.406}$

<u>2.Iteration</u>

$\bar{t}_{11}(1,1) = 1.1695$ $\bar{t}_{12}(1,1) = 2.343$

$\bar{t}_{21}(1,1) = 1.8712$ $\bar{t}_{22}(1,1) = 2.39$

$\bar{t}_{31}(1,1) = 4.0128$ $\bar{t}_{32}(1,1) = 4.17$

$\bar{t}_{41}(1,1) = 2.4$ $\bar{t}_{42}(1,1) = 4.8$

$\lambda_1(1,1) = 0.10578$ $\lambda_2(1,1) = 0.0735$

$\bar{k}_{11}(1,1) = 0.1237$ $\bar{k}_{12}(1,1) = 0.1649$

$\bar{k}_{21}(1,1) = 0.1979$ $\bar{k}_{22}(1,1) = 0.1756$

$\bar{k}_{31}(1,1) = 0.424$ $\bar{k}_{32}(1,1) = 0.306$

$\bar{k}_{41}(1,1) = 0.253$ $\bar{k}_{42}(1,1) = 0.352$

<u>3. Iteration</u>

$\bar{t}_{12}(0,2) = 2.339$ $\bar{k}_{12}(0,2) = 0.353$

$\bar{t}_{22}(0,2) = 2.339$ $\bar{k}_{22}(0,2) = 0.353$

$\bar{t}_{32}(0,2) = 3.762$ $\bar{k}_{32}(0,2) = 0.568$

$\bar{t}_{42}(0,2) = 4.8$ $\bar{k}_{42}(0,2) = 0.724$

$\lambda_2(0,2) = 0.151$

<u>4. Iteration</u>

$\bar{t}_{11}(1,2) = 1.353$ $\bar{t}_{12}(1,2) = 2.3298$

$\bar{t}_{21}(1,2) = 2.1648$ $\bar{t}_{22}(1,2) = 2.3512$

$\bar{t}_{31}(1,2) = 5.017$ $\bar{t}_{32}(1,2) = 3.918$

$\bar{t}_{41}(1,2) = 2.4$ $\bar{t}_{42}(1,2) = 4.8$

$\lambda_1(1,2) = 0.0914$ $\lambda_2(1,2) = 0.149$

$\bar{k}_{11}(1,2) = 0.1237$ $\bar{k}_{12}(1,2) = 0.347$

$\bar{k}_{21}(1,2) = 0.1979$ $\bar{k}_{22}(1,2) = 0.35$

$\bar{k}_{31}(1,2) = 0.4588$ $\bar{k}_{32}(1,2) = 0.583$

$\bar{k}_{41}(1,2) = 0.219$ $\bar{k}_{42}(1,2) = 0.715$

Die Ergebnisse entsprechen tatsächlich den Ergebnissen von Beispiel 4.11.

Beispiel 4.16

Das geschlossene Warteschlangennetz (Fig. 4.14) besteht aus N=3
Knoten. Im System befinden sich R=2 Auftragsklassen, wobei in der
ersten Klasse $K_1=2$ und in der zweiten Klasse $K_2=1$ Aufträge sind.
Ein Klassenwechsel findet nicht statt. Die Bedienzeit im i-ten
Knoten (i=1,2,3) ist exponentiell verteilt mit den folgenden Wer-
ten:

$$\frac{1}{\mu_{11}} = 0.2 \text{ sec} \qquad \frac{1}{\mu_{21}} = 0.4 \text{ sec} \qquad \frac{1}{\mu_{31}} = 1 \text{ sec}$$

$$\frac{1}{\mu_{12}} = 0.3 \text{ sec} \qquad \frac{1}{\mu_{22}} = 0.6 \text{ sec} \qquad \frac{1}{\mu_{32}} = 2 \text{ sec}$$

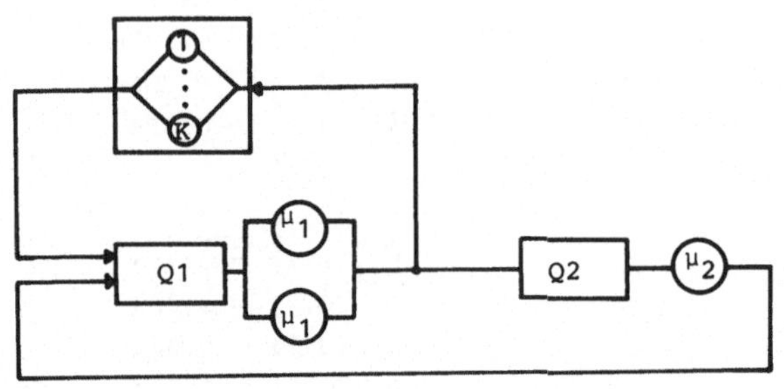

Fig. 4.14   Ein Teilnehmerbetrieb

Die Übergangswahrscheinlichkeiten sind gegeben

$$p_{1,1;2,1}=0.5 \qquad p_{1,2;2,2}=0.4$$
$$p_{1,1;3,1}=0.5 \qquad p_{1,2;3,2}=0.6$$
$$p_{2,1;1,1}=1 \qquad p_{2,2;1,2}=1$$
$$p_{3,1;1,1}=1 \qquad p_{3,2;1,2}=1$$

Die Gleichung (4.63) liefert uns

$$e_{11} = 1 \qquad e_{21} = 0.6 \qquad e_{31} = 0.4$$
$$e_{12} = 1 \qquad e_{22} = 0.3 \qquad e_{32} = 0.7$$

Daraus

$$x_{11} = 0.2 \qquad x_{21} = 0.24 \qquad x_{31} = 0.4$$
$$x_{12} = 0.3 \qquad x_{22} = 0.18 \qquad x_{32} = 1.4$$

1. Iteration

Für $k_1=1$ $k_2=0$

Die mittlere Verweilzeit

$$\bar{t}_{11}(1,0) = \frac{x_{11}}{m_1} \, [1+\bar{k}_1(0,0)+ p_1(0/0,0)] = \underline{0.2}$$

$$\bar{t}_{21}(1,0) = x_{21} \, [1+\bar{k}_2(0,0)] = \underline{0.24}$$

$$\bar{t}_{31}(1,0) = x_{31} = \underline{0.4}$$

Der Durchsatz

$$\lambda_1(1,0) = \frac{1}{\sum\limits_{i=1}^{3} \bar{t}_{i1}} = \underline{1.19}$$

Die mittlere Anzahl von Aufträgen

$$\bar{k}_{11}(1,0) = \lambda_1(1,0) \, \bar{t}_{11}(1,0) = \underline{0.238}$$
$$\bar{k}_{21}(1,0) = \lambda_1(1,0) \, \bar{t}_{21}(1,0) = \underline{0.285}$$
$$\bar{k}_{31}(1,0) = \lambda_1(1,0) \, \bar{t}_{31}(1,0) = \underline{0.476}$$

2. Iteration

Für $k_1=0$ $k_2=1$

$$\bar{t}_{12}(0,1) = \frac{x_{12}}{m_1} \, [1+\bar{k}_1(0,0)+ p_1(0/0,0)] = \underline{0.3}$$

$$\bar{t}_{22}(0,1) = x_{22} \, [1+\bar{k}_2(0,0)] = \underline{0.18}$$

$$\bar{t}_{32}(0,1) = x_{32} = \underline{1.4}$$

$$\lambda_2(0,1) = \frac{1}{\sum\limits_{i=1}^{3} \bar{t}_{i2}} = \underline{0.532}$$

$$\bar{k}_{12}(0,1) = \underline{0.159} \quad \bar{k}_{22}(0,1) - \underline{0.0957} \quad \bar{k}_{32}(0,1) - \underline{0.7146}$$

3. Iteration

$k_1=1$ $k_2=1$

$$\bar{t}_{11}(1,1) = \frac{x_{11}}{m_1} \, [1+\bar{k}_1(0,1)+ p_1(0/0,1)] = \underline{0.199}$$

wobei

$$p_1(0/0,1) = 1 - \frac{1}{m_1}[x_{2\ 2}(0,1) + p_1(1/0,1)] = \underline{0.84}$$

$$p_1(1/0,1) = x_{12\ 2}(0,1)\ p_1(0/0,0) = \underline{0.159}$$

$$\bar{t}_{21}(1,1) = x_{21}[1+\bar{k}_2(0,1)] = \underline{0.2629}$$

$$\bar{t}_{31}(1,1) = x_{31} = \underline{0.4}$$

$$\lambda_1(1,1) = \underline{1.159}$$

$$\bar{k}_{11}(1,1) = \underline{0.23} \quad \bar{k}_{21}(1,1) = \underline{0.3047} \quad \bar{k}_{31}(1,1) = \underline{0.463}$$

Klasse 2

$$\bar{t}_{12}(1,1) = \frac{x_{12}}{m_1}[1+\bar{k}_1(1,0) + p_1(0/1,0)] = \underline{0.3}$$

wobei

$$p_1(0/1,0) = 1 - \frac{1}{m_i}[x_{11\ 1}(1,0) + p_1(1/0,1)] = \underline{0.762}$$

$$p_1(1/0,1) = x_{11}\lambda_1(1,0)\ p_1(0/0,0) = \underline{0.238}$$

$$\bar{t}_{22}(1,1) = x_{22}[1+\bar{k}_2(1,0)] = \underline{0.231}$$

$$\bar{t}_{32}(1,1) = x_{32} = \underline{1.4}$$

$$\lambda_2(1,1) = \underline{0.5177}$$

$$\bar{k}_{12}(1,1) = \underline{0.155} \quad \bar{k}_{22}(1,1) = \underline{0.1195} \quad \bar{k}_{32}(1,1) = \underline{0.724}$$

4. Iteration

für $k_1=2 \quad k_2=0$

$$\bar{t}_{11}(2,0) = \frac{x_{11}}{m_1}[1+\bar{k}_1(1,0) + p_1(0/1,0)] = \underline{0.2}$$

wobei

$$p_1(0/1,0) = 1 - \frac{1}{m_1}[x_{11}\lambda_1(1,0) + p_1(1/1,0)] = \underline{0.762}$$

$$p_1(1/1,0) = x_{11}\lambda_1(1,0)\ p_1(0/0,0) = \underline{0.238}$$

$$\bar{t}_{21}(2,0) = x_{21}[1+\bar{k}_2(1,0)] = \underline{0.3085}$$

$$\bar{t}_{31}(2,0) = x_{31} = \underline{0.4}$$

$$\lambda_1(2,0) = \frac{1}{\sum\limits_{i=1}^{3} \bar{t}_j} = \underline{2.2}$$

$$\bar{k}_{11}(2,0) = \underline{0.44} \qquad \bar{k}_{21}(2,0) = \underline{0.678} \qquad k_{31}(2,0) = \underline{0.88}$$

5.Iteration

für $k_1=2 \qquad k_2=1$

$$\bar{t}_{11}(2,1) = \frac{x_{11}^2}{m_1} [1 + \bar{k}_1(1,1) + p_1(0/1,1)] = \underline{0.212} \text{ sec}$$

wobei

$$p_1(0/1,1) = 1- \frac{1}{m_1} [x_{11}\lambda_1(1,1) + x_{12}\lambda_2(1,1) + p_1(1/1,1)] = \underline{0.73}$$

$$p_1(1/1,1) = x_{11}\lambda_1(1,1)p_1(0/0,1) + x_{12}\lambda_2(1,1)p_1(0/1,0) = \underline{0.145}$$

$$\bar{t}_{21}(2,1) = x_{21}[1 + \bar{k}_2(1,1)] = \underline{0.342} \text{ sec}$$

$$\bar{t}_{31}(2,1) = x_{31} \qquad\qquad = \underline{0.4} \text{ sec}$$

$$\lambda_1(2,1) = \underline{2.096} \text{ Aufträge/sec}$$

$$\bar{k}_{11}(2,1) = \underline{0.444} \qquad \bar{k}_{21}(2,1) = \underline{0.717} \qquad \bar{k}_{31}(2,1) = \underline{0.838}$$

Der Nachteil der Mittelwertanalyse ist der extrem hohe Speicherplatzbedarf, da alle Mittelwerte der Anzahl der Aufträge parallel
berechnet werden. Zur Speicherung des Vektors $\bar{k}_i(\underline{k})$ sind
$N \cdot \prod\limits_{r=1}^{R}(K_r+1)$ Speicherplätze nötig. Ein anderer Nachteil der
Mittelwertanalyse ist, daß die Zustandswahrscheinlichkeiten
nicht berechnet werden können. Mit der Mittelwertanalyse können
nicht nur geschlossene Netze sondern auch offene und gemischte
Netze untersucht werden. /SAUE 81,ZAHO 81,TOTZ 81/. /BARD 79,80,
SCHW 79/ haben eine Approximation der MVA vorgeschlagen, welche
die Speicherplatzanforderung stark reduziert. Diesen approximativen MVA-Algorithmus werden wir im Abschnitt 6.5 behandeln.

Aufgabe 4.10

Zeigen Sie, daß die Leistungsgrößen von den Aufgaben 4.2-4.9 im
Abschnitt 4.1 und 4.2 auch ohne Berechnung der Normalisierungskonstanten ermittelt werden können.

Aufgabe 4.11

Gegeben ist ein Central-Server-Modell mit N=4 Knoten (alle Typ-1
(m_i=1)) und K=3 Aufträgen. Die Bedienzeiten sind gegeben:

$$1/\mu_1=1 \text{ sec} \quad 1/\mu_2=0.6 \text{ sec} \quad 1/\mu_3=0.4 \text{ sec} \quad 1/\mu_4=0.2 \text{ sec}$$

Die Übergangswahrscheinlichkeiten sind:

$$P_{12}=P_{13}=0.3 \quad P_{14}=0.4 \quad P_{21}=P_{31}=P_{41}=1$$

Sämtliche Leistungsgrößen sollen bestimmt werden.

Aufgabe 4.12

Ein geschlossenes Netz mit N=3 Knoten und R=2 Auftragsklassen soll
analysiert werden. In Klasse 1 sind K_1=2 Aufträge und in Klasse 2
K_2=1 Auftrag. Ein Klassenwechsel findet nicht statt. Der erste
Knoten hat den Typ-2, der zweite Typ-1 (m_2=2) und der dritte
Typ-3 (Terminals). Die Parameter x_{ir} (i=1,2,3;r=1,2) sind gegeben:

$$x_{11}=0.05 \quad x_{12}=0.32 \quad x_{21}=0.4 \quad x_{22}=0.2 \quad x_{31}=0.25 \quad x_{32}=0.18$$

4.4 LBANC-Methode

Inzwischen gibt es mehrere, zum Teil sehr unterschiedliche Algorithmen zur Bestimmung der Normalisierungskonstanten. Wir können
diese Algorithmen wie folgt klassifizieren:

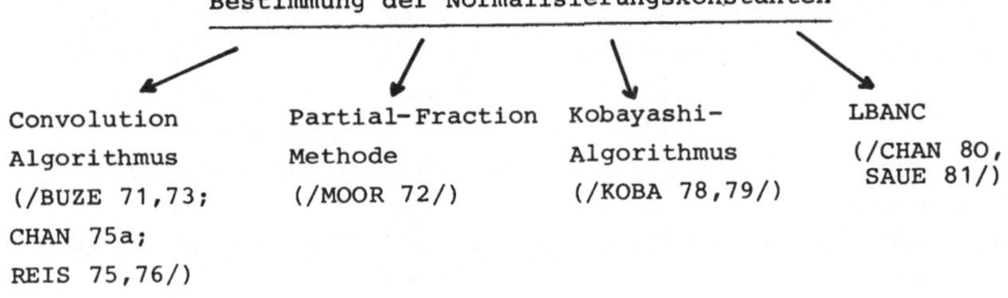

In Kapitel 4.1 haben wir die Convolution Algorithmen von /BUZE 71,
73/ und /CHAN 75a/ bzw. den Algorithmus von Kobayashi /KOBA 78,79/
ausführlich behandelt.
/CHAN 80, SAUE 71/ entwickelten ausgehend von der Mittelwertanalyse einen neuen Algorithmus mit der Bezeichnung LBANC (Local
Balance Algorithm for Normalizing Constants). Dieser Algorithmus
hat vor allem den Vorteil, daß der Speicherplatzbedarf sehr klein
ist. /LAM 81/ hat gezeigt, daß die Convolution Algorithmen, Mittelwertanalyse und LBANC-Methode leicht auseinander abgeleitet
werden können.

4.4.1 <u>LBANC-Methode für Warteschlangennetze mit einer Auftrags-klasse</u>

Der Algorithmus wird wie folgt zusammengefaßt:

a) <u>Initialisiere</u>

$$q_i(0) = 0 \qquad \text{für } i=1,\dots,N \wedge G(0) = 1$$

b) <u>Iteriere</u>

$$
\text{i)} \quad q_i(k) =
\begin{cases}
x_i \left[G(K-1) + q_i(k-1) \right] & m_i = 1 \\[2ex]
\sum\limits_{k_i=1}^{k} k_i \, p_i(k_i/k) & \text{für } m_i > 1 \\[2ex]
x_i \, G(k-1) & m_i = \infty
\end{cases}
\qquad (4.101)
$$

Die Normalisierungskonstante ergibt sich zu

$$
\text{ii)} \quad G(k) = \frac{\sum\limits_{i=1}^{N} q_i(k)}{k} \qquad\qquad (4.102)
$$

wobei die bedingte Wahrscheinlichkeit

$$
p_i(k_i/k) = \frac{p_i(k_i-1/k-1)\,x_i}{\beta_i(k_i)} \qquad i=1,\dots,N \qquad (4.103)
$$

$\beta_i(k_i)$ wird aus der Gl.(4.33) bestimmt.

$$
\begin{aligned}
p_i(0/0) &= 1 \\
p_i(0/k) &= G(k) - \sum_{k_i=1}^{k} p_i(k_i/k) \qquad \text{für } i=1,\dots,N
\end{aligned}
\qquad (4.104)
$$

Die mittlere Anzahl von Aufträgen im i-ten Knoten berechnet man dann aus

$$
\bar{k}_i(k) = \frac{q_i(k)}{G(k)} \qquad
\begin{array}{l}
i=1,\dots,N \\
k=1,\dots,K
\end{array}
\qquad (4.105)
$$

Die anderen Leistungsgrößen können aus bekannten Formeln, wie z.B. der Durchsatz aus Gl.(4.49), die mittlere Verweilzeit aus Gl.(2.38) usw. ermittelt werden.

<u>Beispiel 4.17</u>

Das folgende geschlossene Modell (Fig. 4.15) werden wir mit der LBANC-Methode untersuchen.

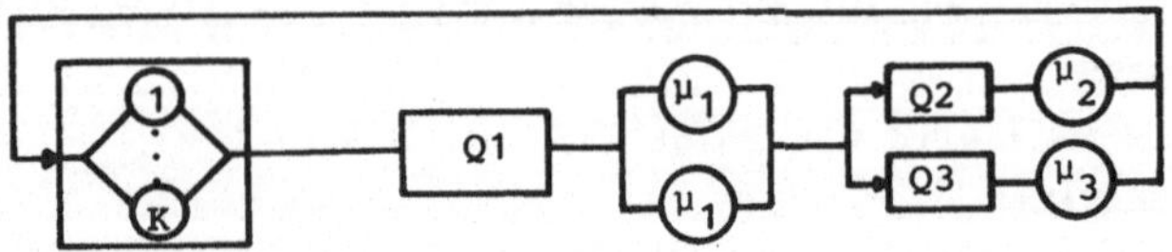

<u>Fig. 4.15</u>   Ein geschlossenes Netz

Im ersten Knoten sind m_1=2 identische Prozessoren mit exponentiell verteilten Bedienzeiten $1/\mu_1$=0.5 sec. Knoten 2 (Platte) und Knoten 3 (Trommel) haben exponentiell verteilte Bedienzeiten

$\dfrac{1}{\mu_2}$ = 0.6 sec   und $\dfrac{1}{\mu_3}$ = 0.8 sec.

Im vierten Knoten (Terminals) beträgt die Bedienzeit eines Auftrags $\dfrac{1}{\mu_4}$ = 1 sec.

Die Übergangswahrscheinlichkeiten sind gegeben wie folgt:

$$P_{12} = 0.5 \qquad P_{24}= P_{34}= P_{41}= 1$$

$$P_{13} = 0.5$$

Im System befinden sich K=3 Aufträge.

Aus der Gl.(4.40) bestimmen wir

$$e_1=\underline{1} \qquad e_2=\underline{0.5} \qquad e_3=\underline{0.5} \qquad e_4=\underline{1}$$

Daraus mit Gl.(4.39)

$$x_1=\underline{0.5} \qquad x_2=\underline{0.3} \qquad x_3=\underline{0.4} \qquad x_4=\underline{1}$$

Die Funktion $\beta_1(k)$ (k=1,2,3) ergibt sich aus der Gl.(4.33)

$$\beta_1(1)=\underline{1} \qquad \beta_1(2)=\underline{2} \qquad \beta_1(3)=\underline{4}$$

<u>1. Iteration</u>

$$q_1(1) = \sum_{k_1=1}^{1} k_1\, p_1(k_1/1)= p_1(1/1) = \underline{0.5}$$

wobei

$$p_1(1/1) = \frac{p_1(0/0)\, x_1}{\beta_1(1)} = \underline{0.5}$$

$$q_2(1) = x_2\,[G(0)+ q_2(0)] = \underline{0.3}$$

$$q_3(1) = x_3\,[G(0)+ q_3(0)] = \underline{0.4}$$

$$q_4(1) = x_4\,[G(0)] = \underline{1}$$

Die Normalisierungskonstante

$$G(1) = \sum_{i=1}^{4} q_i(1) = \underline{2.2}$$

2. Iteration

$$q_1(2) = p_1(1/2) + 2\, p_1(2/2) = \underline{1.1}$$

wobei

$$p_1(1/2) = \frac{p_1(0/1)\; x_1}{\beta_1(1)} = \underline{0.85}$$

$$p_1(0/1) = G(1) - p_1(1/1) = \underline{1.7}$$

$$p_1(2/2) = \frac{p_1(1/1)\; x_1}{\beta_1(2)} = \underline{0.125}$$

$$q_2(2) = x_2\,[G(1) + q_2(1)] = \underline{1.35}$$

$$q_3(2) = x_3\,[G(1) + q_3(1)] = \underline{1.04}$$

$$q_4(2) = x_4\,[G(1)] = \underline{2.2}$$

Die Normalisierungskonstante

$$G(2) = \frac{\sum\limits_{i=1}^{4} q_i(2)}{2} = \underline{2.845}$$

3. Iteration

$$q_1(3) = p_1(1/3) + 2\, p_1(2/3) + 3\, p_1(3/3) = \underline{1.406}$$

wobei

$$p_1(1/3) = \frac{p_1(0/2)\; x_1}{\beta_1(1)} = \underline{0.935}$$

$$p_1(2/3) = \frac{p_1(1/2)\; x_1}{\beta_1(1)} = \underline{0.2125}$$

$$p_1(3/3) = \frac{p_1(2/2)\; x_1}{\beta_1(3)} = \underline{0.0156}$$

$$p_1(0/2) = G(2) - [p_1(1/2) + p_1(2/2)] = \underline{1.87}$$

$$q_2(3) = x_2\,[G(2) + q_2(2)] = \underline{1.258}$$

$$q_3(3) = x_3\,[G(2) + q_3(2)] = \underline{1.554}$$

$$q_4(3) = x_4\,[G(2)] = \underline{2.354}$$

Die Normalisierungskonstante

$$G(3) = \frac{\sum\limits_{i=1}^{4} q_i(3)}{3} = \underline{2.354}$$

Da wir im System K=3 Aufträge haben, bricht der Algorithmus hier ab. Anschließend können wir die für uns interessanten Größen leicht aus den bekannten Formeln berechnen.

Die mittlere Anzahl von Aufträgen im i-ten Knoten (i=1,2,3,4):

$$\bar{k}_1(3) = \frac{q_1(3)}{G(3)} = \underline{0.597} \qquad \bar{k}_3(3) = \frac{q_3(3)}{G(3)} = \underline{0.659}$$

$$\bar{k}_2(3) = \frac{q_2(3)}{G(3)} = \underline{0.534} \qquad \bar{k}_4(3) = \frac{q_4(3)}{G(3)} = \underline{1.2}$$

Der Durchsatz

$$\lambda_1 = e_1 \frac{G(2)}{G(3)} = \underline{1.2} \qquad\qquad \lambda_3 = e_3 \frac{G(2)}{G(3)} = \underline{0.604}$$

$$\lambda_2 = e_2 \frac{G(2)}{G(3)} = \underline{0.604} \qquad\qquad \lambda_4 = e_4 \frac{G(2)}{G(3)} = \underline{1.2}$$

4.4.2 <u>LBANC-Methode für Warteschlangennetze mit mehreren Auftragsklassen</u>

In diesem Fall wird der Algorithmus wie folgt erweitert:

a) <u>Initialisiere</u>

$$q_{ir}(\underline{O}) = O \qquad \text{für} \quad \begin{matrix} i=1,\ldots,N \\ r=1,\ldots,R \end{matrix}$$

b) <u>Iteriere</u> $\quad k_r=1,\ldots,K_R$

$$\text{i) } q_{ir}(\underline{k}) = \begin{cases} x_{ir}\; G(\underline{k-1}_r) + \sum\limits_{s=1}^{R} q_{is}(\underline{k-1}_r) & \text{Typ-1,2,4}\,(m_i=1) \\[2ex] \sum\limits_{k_{i1}=o}^{k_1} \cdots \sum\limits_{k_{ir}=1}^{k_r} \cdots \sum\limits_{k_{iR}=o}^{k_R} & \\[1ex] k_{ir}\; p_i(k_{i1},\ldots,k_{ir},\ldots,k_{iR}/\underline{k}) & \text{Typ-1}\;(m_i>1) \\[3ex] x_{ir}\; G(\underline{k}) & \end{cases} \qquad (4.106)$$

wobei $\underline{k} = (k_1,\ldots,k_r,\ldots,k_R)$

$\qquad\quad (\underline{k-1}_r) = (k_1,\ldots,k_r-1,\ldots,k_R)$

k_r die Anzahl der Aufträge in der r-ten Klasse

$$p_i(k_{i1},\ldots,k_{ir},\ldots,k_{iR}/\underline{k}) =$$

$$= \frac{p_i(k_{i1},\ldots,k_{ir}-1,\ldots,k_{iR}/(\underline{k}-1_r))(\sum_{r=1}^{R} k_{ir})x_{ir}}{k_{ir}\ \beta_i(k_{i1}+k_{i2}+\ldots+k_{iR})} \qquad (4.107)$$

$\beta_i(k_i)$ wird aus der Gl.(4.33) ermittelt.

$$p_i(0,\ldots,0/0,\ldots,0) = 1$$

$$p_i(0,\ldots,0/\underline{k})=G(\underline{k})-\sum_{\substack{\sum\limits_{r=1}^{R}k_{ir}=1}}^{\sum\limits_{r=1}^{R}k_r} p_i(k_{i1},\ldots,k_{iR}/\underline{k}) \qquad (4.108)$$

ii) Die Normalisierungskonstante:

$$G(\underline{k})=\frac{\sum\limits_{i=1}^{N}\sum\limits_{r=1}^{R}q_{ir}(\underline{k})}{\sum\limits_{r=1}^{R}k_r} \qquad (4.109)$$

Nachdem die Normalisierungskonstante berechnet und $(k_1,\ldots,k_R)=(K_1,\ldots,K_R)$ erreicht werden, kann man die anderen Leistungsgrößen berechnen wie z.B. die mittlere Anzahl von Aufträgen der r-ten Klasse im i-ten Knoten

$$\bar{k}_{ir}(\underline{K} = (K_1,\ldots,K_R)) = \frac{q_{ir}(K_1,\ldots,K_R)}{G(K_1,\ldots,K_R)} \qquad (4.110)$$

Die anderen Leistungsgrößen können aus den in Abschnitt 4.2 ausführlich behandelten Formeln bestimmt werden.

Beispiel 4.18

Das geschlossene Netz besteht aus N=3 Knoten, wobei der erste Knoten $m_1=2$ Prozessoren und der zweite $m_2=1$ Bedieneinheit enthält und Knoten 3 die Terminals darstellt (Fig. 4.14).

Es befinden sich R=2 Auftragsklassen im System, wobei in der
1.Klasse K_1=2 und in der 2.Klasse K_2=1 Aufträge sind. Die Bedienzeiten sind exponentiell verteilt mit den Werten:

$$\frac{1}{\mu_{11}} = 1 \text{ sec} \qquad \frac{1}{\mu_{12}} = 1 \text{ sec}$$

$$\frac{1}{\mu_{21}} = 4 \text{ sec} \qquad \frac{1}{\mu_{22}} = 2.5 \text{ sec}$$

$$\frac{1}{\mu_{31}} = 5 \text{ sec} \qquad \frac{1}{\mu_{32}} = 6 \text{ sec}$$

Die Übergangswahrscheinlichkeiten sind gegeben:

$$p_{1,1;2,1}=0.5 \qquad p_{1,2;2,2}=0.6 \qquad p_{2,1;1,1}=p_{3,1;1,1}=p_{2,2;1,2}=$$

$$p_{1,1;3,1}=0.5 \qquad p_{1,2;3,2}=0.4 \qquad\qquad =p_{3,2;2,2}= 1$$

Im Netz findet kein Klassenwechsel der Aufträge statt.

e_{ir} (i=1,2,3;r=1,2) bestimmen wir aus der Gl.(4.63)

$$e_{11}=e_{11}\, p_{1,1;1,1}+e_{21}\, p_{2,1;1,1}+e_{31}\, p_{3,1;1,1} = \underline{1}$$

$$e_{21}=e_{11}\, p_{1,1;2,1}+e_{21}\, p_{2,1;2,1}+e_{31}\, p_{3,1;2,1} = \underline{0.5}$$

$$e_{31}=e_{11}\, p_{1,1;3,1}+e_{21}\, p_{2,1;3,1}+e_{31}\, p_{3,1;3,1} = \underline{0.5}$$

Ähnlich erhalten wir

$$e_{12} = \underline{1} \qquad e_{22} = \underline{0.6} \qquad e_{32} = \underline{0.4}$$

Aus der Gl.(4.33) berechnen wir $\beta_1(k)$ (k=1,2,3,4)

$$\beta_1(1)=\underline{1} \qquad \beta_1(2)=\underline{2} \qquad \beta_1(3)=\underline{4} \qquad \beta_1(4)=\underline{8}$$

1. Für k_1=1 $\quad k_2$=0

$$q_{11}(1,0)= \sum_{k_{11}=1}^{k_1=1} \sum_{k_{12}=0}^{k_2=0} k_{11}\, p_1(k_{11},k_{12}/k_1,k_2)= p_1(1,0/1,0)= \underline{1}$$

wobei

$$p_1(1,0/1,0) = \frac{p_1(0,0/0,0)\, x_{11}(k_{11}+k_{12})}{k_{11}\,\beta_1(1)} = \underline{1}$$

$$q_{21}(1,0) = x_{21}[G(0,0) + q_{21}(0,0) + q_{22}(0,0)] = \underline{2}$$

$$q_{31}(1,0) = x_{31}[G(0,0)] = \underline{2.5}$$

Die Normalisierungskonstante:

$$G(1,0) = \frac{\sum\limits_{i=1}^{3}\sum\limits_{r=1}^{2} q_{ir}(1,0)}{k_1} = q_{11}(1,0) + q_{21}(1,0) + q_{31}(1,0) = \underline{5.5}$$

2. Für $k_1=0$ $k_2=1$

$$q_{12}(0,1) = \sum\limits_{k_{11}=0}^{k_1=0}\sum\limits_{k_{12}=1}^{k_2=1} k_{12}\, p(k_{11},k_{12}/k_1,k_2) = p(0,1/0,1) = \underline{1}$$

wobei

$$p_1(0,1/0,1) = \frac{p_1(0,0/0,0)\, x_{12}(k_{11}+k_{12})}{k_{12}\,\beta_1(1)} = \underline{1}$$

$$q_{22}(0,1) = x_{22}[G(0,0) + q_{21}(0,0) + q_{22}(0,0)] = \underline{1.5}$$

$$q_{32}(0,1) = x_{32}[G(0,0)] = \underline{2.4}$$

Die Normalisierungskonsante:

$$G(0,1) = q_{12}(0,1) + q_{22}(0,1) + q_{32}(0,1) = \underline{4.9}$$

3. Für $k_1=1$ $k_2=1$

Für Klasse 1

$$q_{11}(1,1) = \sum\limits_{k_{11}=1}^{1}\sum\limits_{k_{12}=0}^{1} k_{11}\, p_1(k_{11},k_{12}/k_1,k_2) =$$

$$= p_1(1,0/1,1) + p_1(1,1/1,1) = \underline{4.9}$$

wobei

$$p_1(1,0/1,1) = \frac{p_1(0,0/0,1)\, x_{11}(k_{11}+k_{12})}{k_{11}\,\beta_1(1)} = \underline{3.9}$$

$$p_1(1,0/0,1) = G(0,1) - [p_1(1,0/0,1) + p_1/0,1/0,1)] = \underline{3.9}$$

$$p_1(1,0/0,1) = 0$$

$$p_1(0,1/0,1) = \frac{p_1(0,0/0,0)\, x_{12}(k_{11}+k_{12})}{k_{12}\,\beta_1(1)} = \underline{1}$$

$$p_1(1,1/1,1) = \frac{p_1(0,1/0,1)x_{11}(k_{11}+k_{12})}{k_{11}\,\beta_1(2)} = \underline{1}$$

$$q_{21}(1,1) = x_{21}\,[G(0,1)+q_{21}(0,1)+q_{22}(0,1)] = \underline{12.8}$$

$$q_{21}(1,1) = x_{31}\,[G(0,1)] = \underline{12.25}$$

Für Klasse 2

$$q_{12}(1,1) = \sum_{k_{11}=0}^{k_1=1}\ \sum_{k_{12}=1}^{k_2=1} k_{12}\,p_1(k_{11},k_{12}/k_1,k_2) =$$

$$= p_1(0,1/1,1)+ p_1(1,1/1,1) = \underline{5.5}$$

wobei

$$p_1(0,1/1,1) = \frac{p_1(0,0/1,0)\,x_{12}(k_{11}+k_{12})}{k_{12}\,\beta_1(1)} = \underline{4.5}$$

$$p_1(0,0/1,0) = G(1,0)- [p_1(1,0/1,0)+ p_1(0,1/1,0)] = \underline{4.5}$$

$$q_{22}(1,1) = x_{22}\,[G(1,0)+ q_{21}(1,0)+ q_{22}(1,0)] = \underline{11.25}$$

$$q_{32}(1,1) = x_{32}\,[G(1,0)] = \underline{13.2}$$

Die Normalisierungskonstante:

$$G(1,1)=\frac{q_{11}(1,1)+q_{21}(1,1)+q_{31}(1,1)+q_{12}(1,1)+q_{22}(1,1)+q_{32}(1,1)}{2} =$$

$$= \underline{29.95}$$

4. Für $k_1=2$ $k_2=0$

$$q_{11}(2,0) = \sum_{k_{11}=1}^{k_1=2}\ \sum_{k_{12}=0}^{k_2=0} k_{11}\,p_1(k_{11},k_{12}/k_1,k_2) =$$

$$= p_1(1,0/2,0)+2\,p_1(2,0/2,0) = \underline{5.5}$$

wobei

$$p_1(1,0/2,0) = \frac{p_1(0,0/1,0)\,x_{11}(k_{11}+k_{12})}{k_{11}\,\beta_1(1)} = \underline{4.5}$$

$$p_1(2,0/2,0) = \frac{p_1(1,0/1,0)\,x_{11}(k_{11}+k_{12})}{k_{11}\,\beta_1(2)} = \underline{0.5}$$

$$q_{21}(2,0) = x_{21}\,[G(1,0)+ q_{21}(1,)+ q_{22}(1,0)] = \underline{15}$$

$$q_{31}(2,0) = x_{31}\,[G(1,0)] = \underline{13.75}$$

Die Normalisierungskonstante:

$$G(2,0) \;=\; \underline{17.125}$$

5. Für $k_1=0 \quad k_2=2$

$$q_{12}(0,2) \;=\; \sum_{k_{11}=0}^{k_1=0} \sum_{k_{12}=1}^{k_2=2} k_{12}\; p_1(k_{11},k_{12}/k_1,k_2) \;=$$

$$=\; p_1(0,1/0,2) + 2\,p_1(0,2/0,2) \;=\; \underline{4.9}$$

wobei

$$p_1(0,1/0,2) \;=\; \frac{p_1(0,0/0,1)\; x_{12}(k_{11}+k_{12})}{k_{12}\;\beta_1(1)} \;=\; \underline{3.9}$$

$$p_1(0,2/0,2) \;=\; \frac{p_1(0,1/0,1)\; x_{12}(k_{11}+k_{12})}{k_{12}\;\beta_1(2)} \;=\; \underline{0.5}$$

$$q_{22}(0,2) \;=\; x_{22}\,[G(0,1) + q_{21}(0,1) + q_{22}(0,1)] \;=\; \underline{9.6}$$

$$q_{32}(0,2) \;=\; x_{32}\,[G(0,1)] \;=\; \underline{11.76}$$

Die Normalisierungskonstante:

$$G(0,2) \;=\; \underline{13.13}$$

6. Für $k_1=2 \quad k_2=1$

Für Klasse 1

$$q_{11}(2,1) \;=\; \sum_{k_{11}=1}^{k_1=2} \sum_{k_{12}=0}^{k_2=1} k_{11}\; p_1(k_{11},k_{12}/k_1,k_2) \;=$$

$$=p_1(1,0/2,1)+p_1(1,1/2,1)+2p_1(2,0/2,1)+$$

$$+2p_1(2,1/2,1) \;=\; \underline{38.1}$$

wobei

$$p_1(1,0/2,1) \;=\; \frac{p_1(0,0/1,1)\; x_{11}(k_{11}+k_{12})}{k_{11}\;\beta_1(1)} \;=\; \underline{28.95}$$

$$p_1(0,0/1,1)=G(1,1)-[p_1(2,0/1,1)+p_1(0,2/1,1)+p_1(1,1/1,1)] \;=\; \underline{28.95}$$

$$p_1(2,0/1,1) \;=\; \underline{0}$$

$$p_1(0,2/1,1) \;=\; \underline{0}$$

$$p_1(1,1/2,1) \;=\; \frac{p_1(0,1/1,1)\; x_{11}(k_{11}+k_{12})}{k_{11}\;\beta_1(2)} \;=\; \underline{4.5}$$

$$p_1(2,0/2,1) = \frac{p_1(1,0/1,1)\ x_{11}(k_{11}+k_{12})}{k_{11}\ \beta_1(2)} = \underline{1.95}$$

$$p_1(2,1/2,1) = \frac{p_1(1,1/1,1)\ x_{11}(k_{11}+k_{12})}{k_{11}\ \beta_1(3)} = \underline{0.375}$$

$$q_{21}(2,1) = x_{21}[G(1,1)+ q_{21}(1,1)+ q_{22}(1,1)] = \underline{108}$$

$$q_{31}(2,1) = x_{31}[G(1,1)] = \underline{74.875}$$

Für Klasse 2

$$q_{12}(2,1) = \sum_{k_{11}=0}^{k_1=2}\ \sum_{k_{12}=1}^{k_2=1}\ k_{12}\ p_1(k_{11},k_{12}/k_1,k_2) =$$

$$= p_1(0,1/2,1)+p_1(1,1/2,1)+p_1(2,1/2,1) = \underline{17.125}$$

wobei

$$p_1(0,1/2,1) = \frac{p_1(0,0/2,0)\ x_{22}(k_{11}+k_{12})}{k_{22}\ \beta_1(1)} = \underline{16.125}$$

$$p_1(0,0/2,0) = G(2,0)-[p_1(2,0/2,0)+p_1(1,1/2,0)+p_1(0,2/2,0)] =$$
$$= \underline{16.125}$$
$$p_1(1,1/2,0) = \frac{p_1(0,1/1,0)\ x_{11}(k_{11}+k_{12})}{k_{11}\ \beta_1(2)} = \underline{0}$$

$$q_{22}(2,1) = x_{22}[G(2,0)+ q_{21}(2,0)+ q_{22}(2,0)] = \underline{48.1875}$$

$$q_{32}(2,1) = x_{32}[G(2,0)] = \underline{41.1}$$

Die Normalisierungskonstante:

$$G(2,1) = \frac{q_{11}(2,1)+q_{21}(2,1)+q_{31}(2,1)+q_{12}(2,1)+q_{22}(2,1)+q_{32}(2,1)}{3} =$$
$$= \underline{109.129}$$

Die mittlere Anzahl von Aufträgen der r-ten Klasse (r=1,2) im i-ten (i=1,2,3) Knoten ist

$$\bar{k}_{11}(2,1) = \frac{q_{11}(2,1)}{G(2,1)} = \underline{0.349} \qquad \bar{k}_{12}(2,1) = \frac{q_{12}(2,1)}{G(2,1)} = \underline{0.1569}$$

$$\bar{k}_{21}(2,1) = \frac{q_{12}(2,1)}{G(2,1)} = \underline{0.989} \qquad \bar{k}_{22}(2,1) = \frac{q_{22}(2,1)}{G(2,1)} = \underline{0.44}$$

$$\bar{k}_{31}(2,1) = \frac{q_{31}(2,1)}{G(2,1)} = \underline{0.686} \qquad \bar{k}_{32}(2,1) = \frac{q_{32}(2,1)}{G(2,1)} = \underline{0.376}$$

Aufgabe 4.13

Alle Aufgaben (4.2-4.12) sollen mit Hilfe der LBANC-Methode ge-löst werden.

5 Numerische Analyse

Will man Warteschlangennetze analysieren, welche die lokale
Gleichgewichtsbedingung nicht erfüllen (z.B. Netze mit Knoten,
die hyperexponentielle Bedienzeitverteilung haben und in denen die
Aufträge nach der FCFS-Strategie abgearbeitet werden), und daher
auch keine Produktformlösungen liefern, so kann man, ausgehend von
den globalen Gleichgewichtsgleichungen Gl.(4.68), die in diesem
Kapitel behandelten numerischen Verfahren zur Berechnung der Leistungsparameter anwenden. Die Lösung des Systems der globalen
Gleichgewichtsgleichungen ist nicht gebunden an Voraussetzungen,
wie sie z.B. für BCMP-Netzwerke gemacht werden müssen. Dadurch besitzen numerische Verfahren einen prinzipiell uneingeschränkten
Anwendungsbereich. Außer der Forderung nach der Endlichkeit des
Zustandsraums unterliegen sie keinerlei Einschränkungen bzgl. der
zu lösenden Modelle.

Das Verhalten vieler Rechensysteme kann durch eine irreduzible,
zeitkontinuierliche Markoff-Kette mit endlichem Zustandsraum modelliert werden. Die Gleichgewichtszustandswahrscheinlichkeiten
p können dann aus den globalen Gleichgewichtsgleichungen (4.68)
bestimmt werden, die wir jetzt für unsere Zwecke etwas anders for-
mulieren. Die Indizes i und j stehen hier für die möglichen Zustände und nicht wie meistens für den Knoten eines Netzwerkes.
Wir erhalten

$$\forall i: \; p_i(S_i) \cdot [\text{Übergangsrate aus } S_i]$$
$$= \sum_j \; p_j(S_j) \, [\text{Übergangsrate } S_j \rightarrow S_i] \tag{5.1}$$

S_i ist hier ein möglicher Zustand des Gesamtsystems und nicht wie
sonst üblich der Zustand beim Knoten i.
Mit

$$q_{ij}: \; \text{Übergangsrate } S_i \rightarrow S_j$$

und

$$p_i = p_i(S_i) \; \text{Wahrscheinlichkeit für den Zustand } S_i$$

ergibt sich die vereinfachte Schreibweise von Gl.(5.1):

$$p_i \; \sum_j \; q_{ij} = \sum_j \; p_j \, q_{ji} \tag{5.2}$$

und durch Subtraktion von $p_i \cdot q_{ii}$ auf beiden Seiten

$$\sum_{j \neq i} p_j \cdot q_{ji} - p_i \sum_{j \neq i} q_{ij} = 0 \qquad\qquad (5.3)$$

Dies lautet in Matrizenschreibweise:

$$\Pi^T \cdot \underline{p} = \underline{0} \qquad\qquad (5.4)$$

mit

$$\pi_{ij} = q_{ij} \quad \text{für } i \neq j$$

$$\pi_{ii} = - \sum_{j \neq i} q_{ij}$$

$$\underline{p}^T = (p_1, p_2, p_3, \ldots\ldots)$$

In den nächsten Abschnitten werden wir drei verschiedene numerische Lösungsverfahren zur Bestimmung der Zustandswahrscheinlichkeiten $\underline{p}$ mit Hilfe der stochastischen Matrix Π vorstellen.

5.1 Die iterative numerische Methode

Bei der iterativen numerischen Methode wird Gl.(5.4) so umgewandelt, daß die Zustandswahrscheinlichkeiten ausgehend von einem beliebig gewählten Anfangswert iterativ ermittelt werden können /WALL 66/. Durch Addition von $\underline{p}$ erhält man aus Gl.(5.4) zunächst

$$(\Pi^T + I)\, \underline{p} = \underline{p}$$

und hieraus durch Einführung des Skalars Δ die endgültige Rekursionsformeln zur iterativen Berechnung von $\underline{p}$:

$$\underline{p}^{(k+1)} = (\Pi^T \Delta + I) \cdot \underline{p}^{(k)} \qquad\qquad (5.5)$$

Mit

I: Einheitsmatrix

$\underline{p}^{(o)}$: willkürlich gewählter Anfangswert für den Vektor der Zustandswahrscheinlichkeiten

Δ: Skalar, der so gewählt wird, daß das größte Element von $\Pi^T \cdot \Delta$ kleiner als eins wird, um die Konvergenz des Verfahrens sicherzustellen.

Als geeigneter Wert wird in /STEW 78,79/ $\Delta = 1/\max|\pi_{ii}|$ vorgeschlagen und in /WALL 66/ $\Delta = 0.99/\max|\pi_{ii}|$.
Bemerkenswert ist noch, daß die Matrix $(\Pi^T \Delta + I)$ durch den Iterationsprozeß unverändert bleibt.

Der Algorithmus zur Berechnung der Leistungsparameter lautet damit
wie folgt:

Schritt 1: Finden aller möglichen Zustände $(S_1, S_2, S_3 \ldots)$

Schritt 2: Aufstellen der Matrix der Übergangsraten Π
            (evtl. mit Hilfe eines Zustandsübergangsdiagramms)

Schritt 3: Ermittlung der Matrix $(\Pi^T \cdot \Delta + I)$

Schritt 4: Wahl eines Anfangsvektors $\underline{p}^{(o)}$

Schritt 5: Durchführen der Iteration mit Gl.(5.5). Abbruch, wenn
            sich die Werte bei der n-ten Iteration um weniger als
            ein vorher bestimmtes ϵ von denen bei der (n-1)-ten
            Iteration unterscheiden.

Schritt 6: Berechnung der Leistungsparameter aus dem Ergebnis
            der n-ten Iteration.

An einem bewußt einfach gehaltenen Beispiel werden die einzelnen
Schritte näher erläutert:

Beispiel 5.1

Um die Zahl der möglichen Zustände gering zu halten, wählen wir
als Demonstrationsbeispiel für die iterative numerische Methode
ein zyklisches System mit nur 2 Knoten (N=2) und nur 3 Aufträgen
(K=3) im System (Fig. 5.1). Die Bedienzeiten sind exponentiell
verteilt mit den Mittelwerten $1/\mu_1$=5 sec und $1/\mu_2$=2.5 sec.

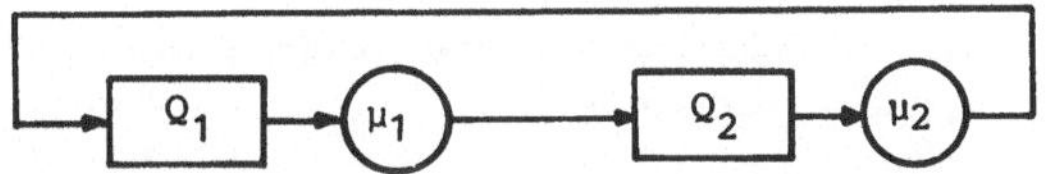

Fig. 5.1   Ein zyklisches Modell

Die Ermittlung der Leistungsparameter erfolgt in den oben beschriebenen sechs Schritten:

Schritt 1: Es sind die Zustände (3,O),(2,1),(1,2) und O,3) mög-
            lich, wobei (k_1, k_2) bedeutet, daß sich k_1 Aufträge im
            1.Knoten und k_2 Aufträge im 2.Knoten befinden.

Schritt 2: Die Matrix Π der Übergangsraten zwischen den einzelnen Zuständen ergibt sich wie folgt:

Π	(3,0)	(2,1)	(1,2)	(0,3)
(3,0)	$-\mu_1 P_{12}$	$\mu_1 P_{12}$	O	O
	$\mu_2 P_{21}$	$-(\mu_1 P_{12}+\mu_2 P_{21})$	$\mu_1 P_{12}$	O
	O	$\mu_2 P_{21}$	$-(\mu_2 P_{21}+\mu_1 P_{12})$	$\mu_1 P_{12}$
	O	O	$\mu_2 P_{21}$	$-\mu_2 P_{21}$

Für die Diagonalelemente gilt dabei Gl.(5.4)

$$\pi_{ii} = - \sum_{j \neq i} \pi_{ij}$$

Anmerkung: Das Zustandsübergangsdiagramm erleichtert die Bestimmung der Übergangsraten. Es sieht für das Beispiel folgendermaßen aus:

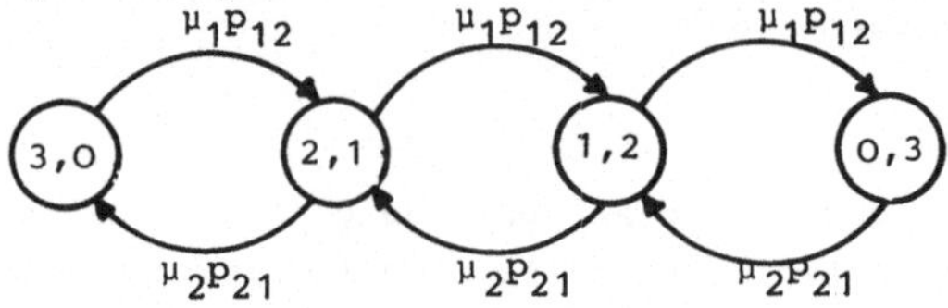

Das Einsetzen der Werte ergibt:

$$\Pi = \begin{bmatrix} -0.2 & 0.2 & O & O \\ 0.4 & -0.6 & 0.2 & O \\ O & 0.4 & -0.6 & 0.2 \\ O & O & 0.4 & -0.4 \end{bmatrix}$$

Schritt 3: Das betragsmäßig größte Diagonalelement ist

$$\pi_{22} = \pi_{33} = - 0.6$$

Darum folgt:

$$\Delta = \frac{1}{\max |\pi_{ii}|} = \frac{1}{0.6} = \underline{1.666}$$

Mit diesem Δ und der Matrix Π aus Schritt 2 erhalten wir für die invariante Matrix $(\Pi^T \Delta + I)$:

$$(\Pi^T \Delta + I) = \begin{pmatrix} 0.6667 & 0.6667 & O & O \\ 0.3333 & O & 0.6667 & O \\ O & 0.3333 & O & 0.6667 \\ O & O & 0.3333 & 0.3333 \end{pmatrix}$$

Schritt 4: Als Anfangsvektor wählen wir

$$\underline{p}^{(0)} = \begin{pmatrix} p(3,0) \\ p(2,1) \\ p(1,2) \\ p(0,3) \end{pmatrix} = \begin{pmatrix} 0.65 \\ 0.35 \\ 0 \\ 0 \end{pmatrix}$$

Dabei haben wir berücksichtigt, daß wegen der kleineren Bedienrate bei Knoten 1 dort im Mittel sicher mehr Aufträge sein werden als bei Knoten 2 und daß gelten muß:

$$p(3,0)+p(2,1)+p(1,2)+p(0,3) = \underline{1}$$

Schritt 5: Die Iteration nach Gl.(5.5) liefert für die ersten 10 Iterationsschritte:

Iteration	p(3,0)	p(2,1)	p(1,2)	p(0,3)
1	0.6667	0.2166	0.1167	0
2	0.5889	0.3000	0.0722	0.0389
3	0.5926	0.2444	0.1259	0.0371
4	0.5580	0.2815	0.1062	0.0543
5	0.5597	0.2568	0.1300	0.0535
6	0.5444	0.2731	0.1213	0.0612
7	0.5450	0.2623	0.1319	0.0608
8	0.5382	0.2696	0.1280	0.0642
9	0.5385	0.2647	0.1327	0.0641
10	0.5355	0.2679	0.1310	0.0656

Ein Vergleich mit den exakten Werten, wie sie in Kap.4 behandelten Methoden liefern, zeigt die gute Konvergenz der iterativen Methode für das untersuchte Beispiel:

$$p(3,0)=\underline{0.5333} \quad p(2,1)=\underline{0.2667}$$
$$p(1,2)=\underline{0.1333} \quad p(0,3)=\underline{0.0667}$$

Schritt 6: Berechnung weiterer Leistungsparameter:

a) Randwahrscheinlichkeiten (Gl.(4.35))

$$p_1(0) = p_2(3) = p(0,3) = \underline{0.0667}$$
$$p_1(1) = p_2(2) = p(1,2) = \underline{0.1333}$$
$$p_1(2) = p_2(1) = p(2,1) = \underline{0.2667}$$
$$p_1(3) = p_2(0) = p(3,0) = \underline{0.5333}$$

b) Auslastungen (Gl.(2.31))

$$\rho_1 = 1 - p_1(O) = \underline{0.9344}$$
$$\rho_2 = 1 - p_2(O) = \underline{0.4645}$$

c) Durchsatz (Gl.(2.25))

$$\lambda = \lambda_1 = \lambda_2 = \rho_1 \cdot \mu_1 = \rho_2 \cdot \mu_2 = \underline{0.1869} \ \sec^{-1}$$

d) Mittlere Anzahl von Aufträgen (Gl.(2.37))

$$\bar{k}_1 = \sum_{k_1=1}^{3} k_1 \, p_1(k_1) = \underline{2.2733} \quad \bar{k}_2 = \underline{0.7267}$$

Die Mittelwerte für die Verweilzeiten, Wartezeiten und Warteschlangenlängen können jetzt problemlos, wie in Kap.2 angegeben, errechnet werden.

<u>Beispiel 5.2</u>

Nehmen wir an, daß die Bedienzeit der CPU erlangverteilt und die
Strategie FCFS ist, dann können die in Kapitel 4 behandelten Methoden nicht angewendet werden.

Damit die Zahl der möglichen Zustände nicht zu groß wird, wählen
wir K=2. Die Bedienzeit des ersten Knotens ist erlang-2-verteilt
mit den Bedienraten der einzelnen Phasen $\mu_{11}=\mu_{12}=0.4 \ \sec^{-1}$. Die
Parameter für den zweiten Knoten bleiben unverändert. Die Lösung
erfolgt wieder in den angegebenen sechs Schritten:

Schritt 1: Ein Zustand $(k_1,1;k_2)$ ist jetzt nicht nur durch die
Anzahl der Aufträge k_i in den beiden Knoten, sondern
auch durch die Phase 1, in der sich der Auftrag im
Knoten 1 befindet, charakterisiert. Es sind dann 5
Zustände möglich, die zusammen mit den möglichen Über-
gängen das folgende Zustandsübergangsdiagramm ergeben:

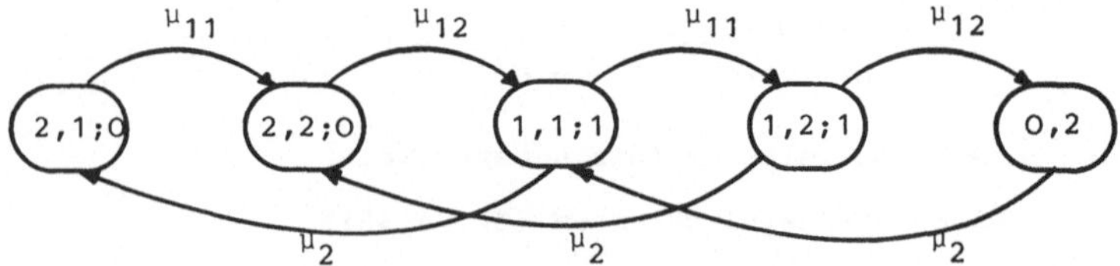

Schritt 2: Die Elemente der Übergangsmatrix Π lassen sich leicht
aus diesem Diagramm entnehmen.

	(2,1;0)	(2,2;0)	(1,1;1)	(1,2;1)	(0,2)
(2,1;0)	$-\mu_{11}$	μ_{11}	O	O	O
(2,2;0)	O	$-\mu_{12}$	μ_{12}	O	O
(1,1;1)	μ_{2}	O	$-(\mu_{11}+\mu_{2})$	μ_{11}	O
(1,2;1)	O	μ_{2}	O	$-(\mu_{12}+\mu_{2})$	μ_{12}
(0,2)	O	O	μ_{2}	O	$-\mu_{2}$

Mit den gegebenen Systemparametern erhalten wir:

$$
\Pi = \begin{pmatrix}
-0.4 & 0.4 & 0 & 0 & 0 \\
0 & -0.4 & 0.4 & 0 & 0 \\
0.4 & 0 & -0.8 & 0.4 & 0 \\
0 & 0.4 & 0 & -0.8 & 0.4 \\
0 & 0 & 0.4 & 0 & -0.4
\end{pmatrix}
$$

Schritt 3: Mit $\Delta = \dfrac{1}{\max |\pi_{ii}|} = \dfrac{1}{0.8} = 1.25$

ergibt sich für die invariante Matrix

$$
(\Pi^{T}\Delta+I) = \begin{pmatrix}
0.5 & 0 & 0.5 & 0 & 0 \\
0.5 & 0.5 & 0 & 0.5 & 0 \\
0 & 0.5 & 0 & 0 & 0.5 \\
0 & 0 & 0.5 & 0 & 0 \\
0 & 0 & 0 & 0.5 & 0.5
\end{pmatrix}
$$

Schritt 4: Ein geeigneter Anfangsvektor ist

$$
p^{(0)} = \begin{pmatrix}
p(2,1;0) \\
p(1,2;0) \\
p(1,1;1) \\
p(1,2,1) \\
p(0,2)
\end{pmatrix} = \begin{pmatrix}
0,2 \\
0,2 \\
0,2 \\
0,2 \\
0,2
\end{pmatrix}
$$

Schritt 5: Für die ersten 8 Iterationsschritte erhalten wir:

Iteration	(2,1;0)	(2,2;0)	(1,1;1)	(1,2;1)	(0,2)
0	0.2	0.2	0.2	0.2	0.2
1	0.2	0.3	0.2	0.1	0.2
2	0.2	0.3	0.25	0.1	0.15
3	0.225	0.3	0.225	0.125	0.125
4	0.225	0.325	0.2125	0.1125	0.125
5	0.2118	0.3313	0.225	0.1063	0.1188
6	0.2219	0.3281	0.225	0.1125	0.1125
7	0.2234	0.3314	0.2203	0.1125	0.1125
8	0.2219	0.3336	0.2219	0.1102	0.1125

Schritt 6: Die Berechnung weiterer Leistungsparameter erfolgt
wie in Beispiel 5.1 und wird dem Leser als Übungsaufgabe empfohlen. Ausgangspunkt sind wieder die Randwahrscheinlichkeiten:

$$p_1(0)=p_2(2)=p(0,2) = 0.111$$
$$p_1(1)=p_2(1)=p(1,1;1)+p(1,2;1) = 0.333$$
$$p_1(2)=p_2(0)=p(2,1;0)+p(2,2;0) = 0.555$$

5.2 Die direkte numerische Methode

Auch bei der direkten numerischen Methode gehen wir von der globalen Gleichgewichtsgleichung in der Form von Gl.(5.4) aus mit
der zusätzlichen Bedingung

$$\sum_i p_i = 1 \tag{5.6}$$

Gl.(5.4) und Gl.(5.6) können wir zusammenfassen, indem wir die
letzte Zeile von Π^T durch Einsen ersetzen und das letzte Element
von $\underline{0}$ ebenfalls durch eine Eins. Das sich hieraus ergebende Gleichungssystem

$$\Pi^* \cdot \underline{p} = \underline{0} \tag{5.7}$$

kann nun z.B. mit dem Gauß'schen Algorithmus nach $\underline{p}$ aufgelöst
werden.
Wir wollen Beispiel 5.1 noch einmal aufgreifen und die Zustands-
wahrscheinlichkeiten zum Vergleich mit der direkten numerischen
Methode bestimmen.
Für Π^* erhalten wir aus Π:

$$\Pi^* = \begin{bmatrix} -0.2 & 0.4 & 0 & 0 \\ 0.2 & -0.6 & 0.4 & 0 \\ 0 & 0.2 & -0.6 & 0.4 \\ 1 & 1 & 1 & 1 \end{bmatrix}$$

Das Gleichungssystem kann z.B. mit Hilfe des Gauß-Algorithmus
gelöst werden:

$$p(3,0) = \underline{0.5333} \qquad p(1,2) = \underline{0.1333}$$
$$p(2,1) = \underline{0.2667} \qquad p(0,3) = \underline{0.0667}$$

Welches der beiden Verfahren bevorzugt werden sollte, ist nicht
eindeutig zu entscheiden. Es hängt u.a. davon ab, welche Möglichkeiten beim verwendeten Rechner zur Matrizenmultiplikation bzw.

Lösung von linearen Gleichungssystemen bestehen.

Im allgemeinen wird die iterative Methode verwendet. Sie benötigt
weniger Speicherplatz als die direkte Methode, da die Matrix
$(\Pi^T\Delta+I)$ einmal gespeichert und durch die Iteration nicht verändert wird, während bei der direkten Methode die Nullelemente der
ursprünglichen Matrix Π^* durch Nichtnullelemente ersetzt werden.
Allerdings benötigt die iterative Methode mehr Rechenzeit bei einer
gewünschten Genauigkeit als die direkte Methode. Für beide Methoden gilt, daß die Aufstellung der Matrix Π sehr zeitaufwendig und
die Speicherung dieser Matrix problematisch ist, da der Zustandsraum für umfangreichere Systeme und bei einer großen Anzahl von
Aufträgen sehr groß werden kann.

5.3 Die rekursive numerische Methode

Auch bei der rekursiven numerischen Methode gehen wir von Gl.(5.4)
aus. Die Grundidee ist: Es existiert eine Teilmenge der Zustandswahrscheinlichkeiten, die wir als Grenzwahrscheinlichkeiten bezeichnen. Sind diese Grenzwahrscheinlichkeiten bekannt, kann das
Gesamtsystem effektiv rekursiv gelöst werden (/HERZ 75/). Wir
gehen dabei in drei Schritten vor:

1) Reduktionsschritt:

   Festlegen der Grenzwahrscheinlichkeiten und Herleitung von Beziehungen für die übrigen Zustandswahrscheinlichkeiten als
   Funktion der Grenzwahrscheinlichkeiten. Man erhält dadurch
   ein reduziertes Gleichungssystem für die Grenzwahrscheinlichkeiten.

2) Lösungsschritt:

   Das im Reduktionsschritt erhaltene Gleichungssystem wird gelöst.

3) Berechnungsschritt:

   Mit den im Lösungsschritt ermittelten Grenzwahrscheinlichkeiten werden die anderen Zustandswahrscheinlichkeiten und daraus
   andere Leistungsgrößen ermittelt.

Im folgenden werden diese Schritte genauer beschrieben und anschließend an einem Beispiel näher erläutert:

1) Reduktionsschritt:

   Wir betrachten als Beispiel ein System mit einem zweidimensio-
   nalen Zustandsraum mit den Zuständen (i,j), wobei $i=1,2,\ldots,K$

und $j=1,2,\ldots,N$ und den dazugehörigen Zustandswahrscheinlichkeiten $p_{i,j}$. Die Grenzzustände seien (K,γ) mit $\gamma=1,2,\ldots,N$.
Um die Anzahl der Gleichungen zu reduzieren, wird eine Substitution eingeführt:

$$p_{i,j} = \sum_{\gamma=1}^{N} c_{i,j}^{\gamma} \, p_{K,\gamma} \tag{5.8}$$

Die Koeffizienten $c_{i,j}^{\gamma}$ können rekursiv bestimmt werden durch
Einsetzen von Gl.(5.8) in $N(K-1)$ der $N \cdot K$ Gleichungen des ursprünglichen Systems und der Annahme: $p_{K,\gamma}=1$, $p_{K,\zeta} = 0$ für
$\zeta \neq \gamma$. Danach wird die Substitution Gl.(5.8) in die verbleibenden $(N-1)$ unabhängigen Gleichungen und die Normalisierungsbedingung

$$\sum_{i} \sum_{j} p_{i,j} = 1 \tag{5.9}$$

eingesetzt. Es ergibt sich ein Gleichungssystem mit den N unbekannten Grenzwahrscheinlichkeiten $p_{K,\gamma}$ anstelle der $N \cdot K$ unbekannten Zustandswahrscheinlichkeiten.

2. Lösungsschritt:
   Zur Lösung des im Reduktionsschritt ermittelten reduzierten
   Gleichungssystems kann eines der bekannten Verfahren (Matrix
   Inversion, Gauß-Algorithmus) verwendet werden. Mit den berech-
   neten Grenzwahrscheinlichkeiten $p_{K,\gamma}$ kann jetzt ein weiterer
   Reduktionsschritt durchgeführt werden. Dies kann gegebenenfalls
   zur Verringerung des Fehlers mehrfach wiederholt werden.

3. Berechnungsschritt:
   Das ursprüngliche Gleichungssystem wird mit den jetzt bekann-
   ten Grenzwahrscheinlichkeiten rekursiv gelöst und damit alle
   Zustandswahrscheinlichkeiten bestimmt.

Beispiel 5.3a

Als Beispiel wählen wir ein $H_2/M/1$-System, für das keine Produktformlösung existiert. Die Zwischenankunftszeiten haben eine 2-Pha-
sen Hyperexponentialverteilung mit zustandsabhängigen Ankunfts-
raten $\lambda_{i,1}, \lambda_{i,2}$. Die Bedienzeiten sind exponentiell verteilt mit
zustandsabhängigen Bedienraten μ_i. Das System befinde sich im
stationären Zustand und der Knoten besitzt $(K-1)$ Plätze im Warteraum. Der Zustand (i,j) bedeutet hier, daß i Aufträge im System

sind und der Ankunftsprozeß sich in der Phase j befindet. In
Fig. 5.2 ist das Zustandsübergangsdiagramm für dieses System
dargestellt (b_i Verzweigungswahrscheinlichkeiten):

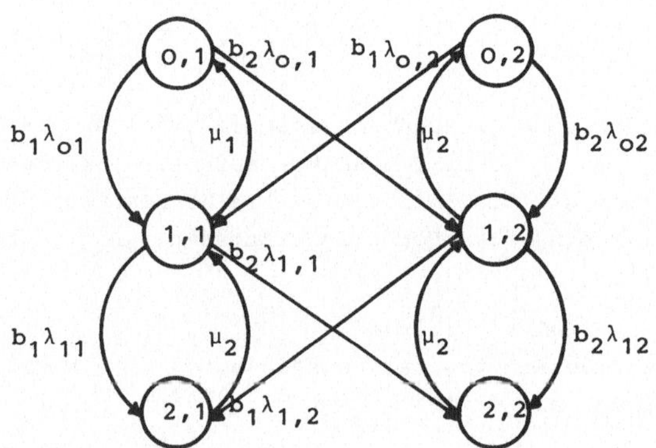

Fig. 5.2   Zustandsübergangsdiagramm für ein $M/H_2/1$-System
            mit K=2, N=2 b_1=0.5 und b_2=0.5

Aus Fig. 5.2 erhalten wir das folgende rekursive Gleichungssystem:

$$p_{i+1,j} = \frac{\mu_i+\lambda_{i,j}}{\mu_i+1} \cdot p_{i,j} - b_j \cdot \frac{\lambda_{i-1,1}}{\mu_{i+1}} \cdot p_{i-1,1}$$
$$- b_j \cdot \frac{\lambda_{i-1,2}}{\mu_{i+1}} \cdot p_{i-1,2}$$

(5.10)

mit:

$$i=0,1,2, \qquad j=1,2$$
$$\lambda_{i,j} = 0 \quad \text{für } i=2$$
$$\mu_i = 0 \quad \text{für } i=0$$
$$p_{i,j} = 0 \quad \text{für } i<0 \text{ und } i>K$$

1. Reduktionsschritt:

   Wir führen die Substitution Gl.(5.8) ein mit den Grenzwerten
   $P_{o,1}$ und $P_{o,2}$:

$$p_{i,j} = c^1_{i,j} \cdot P_{o,1} + c^2_{i,j} \cdot P_{o,2}$$

(5.11)

und erhalten dadurch mit Gl.(5.10) ein Gleichungssystem zur
Ermittlung der Koeffizienten $c^\gamma_{i,j}$ (γ=1,2;i=0,1,2) ausgehend

von den Grenzwerten $c^1_{o,1}=c^2_{o,2}=1$; $c^2_{o,1}=c^1_{o,2}=0$, die sich aus
Gl.(5.11) und den Grenzwerten $p_{o,1}=1$, $p_{o,2}=0$ und $p_{o,1}=0$,
$p_{o,2}=1$ ergeben, und $c_{i,j}=0$ für $i<0$:

$$c^\nu_{i+1,j} = \frac{\mu_i+\lambda_{i,j}}{\mu_{i+1}}\, c^\nu_{i,j} - b_j\, \frac{\lambda_{i-1,j}}{i+1}\, c^\nu_{i-1,1} - b_j\, \frac{\lambda_{i-1,2}}{i+1}\, c^\nu_{i-1,2}$$

$$(5.12)$$

Um das reduzierte Gleichungssystem zu erhalten, in dem nur
noch $p_{o,1}$ und $p_{o,2}$ als Unbekannte auftreten, setzen wir die
Substitution Gl.(5.11) in die verbleibenden zwei unabhängigen
Gleichungen ein, (die Normalisierungsbedingung, Gl.(5.9))

$$\sum_{i=o}^{2} \sum_{j=1}^{2} p_{i,j} = 1 \qquad\qquad (5.13)$$

und der zur Bestimmung der Koeffizienten $c^\nu_{i,j}$ nicht benötigten Gleichung aus (5.10)

$$p_{3,j}=0=\mu_2\, p_{2,j} - b_j\, \lambda_{1,1}\, p_{1,1} - b_j\, \lambda_{1,2}\, p_{1,2}$$

$$(5.14)$$
$$j=1,2$$

Wir können nur eine der beiden Gleichungen verwenden, da die
andere linear abhängig ist und erhalten:

$$p_{o,1} \sum_{i=o}^{2} \sum_{j=1}^{2} c^1_{i,j} + p_{o,2} \sum_{i=o}^{2} \sum_{j=1}^{2} c^2_{i,j} = 1 \qquad (5.15)$$

und

$$p_{o,1}[\mu_2\, c^1_{2,1} - b_1\, \lambda_{1,1}\, c^1_{1,1} - b_1\, \lambda_{1,2}\, c^1_{1,2}] +$$
$$+ p_{o,2}[\mu_2\, c^2_{2,1} - b_1\, \lambda_{1,1}\, c^2_{1,1} - b_1\, \lambda_{1,2}\, c^2_{1,2}] = 0 \qquad (5.16)$$

2. Lösungsschritt:

Gleichung (5.16) wird nach $p_{o,2}$ aufgelöst und in Gl.(5.15) eingesetzt; das ergibt:

$$p_{o,1} = (S_1+f_2 \cdot S_2)^{-1} \qquad\qquad (5.17)$$

mit

$$S_1 = \sum_{i=o}^{2} \sum_{j=1}^{2} c^1_{i,j} \quad \text{und} \quad S_2 = \sum_{i=1}^{2} \sum_{j=1}^{2} c^2_{i,j} \qquad (5.18)$$

und

$$f_2 = -\frac{\mu_2 c^1_{2,1} - b_1\, \lambda_{1,1}\, c^1_{1,1} - b_1\, \lambda_{1,2}\, c^1_{1,2}}{\mu_2\, c^2_{2,1} - b_1\, \lambda_{1,1}\, c^2_{1,1} - b_1\, \lambda_{1,2}\, c^2_{1,2}} \qquad (5.19)$$

$$P_{o,2} = f_2 \, P_{o,1} \qquad\qquad (5.20)$$

3. Berechnungsschritt:

Die im Lösungsschritt ermittelten aktuellen Werte von $P_{o,1}$ und $P_{o,2}$ ermöglichen jetzt eine rekursive Ermittlung der übrigen Zustandswahrscheinlichkeiten aus Gl.(5.10), mit denen dann alle interessierenden Leistungsgrößen bestimmt werden können.

Ein konkretes Zahlenbeispiel soll jetzt diese Vorgehensweise noch weiter verdeutlichen:

Beispiel 5.3b

Wir betrachten unser $H_2/M/1$-System mit begrenztem Warteraum. Die maximale Anzahl der Aufträge sei dadurch auf $K=2$ beschränkt. Die Verzweigungswahrscheinlichkeiten sind $b_1=b_2=0.5$ und die zustands-abhängigen Ankunfts- und Bedienraten:

$$\lambda_{o,1}=0.8 \text{ sec}^{-1} \qquad \lambda_{1,2}=0.6 \text{ sec}^{-1} \qquad \mu_1=0.9 \text{ sec}^{-1}$$
$$\lambda_{o,2}=0.6 \text{ sec}^{-1} \qquad \lambda_{1,2}=0.4 \text{ sec}^{-1} \qquad \mu_2=1 \text{ sec}^{-1}$$

Zuerst werden die Koeffizienten $c_{i,j}^{\nu}$ ausgehend von $c_{o,1}^1=c_{o,2}^2=1$ und $c_{o,1}^2=c_{o,2}^1=0$ mit Gl.(5.12) ermittelt:

$$c_{1,1}^1 = \frac{\lambda_{o,1}}{\mu_1} \, c_{o,1}^1 = \underline{0.8859}$$

$$c_{1,2}^1 = \frac{\mu_1+\lambda_{1,2}}{\mu_1} \, c_{o,2}^1 = \underline{0}$$

$$c_{2,1}^1 = \frac{\mu_1+\lambda_{1,1}}{\mu_2} \, c_{1,1}^1 - b_1 \frac{\lambda_{o,1}}{\mu_2} \, c_{o,1}^1 - b_1 \frac{\lambda_{o,2}}{\mu_2} \, c_{o,2}^1 = \underline{0.9333}$$

$$c_{2,2}^1 = \frac{\mu_1+\lambda_{1,2}}{\mu_2} \, c_{1,2}^1 - b_2 \frac{\lambda_{o,1}}{\mu_2} \, c_{o,1}^1 - b_2 \frac{\lambda_{o,2}}{\mu_2} \, c_{o,2}^1 = \underline{-0.4}$$

Entsprechend ergibt sich für die Koeffizienten $c_{i,j}^2$:

$$c_{11}^2 = \underline{0} \qquad\qquad c_{21}^2 = \underline{-0.3}$$
$$c_{12}^2 = \underline{0.6667} \qquad\qquad c_{22}^2 = \underline{0.5667}$$

Mit Gleichung (5.18) können wir jetzt die beiden Summen

$$S_1 = c_{1,1}^1 + c_{1,2}^1 + c_{2,1}^1 + c_{2,2}^1 = \underline{2.4222}$$

$$S_2 = c_{1,1}^2 + c_{1,2}^2 + c_{2,1}^2 + c_{2,2}^2 = \underline{1.9334}$$

und mit Gl.(5.19) die Hilfsgröße f_2:

$$f_2 = \underline{1.5383}$$

bestimmen, die es uns ermöglichen, mit Gl.(5.14) und Gl.(5.20) die Grenzwahrscheinlichkeiten zu ermitteln.

$$P_{O,1} = (S_1 + f_2 \cdot S_2)^{-1} = \underline{0.1853}$$

$$P_{O,2} = f_2 \cdot P_{O,1} \quad = \underline{0.2851}$$

Die restlichen Zustandswahrscheinlichkeiten ergeben sich aus Gl. (5.10) und $P_{O,1}$ und $P_{O,2}$:

$$P_{11} = \underline{0.1647} \qquad P_{12} = \underline{0.1901}$$
$$P_{21} = \underline{0.0874} \qquad P_{22} = \underline{0.0875}$$

Damit können wir jetzt auch andere Leistungsgrößen wie z.B. die Auslastung:

$$\rho = 1 - (P_{O,1} + P_{O,2}) = \underline{0.5296}$$

oder die

mittlere Anzahl von Aufträgen in dem Knoten

$$\bar{k} = \sum_{i=1}^{2} \sum_{j=1}^{2} i \cdot P_{i,j} = P_{1,1} + P_{2,2} + 2(P_{21} + P_{22}) = \underline{0.7046}$$

bestimmen.

In einem weiteren Beispiel wollen wir die Anwendung der Methode auf ein einfaches Warteschlangennetz zeigen.

Beispiel 5.4

Als zweites Beispiel wählen wir ein zyklisches System mit 2 Knoten, deren Bedienzeiten Cox-verteilt sind (Fig. 5.3).

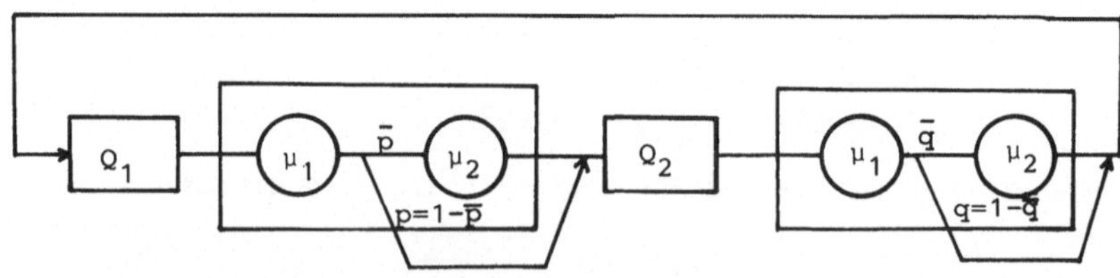

Fig. 5.3 Zyklisches Warteschlangennetz mit coxverteilten Bedienzeiten

Wir machen die folgenden Annahmen:

- Die Anzahl der Aufträge ist K
- Die Warteschlangendisziplin ist FCFS
- Die Bedienraten im Knoten 1 sind μ_1 in Phase 1 und μ_2 in Phase 2 und entsprechend λ_1 und λ_2 im Knoten 2
- Die Wahrscheinlichkeit, daß ein Auftrag den Knoten nach Phase 1 verläßt, ist p in Knoten 1 und q in Knoten 2.
- Sind für die Bedienzeiten Mittelwert und Variationskoeffizient gegeben, so können mit Gl.(2.28-2.29) die Bedienraten und Verzweigungswahrscheinlichkeiten der Cox-Verteilung ermittelt werden.
- Die Zustände des Systems werden durch das Tripel (i,j,k) gekennzeichnet mit:

  i=1,2   Bedienphase im Knoten 1

  j=1,2   Bedienphase im Knoten 2

  k=0,1,...,K Anzahl der Aufträge im Knoten 1
- p(i,j,k) = P (Netz befindet sich im Zustand (i,j,k))

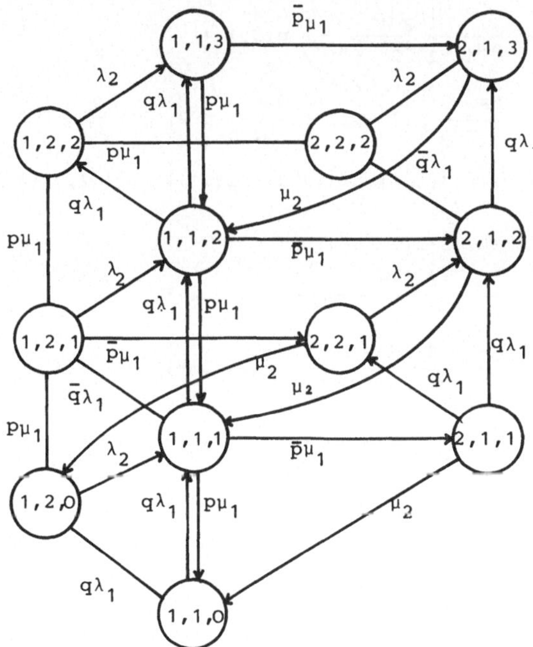

Fig. 5.4   Übergangsdiagramm

Mit diesen Annahmen und Fig.5.3 ergibt sich das Übergangsdiagramm (Fig. 5.4) für das zyklische Warteschlangennetz für K=3.

Aus diesem Übergangsdiagramm können die globalen Gleichgewichtsgleichungen ermittelt werden und durch geeignete Umformung dieser Gleichungen ergibt sich der folgende Algorithmus A zur rekursiven Bestimmung der Zustandswahrscheinlichkeiten p(i,j,k) ausgehend von Grenzwahrscheinlichkeiten p(1,1,0) und p(1,2,0) (/SAUE 75a,81/).

1. Initialisierung (k=1)

$$p(1,1,1) = \frac{\lambda_1}{p\mu_1 + \bar{p}\mu_1\mu_2/(\mu_2+\lambda_1)}\ p(1,1,0)$$

$$p(2,1,1) = \frac{\bar{p}\mu_1}{\mu_2+\lambda_1}\ p(1,1,1)$$

$$p(1,2,1) = \frac{\lambda_2}{p\mu_1 + \bar{p}\mu_1\mu_2/(\mu_2+\lambda_2)}\ p(1,2,0)\ -$$

$$\frac{\bar{q}\lambda_1}{p\mu_1 + \bar{p}\mu_1\mu_2/(\mu_2+\lambda_2)}\ p(1,1,0)\ -$$

$$\frac{\bar{q}\mu_2\lambda_1}{p\mu_1(\mu_2+\lambda_2) + \bar{p}\mu_1\mu_2}\ p(2,1,1)$$

$$p(2,2,1) = \frac{\bar{p}\mu_1}{\mu_2+\lambda_2}\ p(1,2,1)\ +\ \frac{\bar{q}\lambda_1}{\mu_2+\lambda_2}\ p(2,1,1)$$

$$S = p(1,1,0)+p(1,2,0)+p(1,1,1)+p(2,1,1)+p(1,2,1)+p(2,2,1)$$

2. Iteration (k=2,3,....,K-1)

$$p(1,1,k) = \frac{\lambda_1+\mu_1}{p\mu_1 + \bar{p}\mu_1\mu_2/(\mu_2+\lambda_1)}\ p(1,1,k-1)\ -$$

$$\frac{\mu_2\ q\lambda_1}{(\mu_2+\lambda_1)p\mu_1 + \bar{p}\mu_1\mu_2}\ p(2,1,k-1)\ -$$

$$\frac{\mu_2\lambda_2}{(\mu_2+\lambda_1)p\mu_1 + \bar{p}\mu_1\mu_2}\ p(2,2,k-1)\ -$$

$$\frac{q\lambda_1}{p\mu_1 + \bar{p}\mu_1\mu_2/(\mu_2+\lambda_1)}\ p(1,1,k-2)\ -$$

$$\frac{\lambda_2}{p\mu_1 + \bar{p}\mu_1\mu_2/(\mu_2+\lambda_1)}\ p(1,2,k-2)$$

$$p(2,1,k) = \frac{\bar{p}\mu_1}{\mu_2+\lambda_1}\, p(1,1,k) + \frac{q\lambda_1}{\mu_2+\lambda_1}\, p(2,1,k-1) +$$

$$\frac{\lambda_2}{\mu_2+\lambda_1}\, p(2,2,k-1)$$

$$p(1,2,k) = \frac{\mu_1+\lambda_2}{p\mu_1+\bar{p}\mu_1\mu_2/(\mu_2+\lambda_2)}\, p(1,2,k-1) -$$

$$\frac{\mu_2\,\bar{q}\lambda_1}{(\mu_2+\lambda_2)p\mu_1+\bar{p}\mu_1\mu_2}\, p(2,1,k) -$$

$$\frac{\bar{q}\lambda_1}{p\mu_1+\bar{p}\mu_1\mu_2/(\mu_2+\lambda_2)}\, p(1,1,k-1)$$

$$p(2,2,k) = \frac{\bar{p}\mu_1}{\mu_2+\lambda_2}\, p(1,2,k) + \frac{\bar{q}\lambda_1}{\mu_2+\lambda_2}\, p(2,1,k)$$

$$S = S + p(1,1,k)+p(2,1,k)+p(1,2,k)+p(2,2,k)$$

3. $k=K$

$$p(1,1,K) = \frac{\lambda_1+\mu_1}{\mu_1}\, p(1,1,K-1) - \frac{\lambda_2}{\mu_1}\, [p(2,2,K-1)+p(1,2,K-2)] -$$

$$- \frac{q\lambda_1}{\mu_1}\, [p(2,1,K-1)+p(1,1,K-2)]$$

$$p(2,1,K) = \frac{\bar{p}\mu_1}{\mu_2}\, p(1,1,K)+ \frac{q\lambda_1}{\mu_2}\, p(2,1,K-1)+ \frac{\lambda_2}{\mu_2}\, p(2,2,K-1)$$

$$S = S+p(1,1,K)+p(2,1,K)$$

$$D = p(1,2,K-1) - \frac{\bar{q}\lambda_1}{\mu_1+\lambda_2}\, p(1,1,K-1)$$

Zur Bestimmung der Zustandswahrscheinlichkeiten mit der rekursiven
Methode gehen wir jetzt folgendermaßen vor:

1. Reduktionsschritt:

   Wir setzen die Grenzwahrscheinlichkeiten zunächst $p(1,1,0)=1$
   und $p(1,2,0)=0$ und berechnen mit dem rekursiven Algorithmus
   A S_1 und D_1. Danach setzen wir $p(1,1,0)=0$, $p(1,2,0)=1$ und berechnen S_2 und D_2.

2. Lösungsschritt:

   Mit Hilfe des Gleichungssystems

$$\begin{pmatrix} D_1 & D_2 \\ S_1 & S_2 \end{pmatrix} \begin{pmatrix} p(1,1,0) \\ p(1,2,0) \end{pmatrix} = \begin{pmatrix} 0 \\ 1 \end{pmatrix} \qquad (5.21)$$

können jetzt die Grenzwahrscheinlichkeiten $p(1,1,0)$ und $p(1,2,0)$ ermittelt werden.

3. Berechnungsschritt:

Mit den jetzt bekannten Zustandswahrscheinlichkeiten $p(1,1,0)$ und $p(1,2,0)$ werden alle übrigen Zustandswahrscheinlichkeiten errechnet, indem der Algorithmus ein weiteres Mal durchlaufen wird.

Auch für diesen Fall sei zur Verdeutlichung ein Zahlenbeispiel durchgeführt:

Die Anzahl der Aufträge ist $K=2$, die mittleren Bedienzeiten $\bar{x}_1=1.4$ und $\bar{x}_2=1.2$ sec und die Variationskoeffizienten $c_1=1,2$ und $c_2=1,3$.

Mit den Gleichungen (2.28, 2.29) werden die Parameter der Coxverteilungen berechnet.

$$p = c_1^2 \left(1 - \sqrt{1 - \frac{2}{1+c_1^2}}\right) = \underline{0.8285}$$

$$\bar{p} = 1-p = \underline{0.1715}$$

$$q = c_2^2 \left(1 - \sqrt{1 - \frac{2}{1+c_2^2}}\right) = \underline{0.8341}$$

$$\bar{q} = 1-q = \underline{0.1659}$$

$$\mu_1 = \frac{1 + \sqrt{1 - \frac{2}{1+c_1^2}}}{\bar{x}_1} = \underline{1.0176}$$

$$\mu_2 = \frac{1 - \sqrt{1 - \frac{2}{1+c_1^2}}}{\bar{x}_1} = \underline{0.4110}$$

$$\lambda_1 = \frac{1 + \sqrt{1 - \frac{2}{1+c_2^2}}}{\bar{x}_2} = \underline{1.2554}$$

$$\lambda_2 = \frac{1-\sqrt{1 - \frac{2}{1+c_2^2}}}{\bar{x}_2} = \underline{0.4113}$$

1. Reduktionsschritt:

   Wir setzen

$$p(1,1,0)=1 \quad \text{und} \quad p(1,2,0)=0$$

   Anwendung von Algorithmus A ergibt:
   Initialisierung (k=1)

$$p(1,1,1) = 1.4167 \ p(1,1,0) = \underline{1.4167}$$

$$p(2,1,1) = 0.1047 \ p(1,1,1) = \underline{0.1484}$$

$$p(1,2,1) = 0.4421 \ p(1,2,0)-0.2239 \ p(1,1,0)-0.1119 \ p(2,1,1) =$$
$$= \underline{-\ 0.2405}$$

$$p(2,2,1) = 0.2122 \ p(1,2,1)+0.2533 \ p(2,1,1) = \underline{-\ 0.0134}$$

   Für S ergibt sich:

$$S = p(1,1,0)+p(1,2,0)+p(1,1,1)+p(2,1,1)+p(1,2,1)+p(2,2,1) =$$
$$= \underline{2.3112}$$

   Die Iteration (k=2,...,K-1) entfällt, da K=2.

   k = K = 2

$$p(1,1,2) = 2.3337 \ p(1,1,1)-1.0290 \ (p(2,1,1)+p(1,1,0)) -$$
$$- 0.4042 \ (p(2,2,1+p(1,2,0)) = \underline{1.9882}$$

$$p(2,1,2) = 0.4246 \ p(1,1,2)+2.5478 \ p(2,1,1)+1.0007 \ p(2,2,1)=$$
$$= \underline{1.2089}$$

$$S_1 = S+p(1,1,2)+p(2,1,2) = \underline{5.5083}$$

$$D_1 = p(1,2,1) - \frac{\bar{q}\lambda_1}{\mu_1+\lambda_2} \ p(1,1,1) = -0.2405-0.1408 \ p(1,1,1) =$$
$$= -\ \underline{0.4470}$$

   Jetzt nehmen wir für die Grenzwahrscheinlichkeiten an:

$$p(1,1,0)=0 \quad \text{und} \quad p(1,2,0)=1$$

   und erhalten mit Algorithmus A:

$$p(1,1,1) = \underline{0}$$
$$p(2,1,1) = \underline{0}$$

$$p(1,2,1) = \underline{0.4421}$$

$$p(2,2,1) = \underline{0.0938}$$

$$S = p(1,1,0)+p(1,2,0)+p(1,1,1)+p(2,1,1)+p(1,2,1)+p(2,2,1) =$$
$$= \underline{1.5359}$$

$$p(1,1,2) = \underline{-\ 0.4421}$$

$$p(2,1,2) = \underline{-\ 0.0938}$$

$$S_2 = S+p(1,1,2)+p(2,1,2) = \underline{1}$$

$$D_2 = \underline{0.4421}$$

2. Lösungsschritt:

Mit Gl.(5.21) können wir jetzt die Grenzwahrscheinlichkeiten bestimmen:

$$-\ 0.4470\ p(1,1,0)+\ 0.4421\ p(1,2,0) = 0$$
$$5.5083\ p(1,1,0)+\ p(1,2,0) \qquad\qquad = 1$$

Es ergibt sich:
$$p(1,1,0) = \underline{0.1534}$$
$$p(1,2,0) = \underline{0.1551}$$

3. Berechnungsschritt:

Mit diesen Werten für $p(1,1,0)$ und $p(1,2,0)$ und Algorithmus A ergibt sich für die anderen Zustandswahrscheinlichkeiten:

$$p(1,1,1) = 1.4167\ p(1,1,0) = \underline{0.2173}$$

$$p(2,1,1) = 0.1047\ p(1,1,1) = \underline{0.0228}$$

$$p(1,2,1) = 0.4421\ p(1,2,0)\ p(1,2,0)-\ 0.2239\ p(1,1,0)-$$
$$-\ 0.1119\ p(2,1,1) = \underline{0.0317}$$

$$p(2,2,1) = 0.2122\ p(1,2,1)+\ 0.2533\ p(2,1,1) = \underline{0.0125}$$

$$p(1,1,2) = 2.2337\ p(1,1,1)-\ 1.0290(p(2,1,1)+p(1,1,0))\ -$$
$$-\ 0.4042(p(2,2,1)+p(1,2,0)) = \underline{0.2363}$$

$$p(2,1,2) = 0.4246\ p(1,1,2)+\ 2.5478\ p(2,1,1)+$$
$$+\ 1.0007\ p(2,2,1) = \underline{0.1709}$$

Damit können jetzt unmittelbar auch die Randwahrscheinlichkeiten und daraus alle Leistungsparameter bestimmt werden.

Prinzipiell läßt sich diese Methode, genau wie die anderen numerischen Methoden, ausgehend von Gl.(5.4) für alle Systeme mit endlichem Zustandsraum universell einsetzen. In /HERZ 75/ wird z.B. die Anwendung auf ein M/G/1 vorgestellt. Auch für $M/H_k/1$; $H_2/E_k/1$; GI/G/1; GI/M/m und M/M/m-Systemen kann die rekursive Methode effizient eingesetzt werden. /SAUE 75a,b,81/ hat dieses Verfahren auf weitere Warteschlangennetze angewandt.

Im Vergleich zu den anderen numerischen Methoden ist die rekursive Technik leicht zu programmieren und hat keinen großen Speicherbedarf. Sie erfordert aber einen großen Aufwand an Rechenzeit für umfangreiche Netze.

Aufgabe 5.1

Für ein Warteschlangennetz mit N=3 Knoten, K=2 Aufträgen, exponentieller Bedienzeitverteilung und den Werten:

$$\mu_1 = 0.8 \text{ sec}^{-1} \qquad \mu_2 = 0.4 \text{ sec}^{-1} \qquad \mu_3 = 0.3 \text{ sec}^{-1}$$

$$p_{12} = 0.6 \qquad p_{13} = 0.4 \qquad p_{21} = p_{31} = 1$$

sollen

a) alle möglichen Zustände
b) das Zustandsübergangsdiagramm
c) die Matrix Π der Übergangsraten

  angegeben werden und hieraus mit

d) der iterativen numerischen Methode und
e) der direkten numerischen Methode

  die Zustandswahrscheinlichkeiten und alle anderen Leistungsgrößen berechnet werden.

Aufgabe 5.2

Das Beispiel 5.1 soll mit der rekursiven numerischen Methode behandelt werden.

Aufgabe 5.3

Für das Beispiel 5.4 sollen alle Zustandswahrscheinlichkeiten K=3 mit der rekursiven Methode ermittelt werden.

6 Approximative Analyse

Wie wir im Kapitel 4 gezeigt haben, können exakte Lösungen nur
unter bestimmten Annahmen erhalten werden, die für heutige Rechensysteme häufig nicht realistisch genug sind. Für Modelle, in denen
z.B. die Knoten hyperexponentielle Bedienzeitverteilung und FCFS
oder Prioritätsstrategien haben oder Blockierung von Knoten aufgrund der Endlichkeit von Warteschlangen vorkommt oder die Paral-
lelbearbeitung eines Auftrags in mehreren Knoten stattfindet, ist
die exakte Analyse nicht anwendbar und die numerische Analyse sehr
aufwendig.

Solche Modelle müssen approximativ untersucht werden. Wir werden
uns in diesem Kapitel mit den wichtigsten Approximationsverfahren
befassen.

6.1 Diffusionsapproximation

Wir möchten zunächst die Idee der Diffusionsapproximation kurz
skizzieren:

Der diskrete Prozeß $k_i(t)$ (Anzahl der Aufträge im i-ten Knoten
zum Zeitpunkt t) wird auf einen kontinuierlichen Prozeß (Diffusionsprozeß) $x_i(t)$ abgebildet und für die Schwankungen der Anzahl
der Aufträge in einem Zeitintervall wird eine Normalverteilung
angenommen. Für den Gleichgewichtsfall wird dann die Dichtefunktion $f_i(x)$ dieses Diffusionsprozesses bestimmt. Die Wahrschein-
lichkeitsverteilung des kontinuierlichen Prozesses (Diffusionsprozesses) kann dann durch die sogenannte Fokker-Planck-Gleichung
beschrieben werden. Die Lösung dieser Gleichung unter bestimmten
Randbedingungen führt dann zur Dichtefunktion. Eine Diskretisierung der Dichtefunktion liefert schließlich die approximativen
produktformähnlichen Zustandswahrscheinlichkeiten $\hat{p}_i(k_i)$ für den
Knoten i.

Am Beispiel eines G/G/1-Systems (beliebig verteilte Ankunftsab-
stände, beliebig verteilte Bedienzeiten und eine Bedieneinheit)
werden wir diese Methode im nächsten Abschnitt erläutern.

6.1.1 Diffusionsapproximation für ein G/G/1-System

Wir betrachten ein G/G/1-System mit der Ankunftsrate λ und der
Bedienrate μ und den Varianzen var[a] und var[s].

Nach /KOBA 74a/ erhalten wir die folgenden approximativen produktformähnlichen Zustandswahrscheinlichkeiten:

$$\hat{p}(k) = \begin{cases} 1-\rho & k=0 \\ & \text{für} \\ \rho(1-\hat{p})\hat{p}^{\,k-1} & k>0 \end{cases} \qquad (6.1)$$

wobei

$$\rho = \frac{\lambda}{\mu} < 1 \quad \text{exakte Auslastung}$$

$$\hat{p} = \exp\left\{\frac{-2(1-\rho)}{c_s^2+c_a^2\rho}\right\} \qquad \text{approximative Auslastung} \qquad (6.2)$$

$$c_a^2 = \text{var}[a]\,\lambda^2 \qquad \text{quadrierter Variationskoeffizient} \atop \text{für die Zwischenankunftszeit}$$

$$c_s^2 = \text{var}[s]\,\mu^2 \qquad \text{quadrierter Variationskoeffizient} \atop \text{der Bedienzeit}$$

Beweis

Sei $k(t)$ die Anzahl von Aufträgen im System zum Zeitpunkt t und $A(t)$ die Anzahl der Ankünfte in das System und $D(t)$ die Anzahl der Abgänge aus dem System im Zeitintervall $[0,t]$. Der diskrete Prozeß $k(t)$ ist dann durch

$$k(t) = A(t)- D(t)$$

definiert und die Änderung des diskreten Prozesses $k(t)$ zwischen der Zeit t und $t+\Delta T$ ergibt sich zu

$$\Delta k(t) = \Delta A(t)- \Delta D(t)$$

Der Prozeß $k(t)$ ist näherungsweise normalverteilt. Um dies zu beweisen, müssen wir zeigen, daß $A(t)$ und $D(t)$ näherungsweise normalverteilt sind. Dafür definieren wir die folgende Beziehung zwischen dem Ankunftsprozeß $A(t)$ und der Ankunftszeit $t(k)$ des k-Auftrags:

$$P\{A(t)\!>\!K\} = P\{t(k)\!<\!t\} \qquad (6.3)$$

d.h., die Wahrscheinlichkeit, daß der k-te Auftrag vor bzw. mit dem Zeitpunkt t in dem System eingetroffen ist, ist gleich der Wahrscheinlichkeit, daß der Ankunftsprozeß $A(t)$ zum Zeitpunkt t einen Wert von mindestens k hat.

Die Ankunftszeit $t(k)$ des k-ten Auftrags ist aber die Summe von k Zwischenankunftszeiten:

$$t(k) = \sum_{j=1}^{k} t_j$$

wobei t_j unabhängige, identisch verteilte Zufallsvariablen sind.

Damit gilt

$$\bar{t}(k) = \sum_{j=1}^{k} \bar{t}_j = k\,\bar{t}_j = \frac{k}{\lambda}$$

und

$$\text{var}[t(k)] = \sum_{j=1}^{k} \text{var}[t_j] = k\,\text{var}[t_j] = \frac{k \cdot c_a^2}{\lambda^2}$$

Der zentrale Grenzwertsatz besagt, daß $t(k)$ für $k \to \infty$ normalverteilt ist, unter der Voraussetzung, daß die Zufallsvariablen t_j endliche Mittelwerte und Varianzen haben. Formal:

$$\lim_{k \to \infty} P\left\{ \frac{t(k) - \frac{k}{\lambda}}{\frac{k\,c_a^2}{\lambda^2}} < x \right\} = \frac{1}{\sqrt{2\pi}} \int_{\infty}^{x} \exp\{-0.5y^2\}dy$$

Die Zufallsvariable $t(k)$ ist also näherungsweise normalverteilt mit Mittelwert k/λ und Varianz $k \cdot c_a^2/\lambda^2$. Unter Berücksichtigung von (6.3) kann man weiterhin zeigen, daß $A(t)$ näherungsweise normalverteilt ist mit dem Mittelwert $t\lambda$ und Varianz $t \cdot c_a^2 \cdot \lambda$.

Analog kann man zeigen, daß $D(t)$ näherungsweise normalverteilt ist mit Mittelwert $t\mu$ und Varianz $t \cdot c_s^2 \cdot \mu$. Hier geht man davon aus, daß die Wahrscheinlichkeit, daß der k-te Auftrag vor bzw. mit dem Zeitpunkt t fertiggestellt wird, gleich der Wahrscheinlichkeit ist, daß der Abgangsprozeß $D(t)$ zum Zeitpunkt t einen Wert von mindestens k hat. Die Voraussetzung hier ist, daß der Knoten nicht leer wird (heavy-traffic-Annahme), d.h. die Zeit, um k Aufträge fertigzustellen, läßt sich wiederum als Summe von k unabhängigen, identisch verteilten Zufallsvariablen (Bedienzeiten) angeben.

Unter der Annahme, daß der Knoten nie leer wird, ist $D(t)$ unabhängig von $A(t)$, da der Bedienprozeß nicht unterbrochen wird. Die Prozesse $k(t)$ und $\Delta k(t)$ sind dann als lineare Kombination unabhängiger, normalverteilter Prozesse wiederum näherungsweise normalverteilt mit

$$E[\Delta k(t)] = (\lambda - \mu)\,\Delta t = \beta \Delta t$$

$$\text{var}[\Delta k(t)] = (c_a^2\lambda + c_s^2\mu)\Delta t = \alpha \Delta t \tag{6.4}$$

Der diskrete Prozeß $k(t)$ wird nun durch den kontinuierlichen Prozeß (Diffusionsprozeß) $x(t)$ approximiert, dessen Änderungen der Gleichung

$$dx(t) = \beta dt + z(t)\,(\alpha dt)^{1/2} \tag{6.5}$$

gehorchen (/COX 77/). z(t) ist ein weißer Gauß-Prozeß, d.h. die
Zufallsvariablen z(t) sind normalverteilt mit Mittelwert O und
Varianz 1. Der Zuwachs des Prozesses x(t) während eines Zeitintervalls Δt ist eine normalverteilte Zufallsvariable mit Mittelwert
$\beta \Delta t$ und Varianz $\alpha \Delta t$ (Gl.(6.4)).

Sei $f(x_0,x,t)$ die bedingte Dichtefunktion für den Diffusionsprozeß x(t), d.h. $f(x_0,x,t)$ gibt die Wahrscheinlichkeit an, daß im
Zeitpunkt t der Prozeß einen Wert im Intervall [x,x+dx] einnimmt,
unter der Voraussetzung, daß der Prozeß zum Zeitpunkt O den Wert
x_0 hatte.
Mit Hilfe der Gl.(6.5) kann die diesem Prozeß $f(x_0,x,t)$ zugehörige
Diffusionsgleichung (Fokker-Planck-Diffusionsgleichung) abgeleitet werden:

$$\frac{\delta}{\delta t}\, f(x_0,x,t) = \frac{1}{2}\,\alpha\left(\frac{\delta^2}{\delta x^2}\, f(x_0,x,t)\right) - \beta\left(\frac{\delta}{\delta x}\, f(x_0,x,t)\right) \qquad (6.6)$$

Während für den diskreten Prozeß stets $k(t) \geqslant 0$ gilt, wird für den
Diffusionsprozeß mit der Stabilitätsbedingung $\lambda_i < \mu_i$ der Erwartungswert negativ. Daher muß eine Randbedingung an den Diffusionsprozeß gestellt werden, die gewährleisten soll, daß auch für den Diffusionsprozeß stets $x(t) \geqslant 0$ gilt. Eine mögliche Randbedingung ist,
daß bei x=o eine reflektierende Schranke benutzt wird /KOBA 74a,
REIS 74/.
Die Bedingung

$$\int\limits_o^\infty f(x_0,x,\infty)\, dx = 1$$

führt zur Stabilitätsbedingung $\lambda < \mu$ und zur folgenden Randbedingung

$$\frac{1}{2}\alpha\, \frac{\delta}{\delta x}\, f(x_0,x,\infty) - \beta\, f(x_0,x,\infty) = O \text{ bei } x=O \qquad (6.7)$$

Mit dieser Randbedingung wird die Gleichgewichtslösung für die
Diffusionsgleichung (6.6) eindeutig bestimmt wie folgt:

$$f(x)=f(x_0,x,\infty) = \gamma \exp\{-\gamma x\} = \frac{2(1-\rho)}{(c_s+c_a\rho)\exp\{\frac{-2(1-\rho)x}{c_s+c_a\rho}\}} \qquad (6.8)$$

wobei

$$\gamma = \frac{2\beta}{\alpha} \quad \text{und} \quad \rho = \frac{\lambda}{\mu}\,.$$

Jetzt muß die Dichtefunktion f(x) Gl.(6.8) diskretisiert werden.
Dafür wird f(x) über ein Intervall $k<x<k+1$ integriert und eine

approximative Lösung für die Zustandswahrscheinlichkeiten ermittelt:

$$\hat{p}(k) = \int_{k}^{k+1} f(x)\, dx = (1-\hat{\rho})\,\hat{\rho}^{k} \qquad (6.9)$$

mit

$$\hat{\rho} = \exp\{\gamma\} \qquad (6.10)$$

Es fällt auf, daß die Gl.(6.9) der Gleichung für die Zustandswahrscheinlichkeiten (4.5) in einem M/M/1-System entspricht, wenn $\hat{\rho}$ durch ρ ersetzt wird.

In dieser Gleichung (6.9) ist es ersichtlich, daß die Wahrscheinlichkeit für einen leeren Knoten von dieser Diffusionslösung mit $(1-\hat{\rho})$ approximiert wird, während der exakte Wert $(1-\rho)$ beträgt. /KOBA 74a/ schlägt deshalb vor, die Approximationslösung $\hat{p}(k)$ so zu verändern, daß die Wahrscheinlichkeit eines leeren Knotens richtig angegeben wird, d.h.

$$\hat{p}(0) = (1-\hat{\rho})$$

Daher kann die Gl.(6.9) wie folgt umgeschrieben werden

$$\hat{p}(k) = \begin{cases} 1-\rho & k=0 \\[2mm] \rho(1-\hat{\rho})\,\hat{\rho}^{k-1} & k>1 \end{cases} \quad \text{für} \qquad (6.11)$$

q.e.d

<u>Bemerkung</u>

/GELE 75,76/ verwenden eine andere Randbedingung als /KOBA 74a, REIS 74/, d.h. neben der Randbedingung bei x=o wird noch x=K gefordert, die die Abhängigkeit der Diffusionsapproximationsmethode von der Heavy-Traffic Annahme reduziert. Wenn der Diffusionsprozeß den Wert O erreicht, so verweilt er in diesem Zustand für eine negativ exponentiell verteilte Zeit. Erst danach springt der Prozeß aufgrund einer vorgegebenen Dichtefunktion in das offene Intervall]O,K[, in dem x(t)>O ist, zurück. Als vorgegebene Dichtefunktion für den Sprung in das offene Intervall wird die Dirac-Delta Funktion $\delta(x-1)$ gewählt, die bei x=1 konzentriert ist. Da die Verweilzeit an der Grenze x=O negativ exponentiell verteilt ist, behält der Diffusionsprozeß x(t) die Markoff-Eigenschaft. Die mittlere Verweilzeit des Diffusionsprozesses x(t) an den Grenzen x=O bzw. x=K wird mit $1/\lambda$ bzw. $1/\mu$ angenommen. Die Diffusionsgleichung (6.6) sieht nach /GELE 75/ wie folgt aus:

$$\frac{1}{2}\,\alpha\,\frac{\delta^2}{\delta x^2}\ f(x_O,x,t) - \beta\,\frac{\delta}{\delta x}\ f = -\lambda\,m_1\,\delta(x-1) - \mu\,m_2\,\delta(x-K+1)$$

$$\lim_{x\to O}\ \alpha\,\frac{1}{2}\,\frac{\delta}{\delta x}\ f(x_O,x,t) - \beta\,f(x_O,x,t) = \lambda\,m_1 \qquad\qquad (6.12)$$

$$\lim_{x\to O}\ \frac{1}{2}\,\alpha\,\frac{\delta}{\delta x}\ f(x_O,x,t) - \beta\,f(x_O,x,t) = \mu\,m_2$$

wobei

m_1 die Wahrscheinlichkeit ist, daß der Diffusionsprozeß $x(t)$ zum Zeitpunkt t den Wert O hat.

m_2 die Wahrscheinlichkeit ist, daß der Diffusionsprozeß $x(t)$ zum Zeitpunkt t den Wert K hat.

$\delta(\cdot)$ die Dirac-Delta-Funktion ist und β, α mit Gl. (6.4) gegeben sind.

Mit den Randbedingungen

$$\lim_{x\to O} f(x_O,x,t) = \lim_{x\to K} f(x_O,x,t) = O$$

ergibt sich die Gleichgewichtslösung für diese Diffusionsglei-chungen wie folgt:

$$f(x) = \begin{cases} -\dfrac{\lambda\,m_1}{\beta}\,(1-\exp\{\gamma x\}) & O\leqslant x\leqslant 1 \\[2mm] -\dfrac{\lambda\,m_1}{\beta}\,(\exp\{-\gamma\}-1)\exp\{\gamma x\} & 1\leqslant x\leqslant K-1 \\[2mm] -\dfrac{\mu\,m_2}{\beta}\,(\exp\{\gamma(x-K)\}-1) & K-1\leqslant x\leqslant K \end{cases} \qquad (6.13)$$

wobei

$$m_1 = \frac{1-\rho}{1-\rho^2\,\exp\{\gamma(K-1)\}} \qquad\qquad (6.14)$$

und

$$m_2 = \frac{\lambda\,m_1}{\mu}\ \exp\{\gamma(K-1)\} \qquad\qquad (6.15)$$

$$\gamma = \frac{2\beta}{\alpha}$$

Die Diskretisierung nach /GELE 75,76,80/

$$p(k) = \begin{cases} 1-\rho & k=O \\ & \text{für} \\ \displaystyle\int_{k-1}^{k} f(x)\,dx & k\geqslant 1 \end{cases} \qquad\qquad (6.16)$$

liefert dann die Lösung für die Zustandswahrscheinlichkeiten

$$\hat{p}(k) = \begin{cases} 1- \rho & k=0 \\ \rho\,[1+ \frac{1-\rho}{\gamma}] & \text{für} \quad k=1 \\ -\frac{\rho}{\gamma}\,(\frac{1}{\hat{\rho}} -1)^2 \, \hat{\rho}^k & k\geq 2 \end{cases} \tag{6.17}$$

mit

$$\hat{\rho} = \exp\{\gamma\}$$

An dieser Stelle möchten wir auf die Arbeit von /RIEG 81/ hinweisen, in der verschiedene Vorgehensweisen für die Diffusionsapproximationsmethode anhand von Zahlenbeispielen verglichen werden.

In den nächsten Abschnitten werden wir zeigen, wie die Diffusionsapproximationsmethode auf Wartschlangennetze angewandt werden kann.

6.1.2 Diffusionsapproximation für offene Netzwerke

Wir betrachten offene Netzwerke wie sie im Kapitel 4.1.1 beschrieben sind mit der Erweiterung, daß sowohl die Zwischenankunftszeiten als auch die Bedienzeiten nicht exponentiell verteilt sein müssen. Es gelten folgende zusätzliche Annahmen:

i) Die Zwischenankunftszeiten sind beliebig verteilt mit der Ankunftsrate λ und der Varianz var[a].

ii) Die Bedienzeiten im Knoten i sind beliebig verteilt mit den Bedienraten μ_i und den Varianzen var[i] mit i=1,...,N.

iii) Ein Knoten kann hier aber nur eine Bedieneinheit enthalten, d.h. m_i=1.

Für die approximierten Zustandswahrscheinlichkeiten erhält man ähnlich wie im Kapitel 4 eine Produktformlösung /KOBA 74a, REIS 74/

$$\hat{p}(k_1,\ldots,k_N) = \prod_{i=1}^{N} \hat{p}_i(k_i) \tag{6.18}$$

mit den approximativen Randwahrscheinlichkeiten $\hat{p}_i(k_i)$ für Knoten i (Gl.6.11):

$$\hat{p}_i(k_i) = \begin{cases} 1- \rho_i & k_i=0 \\ & \text{für} \\ \rho_i\,(1-\hat{\rho}_i)\,\hat{\rho}_i^{\,k_i-1} & k_i\geq 1 \end{cases} \tag{6.19}$$

wobei

$$\rho_i = e_i\,\frac{\lambda}{\mu_i} \tag{6.20}$$

mit der mittleren Besuchshäufigkeit e_i eines Auftrags beim Knoten i aus Gl.(4.29).

$\hat{\rho}_i = \exp\{\nu_i\}$ approximierte Auslastungen; vgl.Gl.(6.10),(6.21)

$$\underline{\nu} = \frac{2\underline{\beta}}{\underline{\alpha}} \qquad \text{N-dimensionaler Vektor, dessen i-tes} \qquad (6.22)$$
$$\text{Element } \nu_i \text{ ist.}$$

$\underline{\alpha}$ ist eine NxN-Matrix

$$[\underline{\alpha}] = \sum_{1=o}^{N} c_1^2 \, \mu_1 \, \underline{v}_1 \, \underline{v}_1^T + [\underline{W}] \qquad (6.23)$$

mit

$c_1^2 = \text{var}[1]\mu_1^2$ Quadrierter Variationskoeffizient der Bedienzeit.

$\underline{v}_1$ ist ein N-dimensionaler Vektor, dessen 1-tes Element 1 und
i-tes Element, für $(i{\neq}1),(-p_{1,i})$ ist.

$$\underline{v}_1 = [-p_{1,1}, -p_{1,2}, \ldots, 1, \ldots, -p_{1,N-1}, -p_{1,N}] \qquad (6.24)$$

und [W] eine NxN-Matrix mit

$$W_{ij} = \begin{cases} \sum_{1=o}^{N} \mu_1 \, p_{1,i} \, (1-p_{1,i}) & i=j \\ & \text{für} \\ -\sum_{1=o}^{N} \mu_1 \, p_{1,i} \, p_{1,j} & i{\neq}j \end{cases} \qquad (6.25)$$

und schließlich ist β ein N-dimensionaler Vektor mit dem i-ten Element β_i:

$$\beta_i = \sum_{1=o}^{N} \mu_1 \, p_{1,i} - \mu_i \qquad \text{für } i=1,\ldots,N \qquad (6.26)$$

<u>Beweis</u>

Der Beweis für Gl.(6.18) ist eine Erweiterung des Beweises im Abschnitt 6.1.1. Daher möchten wir nur die Beweisidee angeben. Wir gehen wieder davon aus, daß alle Knoten immer aktiv sind.
Sei $\underline{k}(t)=[k_i(t)]$ die Anzahl der Aufträge im i-ten Knoten, ein N-dimensionaler diskreter Prozeß. Die Änderung der Anzahl der Aufträge im Knoten i $\Delta k_i(t)$ im Zeitintervall $[t+\Delta t]$ wird durch einen N-dimensionalen kontinuierlichen Prozeß $\underline{x}(t)=[x_i(t)]$ appro-

ximiert. Der Zuwachs des kontinuierlichen N-dimensionalen Prozesses $\underline{x}$(t) während eines Zeitintervalls Δt ist normalverteilt, wobei Mittelwert und Kovarianz durch die ersten beiden Momente der Bedienzeitverteilung und der Übergangswahrscheinlichkeiten bestimmt werden. Durch Verwendung der reflektierten Schranke bei x=0 als Randbedingung erhält man dann die Dichtefunktion $f(\underline{x})$. Durch Diskretisierung der Dichtefunktion $f(\underline{x})$ bestimmt man die approximative Lösung für die produktformähnlichen Zustandswahrscheinlichkeiten (Gl.(6.18)).   q.e.d.

Beispiel 6.1

Als einfaches Beispiel wollen wir das Modell eines Rechensystems mit einer CPU und zwei peripheren Geräten betrachten.

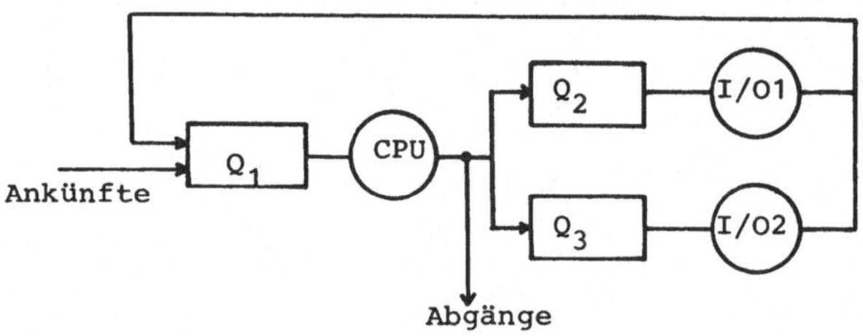

Fig. 6.1   Modell eines einfachen Rechensystems

Der Ankunftsprozeß ist ein Poissonprozeß mit der Ankunftsrate λ =1. Die Bedienzeit der CPU ist exponentiell verteilt (d.h. c_1=1) mit der Bedienrate μ_1=4 sec^{-1} während die Bedienzeiten der peripheren Geräte erlang- bzw. hyperexponentiellverteilt sind mit den Bedienraten μ_2=1.5 sec^{-1}, μ_3=1 sec^{-1} und den quadrierten Variationskoeffizienten c_2^2=0.8, c_3^2=1.1. Für die Übergangswahrscheinlichkeiten gilt:

$$p_{0,1}=1 \qquad p_{1,2}=0.25$$
$$p_{2,1}=1 \qquad p_{1,3}=0.25$$
$$p_{3,1}=1 \qquad p_{1,N+1}=0.5$$

Mit Gl.(4.29) lassen sich hiermit unmittelbar die Besuchshäufigkeiten berechnen

$$e_1 = p_{o,1} + e_1 \cdot p_{1,1} + e_2 \cdot p_{2,1} + e_3 \cdot p_{3,1}$$

$$e_2 = p_{o,2} + e_1 \cdot p_{1,2} + e_2 \cdot p_{2,2} + e_3 \cdot p_{3,2}$$

$$e_3 = p_{o,3} + e_1 \cdot p_{1,3} + e_2 \cdot p_{2,3} + e_3 \cdot p_{3,3}$$

Einsetzen der Werte ergibt:

$$e_1 = \underline{2} \qquad e_2 = \underline{0.5} \qquad e_3 = \underline{0.5}$$

Die Auslastung der 3 Knoten kann jetzt mit Gl.(6.20) ermittelt
werden.

$$\rho_1 = e_i \frac{\lambda}{\mu_1} = \underline{0.5} \qquad \rho_2 = \underline{0.333} \qquad \rho_3 = \underline{0.5}$$

Als nächstes muß die 3x3-Matrix $\underline{\alpha}$ mit Gl.(6.23) bestimmt werden.

$$[\underline{\alpha}] = c_o^2 \cdot \mu_o \cdot \underline{v}_o \cdot v_o' + c_1^2 \mu_1 \underline{v}_1 \underline{v}'_1 + c_2^2 \cdot \mu_2 \cdot \underline{v}_2 \cdot \underline{v}'_2 + c_3^2 \cdot \mu_3 \cdot \underline{v}_3 \cdot v_3' + [\underline{W}]$$

Gl.(6.24) liefert für die $\underline{v}_i$

$$\underline{v}_o^T = (-p_{o,1}, -p_{o,2}, -p_{o,3}) = (-1,\ 0,\ 0)$$

$$\underline{v}_1^T = (\ 1\ ,\ -p_{1,2}, -p_{1,3}) = (1, -0.25, -0.25)$$

$$\underline{v}_2^T = (-p_{2,1},\ 1\ ,\ -p_{2,3}) = (-1,\ 1,\ 0)$$

$$\underline{v}_3^T = (-p_{3,1}, -p_{3,2},\ 1\ ) = (-1,\ 0,\ 1)$$

Das ergibt für die 3x3 Matrizen $\underline{v}_i \cdot \underline{v}_i^T$

$$\underline{v}_o \cdot \underline{v}_o^T = \begin{bmatrix} 1 & 0 & 0 \\ 0 & 0 & 0 \\ 0 & 0 & 0 \end{bmatrix} \qquad \underline{v}_1 \underline{v}_1^T = \begin{bmatrix} 1 & -0.25 & -0.25 \\ 0.25 & 0.0625 & 0.0625 \\ -0.25 & 0.0625 & 0.0625 \end{bmatrix}$$

$$\underline{v}_2 \cdot \underline{v}_2^T = \begin{bmatrix} 1 & -1 & 0 \\ -1 & 1 & 0 \\ 0 & 0 & 0 \end{bmatrix} \qquad \underline{v}_3 \cdot \underline{v}_3^T = \begin{bmatrix} 1 & 0 & -1 \\ 0 & 0 & 0 \\ 1 & 0 & 1 \end{bmatrix}$$

und für die Matrix $\underline{W}$ aus Gl.(6.25):

$$\underline{W} = \begin{bmatrix} 0 & 0 & 0 \\ 0 & 0.75 & -0.25 \\ 0 & -0.25 & 0.75 \end{bmatrix}$$

Berücksichtigt man noch, daß $c_o = 1$ und $\lambda_o = \mu = 1$, dann erhält man
schließlich für die Matrix $\underline{\alpha}$:

$$\underline{\alpha} = \begin{bmatrix} 7{,}3 & -2{,}2 & -2{,}1 \\ -2{,}2 & 2{,}2 & 0 \\ -2{,}1 & 0 & 2{,}1 \end{bmatrix}$$

und die inverse Matrix $\underline{\alpha}^{-1}$:

$$\underline{\alpha}^{-1} = \begin{bmatrix} 0.3333 & 0.3334 & 0.3334 \\ 0.3333 & 0.7879 & 0.3334 \\ 0.3333 & 0.3334 & 0.8095 \end{bmatrix}$$

Nun benötigen wir noch den Vektor $\underline{\beta}$ (Gl.(6.25)):

$$\underline{\beta} = [-0.5 \quad -0.5 \quad 0]$$

um den Vektor $\underline{\gamma}$ zu erhalten (Gl.(6.22)):

$$\underline{\gamma} = 2\underline{\alpha}^{-1}\underline{\beta} = \begin{bmatrix} -0.6668 \\ -1.1212 \\ -0.6668 \end{bmatrix}$$

mit dessen Hilfe dann die approximierten Auslastungen $\hat{\rho}_i = \exp(\gamma_i)$ (Gl.(6.21)) ermittelt werden können:

$$\hat{\rho}_1 = \underline{0.5133} \qquad \hat{\rho}_2 = \underline{0.3259} \qquad \hat{\rho}_3 = \underline{0.5133}$$

6.1.3 Diffusionsapproximation für geschlossene Netzwerke

Zur Anwendung der Diffusionsapproximation auf geschlossene Netz-werke mit beliebig verteilten Bedienzeiten in den Knoten, können die Gleichungen (6.21-6.26) zur Bestimmung der approximierten Zu-standswahrscheinlichkeiten $p_i(k_i)$ unverändert übernommen werden. Allerdings ist die Matrix $\underline{\alpha}$ jetzt singulär, (det$\underline{\alpha}$ =0), d.h. nicht invertierbar. Man kann aber nach /KOBA 74a/ eine pseudo-inverse Matrix $\underline{\alpha}'^{-1}$ erzeugen, indem man die Dimension der ursprünglichen NxN-Matrix um 1 erhöht, die freien Plätze mit Einsen belegt und diese erweiterte Matrix invertiert. Durch Streichen der (N+1)-ten Zeile und der (N+1)-ten Spalte erhält man aus dieser invertierten Matrix die pseudo inverse Matrix $\underline{\alpha}'^{-1}$, die dann anstelle von $\underline{\alpha}^{-1}$ in Gl.(6.23) verwendet wird.

Mit Hilfe der so ermittelten approximierten Auslastungen $\hat{\rho}_i$ wer-den die approximierten Zustandswahrscheinlichkeiten für die ein-zelnen Systemzustände ähnlich wie im Kapitel 4.1.2 bestimmt (/KOBA 74a/):

$$\hat{p}(k_1,\ldots,k_N) = \frac{1}{G} \prod_{i=1}^{N} \hat{\rho}_i^{k_i} \tag{6.27}$$

mit $\sum\limits_{i=1}^{N} k_i = K$

und der Normalisierungskonstanten

$$G = \sum_{\substack{N \\ \sum\limits_{i=1} k_i = K}} \prod_{i=1}^{N} \hat{\rho}_i^{k_i} \qquad (6.27a)$$

Die Randwahrscheinlichkeiten $\hat{p}_i(k_i)$ und damit alle Leistungsparameter lassen sich aus den Zustandswahrscheinlichkeiten, Gl.(4.48), wie im Kapitel 4.1.2 bestimmen.

Beispiel 6.2

Die Anwendung dieser Methode soll an einem zyklischen System mit $N=2$ Knoten und $K=3$ Aufträgen erläutert werden

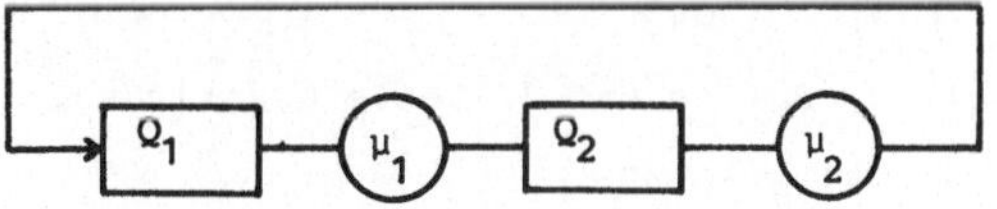

Fig. 6.2   Zyklisches Modell mit 2 Knoten

Die Bedienzeiten sind exponentiell verteilt (d.h. $c_i=1$, i=1,2) mit den Bedienraten $\mu_1=0.8\ sec^{-1}$ und $\mu_2=0.4\ sec^{-1}$. Aus der Fig.6.2 kann entnommen werden, daß die Übergangswahrscheinlichkeiten wie folgt gegeben sind:

$$p_{11}=0 \qquad p_{12}=1 \qquad p_{21}=1 \qquad p_{22}=0$$

Mit Gl.(6.23) bestimmt man die 2x2-Matrix $\underline{\alpha}$:

$$[\underline{\alpha}] = c_1^2 \cdot \mu_1 \cdot \underline{v}_1 \cdot \underline{v}_1^T + c_2^2 \cdot \mu_2 \cdot \underline{v}_2 \cdot \underline{v}_2^T + \underline{W}$$

Aus Gl.(6.25) sieht man leicht, daß gilt: $\underline{W}=\underline{O}$ und aus Gl.(6.24):

$$v_1^T = (1,-p_{1,2}) = (1,-1)$$
$$v_2^T = (-p_{2,1},1) = (-1,1)$$

Die Matrizen $\underline{v}_i \underline{v}_i^T$ (i=1,2) ergeben sich zu:

$$\underline{v}_1 \cdot \underline{v}_1^T = \begin{bmatrix} 1 & -1 \\ -1 & 1 \end{bmatrix}$$

$$\underline{v}_2 \cdot \underline{v}_2^T = \begin{bmatrix} 1 & -1 \\ -1 & 1 \end{bmatrix}$$

und schließlich $\underline{\alpha}$

$$\underline{\alpha} = \begin{bmatrix} 1.2 & -1.2 \\ -1.2 & 1.2 \end{bmatrix}$$

Diese Matrix kann nicht invertiert werden, weil $\det|\underline{\alpha}|=0$ ist. Um hieraus die pseudo-inverse Matrix $\underline{\alpha}^{-1}$ zu erhalten, muß die 2x2-Matrix $\underline{\alpha}$ zur 3x3-Matrix $\underline{\alpha}^{*}$ wie folgt erweitert

$$\underline{\alpha}^{*} = \begin{bmatrix} 1.2 & -1.2 & 1 \\ -1.2 & 1.2 & 1 \\ 1 & 1 & 1 \end{bmatrix}$$

und $\underline{\alpha}^{*}$ invertiert werden

$$\underline{\alpha}^{*-1} = \begin{bmatrix} -0.0417 & -0.458 & 0.5 \\ -0.458 & -0.0417 & 0.5 \\ 0.5 & 0.5 & 0 \end{bmatrix}$$

In $\underline{\alpha}^{*-1}$ werden die 3. Spalte und 3. Zeile gestrichen.

$$\underline{\alpha}^{-1} = \begin{bmatrix} -0.0417 & -0.458 \\ -0.458 & -0.047 \end{bmatrix}$$

Jetzt wird noch $\underline{\beta}$ benötigt (Gl. 6.26)

$$\beta_1 = \mu_2\, P_{2,1} - \mu_1 = \underline{-0.4}$$

$$\beta_2 = \mu_1\, P_{1,2} - \mu_2 = \underline{0.4}$$

und der Hilfsvektor $\underline{y}$ (Gl.6.22)

$$\underline{y} = 2\underline{\alpha}^{-1}\beta = \begin{bmatrix} -0.33 \\ 0.33 \end{bmatrix}$$

um die approximierten Auslastungen $\hat{\rho}_i$ zu erhalten (Gl.(6.21)):

$$\hat{\rho}_1 = \exp(-y_1) = \underline{0.7189} \qquad \hat{\rho}_2 = \underline{1.39}$$

Im nächsten Schritt wird mit Gl.(6.27a) die Normalisierungskonstante G ermittelt.

$$G = \prod_{k_1+k_2=3} \hat{\rho}_1^{k_1}\, \hat{\rho}_2^{k_2}$$

$$G = \hat{\rho}_1^0 \cdot \hat{\rho}_2^3 + \hat{\rho}_1^3 \cdot \hat{\rho}_2^0 + \hat{\rho}_2^1 \cdot \hat{\rho}_2^2 + \hat{\rho}_1^2 \cdot \hat{\rho}_2^1 = \underline{5.1643}$$

und hieraus die Zustandswahrscheinlichkeiten (Gl.(6.27)):

$$\hat{p}(3,0) = \frac{1}{G} \hat{p}_1^3 \cdot \hat{p}_2^0 = 0.072$$

$$\hat{p}(2,1) = 0.139$$

$$\hat{p}(1,2) = 0.269$$

$$\hat{p}(0,3) = 0.52$$

Da die Bedienzeiten exponentiell verteilt sind, können auch die exakten Werte hierfür berechnet werden (Kap. 4.1.2):

$$p(3,0) = 0.067 \qquad p(1,2) = 0.267$$

$$p(2,1) = 0.134 \qquad p(0,3) = 0.54$$

Man erkennt, daß die Abweichungen zwischen exakten und approximierten Werten sehr gering sind. Weiterhin ist ersichtlich, daß die exakte Methode weniger aufwendig ist und daher die Diffusionsapproximation nur angewendet werden sollte, wenn keine exponentiell verteilten Bedienzeiten vorliegen.
Die Berechnung der Randwahrscheinlichkeiten der beiden Knoten $\hat{p}_1(k_1)$ und $\hat{p}_2(k_2)$ und aller Leistungsparameter erfolgt wie z.B. im Kapitel 4.1.2 und wird dem Leser als Übungsaufgabe empfohlen.

Aufgabe 6.1

Gegeben ist wieder das Netzwerk von Fig.6.1, jetzt mit exponentiell verteilten Bedienzeiten, die die folgenden Mittelwerte haben:

$$1/\mu_1 = 0.12 \text{ sec} \qquad 1/\mu_2 = 0.32 \text{ sec} \qquad 1/\mu_3 = 0.64 \text{ sec.}$$

Der Ankunftsprozeß ist poisson-verteilt mit $\lambda = 1$ und die Übergangswahrscheinlichkeiten sind:

$$p_{01} = p_{21} = p_{31} = 1 \qquad p_{1,N+1} = 0.4 \qquad p_{12} = 0.3 \qquad p_{13} = 0.3$$

Gesucht sind die approximierten Randwahrscheinlichkeiten und alle Leistungsparameter.

Aufgabe 6.2

Für das im Beispiel 6.2 betrachtete Modell gelte jetzt $\mu_1 = 0.16 \text{sec}^{-1}$ $\mu_2 = 0.2 \text{ sec}^{-1}$ und $c_1 = 1$. Die Bedienzeit des E/A-Gerätes sei Erlang-4 verteilt mit $c_2^2 = 0.3$. Man berechne mit Hilfe der Diffusionsapproximation die Zustands- und Randwahrscheinlichkeiten und alle Leistungsparameter.

6.2 Parametrische Analyse und Iterative Approximation

Eine andere Möglichkeit der approximativen Analyse von Warteschlangenmodellen ist die Anwendung von Norton's Theorem aus der elektrischen Netzwerktheorie auf Warteschlangennetze /CHAN 75a/. Für
Netze mit lokalem Gleichgewicht liefert diese Vorgehensweise
exakte Lösungen (Parametrische Analyse), für solche mit nur glo-
balem Gleichgewicht wurde ein iteratives Näherungsverfahren er-
arbeitet (Iterative Approximation).

6.2.1 Parametrische Analyse

Zur Beschreibung der parametrischen Analyse betrachten wir ein
beliebiges geschlossenes Warteschlangennetz mit N Knoten, K Aufträgen (Fig. 6.3) und exponentiell verteilten Bedienzeiten.

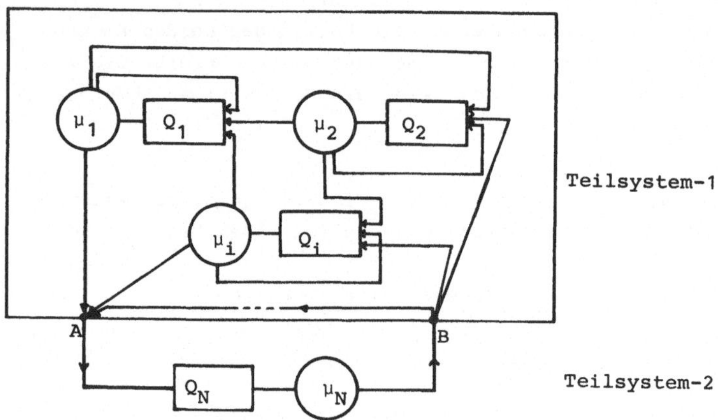

Fig. 6.3   Ein allgemeines geschlossenes Warteschlangennetz

Zu diesem Netzwerk können wir ein äquivalentes Netzwerk konstru-
ieren, indem wir einen Knoten auswählen (in Fig. 6.3 Knoten N)
und die restlichen Knoten zu einem einzigen Knoten zusammenfassen (Fig.6.4).
Die Bedienraten $\mu_c(k)$ des zusammengefaßten Teilsystems erhalten
wir durch "Kurzschließen" von Teilsystem 2 (in Fig. 6.3 Knoten N)
im ursprünglichen geschlossenen Netz, d.h. die mittlere Bedien-

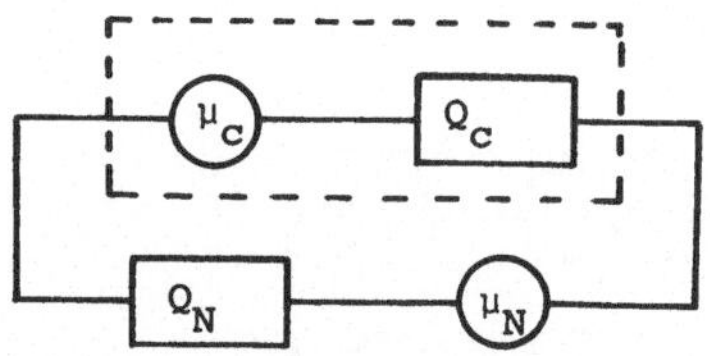

Fig. 6.4   Das resultierende System

zeit im Knoten N wird Null gesetzt (Fig. 6.5). Wir berechnen den
Durchsatz durch diesen Kurzschluß in Abhängigkeit von der Anzahl
der Aufträge k.

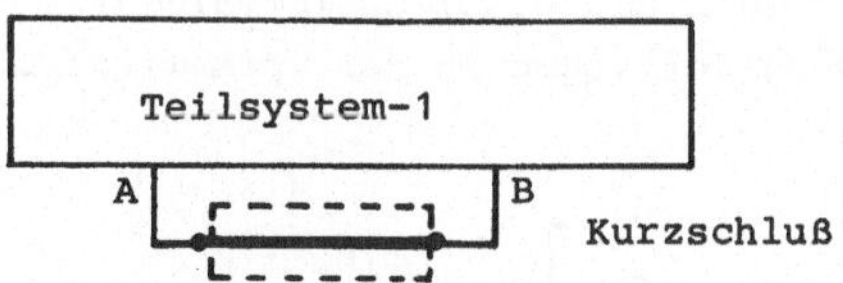

Fig. 6.5   Das kurzgeschlossene Modell

Die Bedienrate $\mu_c(k)$ des zusammengefaßten Teilsystems ist gleich
diesem Durchsatz durch den Kurzschluß. Das äquivalente reduzierte
Netzwerk (Fig. 6.4) kann jetzt leicht analysiert und insbesondere
die Normalisierungskonstante bestimmt werden, die die Berechnung
aller interessierenden Leistungsgrößen ermöglichen.
Diese Vorgehensweise wollen wir jetzt an einem Beispiel weiter
verdeutlichen.

Beispiel 6.3

Das Warteschlangenmodell von Beispiel 4.6 soll mit der parametrischen Analyse untersucht werden. Wir wählen Knoten 3 aus und erhalten als resultierendes Netzwerk:

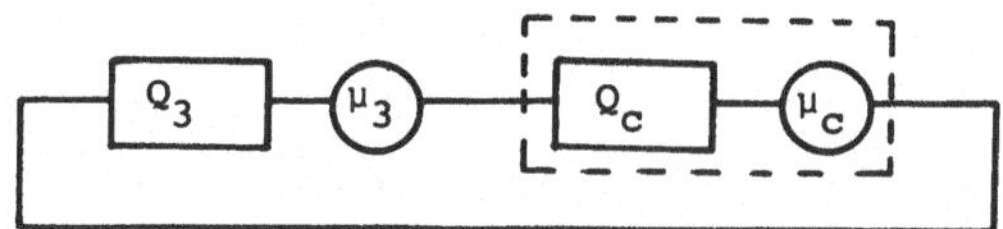

Fig. 6.6

Zur Bestimmung der Bedienraten $\mu_c(k)$ schließen wir Knoten 3 kurz
und berechnen den Durchsatz durch diesen Kurzschluß. (Fig. 6.7)

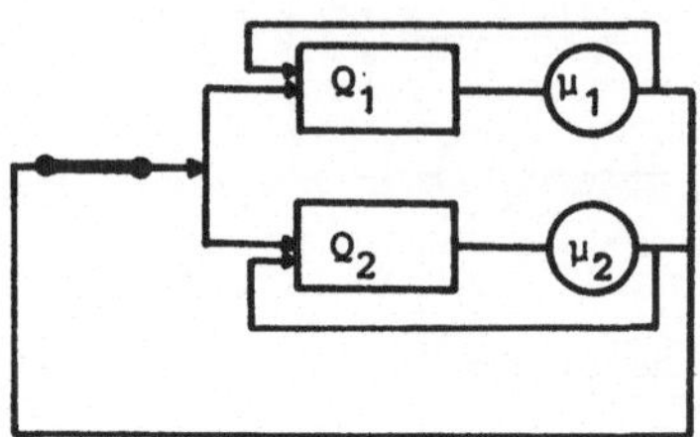

Fig. 6.7

Dazu verwenden wir den in Abschnitt 4.1.3 beschriebenen CHW-Algorithmus (/CHAN 75a/). Nach Gl.(4.45) ergibt sich für die Hilfsvektoren zur Bestimmung der Vektoren der Normalisierungskonstanten G_i:

$$Y_1 \begin{bmatrix} 1 \\ 0.17 \\ 0.032 \\ 0.006 \\ 0.001 \end{bmatrix} \qquad Y_2 = \begin{bmatrix} 1 \\ 1.25 \\ 1.563 \\ 1.953 \\ 2.441 \end{bmatrix} \qquad Y_3 = \begin{bmatrix} 1 \\ 0 \\ 0 \\ 0 \\ 0 \end{bmatrix}$$

Mit dem Anfangswert

$$G_o = \begin{bmatrix} 1 \\ 0 \\ 0 \\ 0 \\ 0 \end{bmatrix}$$

erhalten wir

$$G_1 = G_o \boxtimes Y_1 = Y_1 \quad \text{und} \quad G_2 = G_1 \boxtimes Y_2 = \begin{bmatrix} 1 \\ 1.429 \\ 1.818 \\ 2.278 \\ 2.848 \end{bmatrix}$$

$$G_3 = G_2 \boxtimes Y_3 = G_2$$

Gl.(4.48) und G_3 ermöglichen jetzt direkt die Berechnung des Durchsatzes durch den Kurzschluß und damit der Bedienraten $\mu_c(k)$

$$\lambda_3(1) = \mu_c(1) = 0.6999$$
$$\lambda_3(2) = \mu_c(2) = 0.7859397$$
$$\lambda_3(3) = \mu_c(3) = 0.79799$$
$$\lambda_3(4) = \mu_c(4) = 0.7997$$

Damit ist die Auswertung des reduzierten Systems mit 2 Knoten möglich. Mit den Besuchshäufigkeiten (Gl.(4.40))

$$e_3 = e_c = 1$$

erhalten wir für die Hilfsvektoren (Gl.(4.45))

$$Y_c = \begin{bmatrix} 1 \\ 1.428 \\ 1.817 \\ 2.278 \\ 2.848 \end{bmatrix} \qquad Y_3 = \begin{bmatrix} 1 \\ 0.5 \\ 0.25 \\ 0.125 \\ 0.062 \end{bmatrix}$$

und die Vektoren G_3 und G_c (Gl.(4.44))

$$G_c = G_0 \otimes Y_c = Y_c$$
$$G_3 = G_c \otimes Y_3 =$$

$$G_3 = \begin{bmatrix} G(0,3) \\ G(1,3) \\ G(2,3) \\ G(3,3) \\ G(4,3) \end{bmatrix} \otimes \begin{bmatrix} G(0) \\ G(1) \\ G(2) \\ G(3) \\ G(4) \end{bmatrix} = \begin{bmatrix} 1 \\ 1.928 \\ 2.784 \\ 3.67 \\ 4.683 \end{bmatrix}$$

Mit dem Vektor der Normalisierungskonstanten G_3 können wir jetzt alle interessierenden Leistungsgrößen bestimmen, z.B. ergibt sich für die Auslastungen mit

$$\rho_3 = \frac{e_3}{\mu_3} \cdot \frac{G(3)}{G(4)} = 0.391$$

$$\rho_2 = \frac{e_2}{\mu_2} \cdot \frac{G(3)}{G(4)} = 0.979$$

$$\rho_1 = \frac{e_1}{\mu_1} \cdot \frac{G(3)}{G(4)} = 0.14$$

Es ergeben sich dieselben Werte wie im Beispiel 4.6 in Kapitel 4.

Die parametrische Analyse kann erweitert werden auf Netze mit mehreren Auftragsklassen (/SAUE 75b/) und auf offene Netze (/CHAN 75a/). Allerdings muß immer vorausgesetzt werden, daß

lokales Gleichgewicht vorliegt. Ist dies nicht der Fall, dann
kann die im nächsten Abschnitt vorgestellte iterative Approximation, eine Erweiterung der parametrischen Analyse, angewendet
werden.

Aufgabe 6.3

Gegeben ist ein einfaches Central-Server-Modell mit N=3 Knoten,
K=4 Aufträgen und mit exponentiell verteilten Bedienzeiten mit
den Raten

$$\mu_1 = 0.75 \text{ sec}^{-1} \qquad \mu_2 = 0.65 \text{ sec}^{-1} \qquad \mu_3 = 1 \text{ sec}^{-1}$$

und

$$\begin{aligned} p_{13} &= 1 & p_{31} &= 0.4 \\ p_{23} &= 1 & p_{32} &= 0.6 \end{aligned}$$

Berechnen Sie die Leistungsgrößen für dieses System mit der parametrischen Analyse und zum Vergleich mit den in Kapitel 4 beschriebenen Algorithmen.

6.2.2 Iterative Approximation

Wollen wir ein Warteschlangennetz analysieren, für das kein lokales Gleichgewicht vorliegt, so kann die parametrische Analyse
nicht mehr angewandt werden. Es bietet sich dann die iterative
Approximation - ein aus der parametrischen Analyse und der rekursiven numerischen Methode entwickeltes Näherungsverfahren - an.
Die Grundidee des Verfahrens ist die folgende: Das zu analysie-
rende Netzwerk A, in dem kein lokales Gleichgewicht vorliegt,
wird durch ein Hilfsnetzwerk B approximiert, das dieselbe Struktur mit denselben Bedienraten in den Knoten hat wie A und von dem
wir voraussetzen, daß es sich im lokalen Gleichgewicht befindet.
Dieses Hilfsnetzwerk B wird mit der parametrischen Analyse auf
zwei zyklische verbundene Knoten reduziert und dann mit der rekursiven Methode analysiert. Die sich ergebenden Leistungsgrößen
sind Näherungslösungen für das gegebene Netzwerk A. Mit bestimmten Kriterien wird die Genauigkeit der Ergebnisse überprüft.
Sind sie zu ungenau, dann wird das Hilfsnetzwerk B mit gezielt
geänderten Bedienraten erneut mit der beschriebenen Methode untersucht. Dieser Vorgang wird so oft wiederholt, bis die Genau-
igkeitskriterien eingehalten werden. Die sich dann ergebenden

Leistungsgrößen stellen die endgültigen Näherungslösungen des Netzwerkes A dar.

Im folgenden werden wir den Algorithmus für die iterative Approximation vorstellen. Dazu müssen wir zunächst einige Annahmen machen:

- Wir betrachten ein beliebiges geschlossenes Warteschlangennetz A wie es in Kap.3 beschrieben ist
- Im Netzwerk A herrsche kein lokales Gleichgewicht
- Alle Warteschlangen werden nach FCFS abgearbeitet
- n ist eine Variable, die die Iterationsschritte zählt
- Ein Hilfsnetzwerk B(n), dessen Werte sich bei jedem Iterationsschritt etwas verändern, unterscheidet sich vom gegebenen Netzwerk A nur in den folgenden zwei Punkten:
  - B(n) befindet sich im lokalen Gleichgewicht
  - Die Bedienraten in B(n) sind nicht identisch mit denen von A (außer bei B(O))
- μ_i ist die Bedienrate des Knotens i in B(n)
- μ_i' ist die Bedienrate des Knotens i in B(n+1)
- λ_i ist der Durchsatz des Knotens i in B(n)
- λ_i^* ist der normierte Durchsatz des Knotens i in B(n)

$$\lambda_i^* = \frac{\lambda_i}{e_i} \quad (e_i \text{ Besuchshäufigkeit beim Knoten i}) \qquad (6.28)$$

- λ ist der normierte Gesamtdurchsatz

$$\lambda^* = \frac{1}{N} \sum_{i=1}^{N} \lambda_i^* \qquad (6.29)$$

- c_i ist der Variationskoeffizient des Knotens i im Knoten A bzw. B(n). Er ändert sich in den einzelnen Iterationsschritten nicht. Faßt man mehrere Knoten zu einem Knoten c zusammen, so besitzt dieser Knoten den Variationskoeffizienten

$$c_v = \sum_r p_r \cdot c_r \qquad (6.30)$$

wobei r die Indizes der Knoten angibt, die zusammengefaßt werden.

- ϵ ist die Fehlertoleranz; übliche Werte sind 0.01 oder 0.04

Damit können wir jetzt den Algorithmus für die iterative Approximation angeben.

<u>Schritt 1:</u>

n wird Null gesetzt und die Bedienraten von B(O) gleich den Bedienraten von A.

<u>Schritt 2:</u>

Das Hilfsnetzwerk B(n) wird wie bei der parametrischen Analyse auf ein Netzwerk mit zwei Knoten reduziert und dabei die lastabhängigen Bedienraten $\mu_c(k)$ für den zusammengefaßten Knoten berechnet. Zusätzlich wird der Variationskoeffizient c_v des zusammengesetzten Knotens mit Gl.(6.30) bestimmt. Dies wird für alle N Knoten von B(n) durchgeführt.

<u>Schritt 3:</u>

Auf alle N reduzierte Netzwerke wird jetzt die rekursive Analyse von Abschnitt 5.3 angewandt und damit für alle Knoten die Leistungsgrößen $\bar{k}_i$, ρ_i, λ_i und λ_i^* und daraus der normierte Gesamtdurchsatz λ^* mit Gl.(6.29) ermittelt.

<u>Hinweis</u>: Im Gegensatz zum Beispiel 5.4 muß bei der rekursiven Analyse berücksichtigt werden, daß die Bedienrate $\mu_c(k)$ im zweiten Knoten jetzt von der Anzahl der Aufträge im Knoten abhängt. Damit werden auch die Bedienraten der beiden Phasen der Coxverteilung von k abhängig. Statt λ_1 und λ_2 haben wir $\lambda_1(k)$ und $\lambda_2(k)$. Dies muß in den entsprechenden Formeln berücksichtigt werden. Das anschließende Beispiel wird dies verdeutlichen.

<u>Schritt 4:</u>

Es werden zwei Bedingungen überprüft, die erfüllt sein müssen, damit die Lösungen aus Hilfsnetzwerk B(n) ausreichend gut mit denen von A übereinstimmen: Die Summe aller k_i in den Knoten muß gleich der Gesamtanzahl K sein:

$$\sum_i k_i = K$$

und der normierte Durchsatz eines einzelnen Knotens muß gleich dem normierten Gesamtdurchsatz sein:

$$\lambda_i^* = \lambda^*$$

Sind die Bedingungen nicht ausreichend gut erfüllt, so werden die Bedienraten μ_i korrigiert. Dies erfolgt in den Schritten 4.1 bis 4.4

Schritt 4.1:

Bei <u>überschreitendem</u> Fehler bezüglich der Anzahl der Aufträge im Knoten

$$\sum_i \bar{k}_i > K(1+\epsilon)$$

wird mit Schritt 4.3 fortgefahren.

Bei <u>unterschreitendem</u> Fehler bezüglich der Anzahl der Aufträge im Knoten

$$\sum_i \bar{k}_i < K(1-\epsilon)$$

wird mit Schritt 4.4 fortgefahren.

Schritt 4.2:

Es wird μ_i' berechnet

$$\mu_i' = \mu_i \cdot \lambda_i^* / \lambda^* \quad \text{für } i=1,\dots,N$$

Wenn gilt

$$\mu_i(1-\epsilon) < \mu_i' < u_i(1+\epsilon) \quad \text{für } i=1,\dots,N$$

dann wird abgebrochen, ansonsten wird zu Schritt 5 gesprungen.

Schritt 4.3:

Bei unterschreitendem Durchsatzfehler

$$\lambda_i^* < \lambda^*(1-\epsilon)$$

berechnet sich μ_i' zu:

$$\mu_i' = \mu_i \cdot \lambda_i^* / \lambda^*$$

und es wird mit Schritt 5 fortgefahren. Ansonsten wird mit Schritt 4.5 fortgefahren.

Schritt 4.4:

Bei überschreitendem Durchsatzfehler

$$\lambda_i^* > \lambda^*(1+\epsilon)$$

berechnet sich μ_i' zu:

$$\mu_i' = \mu_i \cdot \lambda_i^* / \lambda^*$$

und es wird mit Schritt 5 fortgefahren. Ansonsten wird mit Schritt 4.5 fortgefahren.

Schritt 4.5:

Die Bedienraten μ_i' werden für alle Knoten i verändert zu:

$$\mu_i' = \mu_i \cdot K \Big/ \sum_{j=1}^{N} \bar{k}_j$$

<u>Schritt 5</u>:

n wird um 1 erhöht und es wird zu Schritt 2 zurückgesprungen.

Wegen der vielen Verzweigungen haben wir den Algorithmus in einem Flußdiagramm noch einmal zusammengefaßt.

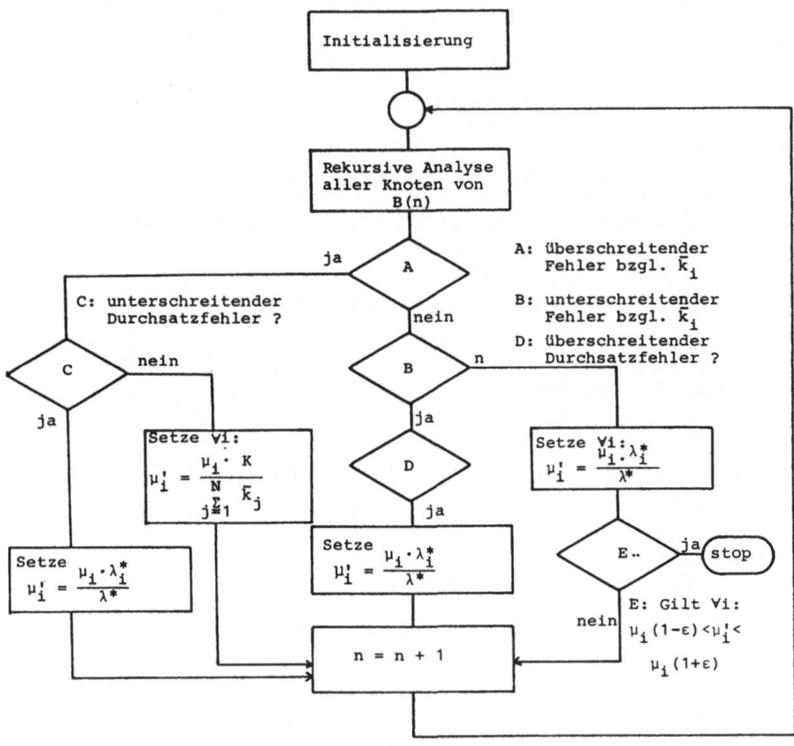

Fig. 6.8   Algorithmus für die iterative Approximation

Beispiel 6.4

Wir betrachten ein einfaches geschlossenes Warteschlangennetz
(Fig. 6.9) mit K=2 Aufträgen, den Bedienraten μ_1=0.5 sec^{-1},
μ_2=0.25 sec^{-1}, μ_3=0.5 sec^{-1}, den Variationskoeffizienten c_1=1.5,
c_2=2, c_3=0.707 und den Übergangswahrscheinlichkeiten p_{12}=p_{13}=0.5.

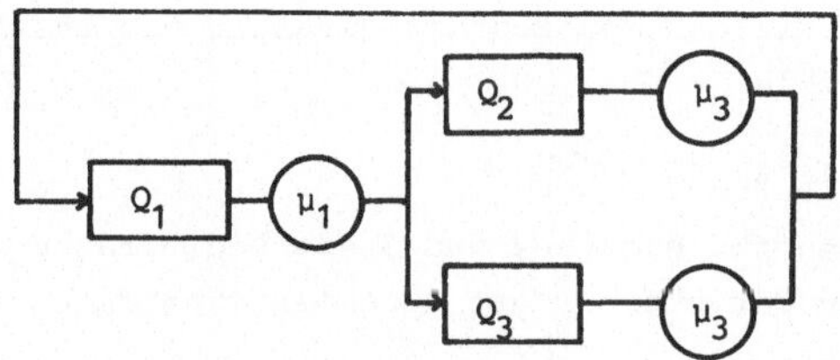

Fig. 6.9   Geschlossenes Warteschlangenmodell

Für den Abbruch der Iteration wird die Fehlertoleranz ϵ=0.04 angenommen.
Die Analyse dieses Netzes erfolgt in den angegebenen 5 Schritten.

Schritt 1:
Für B(O) ergeben sich dieselben Werte wie für das gegebene Netzwerk A.

Schritt 2:
Zur Reduzierung des Netzwerkes auf 2 Knoten benötigen wir die relative Besuchshäufigkeit e_i. Mit Gl.(4.40) erhalten wir

$$e_1 = 1 \qquad e_2 = e_3 = 0.5$$

Nun wählen wir Knoten 1 aus und fassen Knoten 2 und 3 zu einem
Knoten c zusammen. Zur Bestimmung der Bedienraten μ_c(k) mit der
parametrischen Analyse wird Knoten 1 kurzgeschlossen und der
Durchsatz durch diesen Kurzschluß berechnet (siehe Abschnitt
6.2.1). Es ergeben sich die Hilfsvektoren

$$Y_1 = \begin{bmatrix} 1 \\ O \\ O \end{bmatrix} \qquad Y_2 = \begin{bmatrix} 1 \\ 1 \\ 1 \end{bmatrix} \qquad Y_3 = \begin{bmatrix} 1 \\ 2 \\ 4 \end{bmatrix}$$

und daraus die Vektoren der Normalisierungskonstanten:

$$G_2 = \begin{bmatrix} 1 \\ 2 \\ 4 \end{bmatrix} \qquad G_3 = G_1 = \begin{bmatrix} 1 \\ 3 \\ 7 \end{bmatrix}$$

und schließlich mit Gl.(4.49)

$$\mu_c(1) = \lambda_1(1) = \underline{1/3}$$
$$\mu_c(2) = \lambda_1(2) = \underline{3/7}$$

Der Variationskoeffizient des zusammengefaßten Knotens berechnet sich mit Gl.(6.30) zu

$$c_v = p_2 \cdot c_2 + p_3 \cdot c_3 \; = 1.3535 > 1$$

Entsprechend werden für Knoten 2 und 3 die Bedienraten und Variationskoeffizienten der zugehörigen zusammengefaßten Knoten bestimmt.

Schritt 3:

Rekursive Analyse der auf zwei Knoten reduzierten Netze (im Beispiel sind es drei). Wir werden wieder das reduzierte Netzwerk mit Knoten 1 näher betrachten. Als erstes berechnen wir mit Gl. (2.26)-(2.29) die Parameter der Coxverteilung von Knoten 1 und den zusammengefaßten Knoten c:

Knoten 1: mit

$$c_1 = 1.5 > 1 \quad \text{und} \quad \mu_1 = 0.5 \; \text{sec}^{-1}$$

erhalten wir die Verzweigungswahrscheinlichkeit

$$p = c_1^2 (1 - \sqrt{1 - 2/(1 + c_1^2)}) \; = \underline{0.855}$$

und die Bedienraten der Phasen:

$$\mu_1 = (1 + 0.62) \cdot 0.5 = 0.81$$
$$\mu_2 = (1 - 0.62) \cdot 0.5 = 0.19$$

Knoten c:

$$c_v = 1.3535 > 1 \qquad \mu_c(1) = 1/3 \qquad \mu_c(2) = 3/7$$
$$q = \underline{0.839}$$

Die Bedienraten der einzelnen Phasen sind jetzt von der Anzahl k der Aufträge im Knoten c abhängig.

1. Reduktionsschritt:

Wir setzen

$$p(1,1,0) = 1 \quad \text{und} \quad p(1,2,0) = 0$$

und erhalten

$$p(1,1,1) = \frac{\lambda_1(2)}{p\cdot\mu_1 + \bar{p}\mu_1\cdot\mu_2/(\mu_2+\lambda_1(2))} \cdot p(1,1,0) = \underline{0.91963}$$

$$p(2,1,1) = \frac{\bar{p}\cdot\mu_1}{\mu_2+\lambda_1(1)} \cdot p(1,1,1) = \underline{0.15342}$$

Mit den entsprechenden Beziehungen der rekursiven Analyse ergeben sich die übrigen Zustandswahrscheinlichkeiten zu:

$$p(1,2,1) = -0.15111$$
$$p(2,2,1) = -0.01473$$
$$p(1,1,2) = 0.73963$$
$$p(2,1,2) = 0.79357$$

Für die Hilfsgrößen S_1 und D_1 erhalten wir damit:

$$S_1 = p(1,1,0)+p(1,2,0)+p(1,1,1)+p(2,1,1)$$
$$+ p(1,2,1)+p(2,2,1)+p(1,1,2)+p(2,1,2) = \underline{3.44041}$$

$$D_1 = p(1,2,1) - \frac{\bar{q}\cdot\lambda_1(1)}{\mu_1+\lambda_2(1)} \cdot p(1,1,1) = - \underline{0.23014}$$

Jetzt setzen wir

$$p(1,1,0) = 0 \quad \text{und} \quad p(1,2,0) = 1$$

und erhalten ganz entsprechend

$$S_2 = 1.00378 \quad \text{und} \quad D_2 = 0.26121$$

2. Lösungsschritt:

Mit Hilfe des Gleichungssystems (5.21) können wir jetzt die Grenzwahrscheinlichkeiten berechnen

$$\begin{bmatrix} D_1 & D_2 \\ S_1 & S_2 \end{bmatrix} \cdot \begin{bmatrix} p(1,1,0) \\ p(1,2,0) \end{bmatrix} = \begin{bmatrix} 0 \\ 1 \end{bmatrix}$$

und erhalten

$$p(1,1,0) = \underline{0.23123}$$
$$p(1,2,0) = \underline{0.20373}$$

3. Berechnungsschritt:

Mit diesen Werten für $p(1,1,0)$ und $p(1,2,0)$ und denselben rekursiven Gleichungen wie im Reduktionsschritt erhalten wir die endgültigen Werte für die Zustandswahrscheinlichkeiten:

$$p(1,1,1) = 0.21265$$
$$p(2,1,1) = 0.03548$$
$$p(1,2,1) = 0.01828$$
$$p(2,2,1) = 0.01482$$
$$p(1,1,2) = 0.11829$$
$$p(2,1,2) = 0.16559$$

Aus diesen Werten können jetzt unmittelbar alle Leistungsgrößen für Knoten 1 ermittelt werden, z.B. erhalten wir für

die Auslastung: (Gl.(2.33))

$$\rho_1 = 1-(p(1,1,0)+p(1,2,0)) = \underline{0.56504}$$

den Durchsatz: (Gl.(4.59))

$$\lambda_1 = \rho_1 \cdot \mu_1 = \underline{0.28252} \ sec^{-1}$$

den normierten Durchsatz (Gl.(6.28)):

$$\lambda_1^* = \lambda_1/e_1 = \lambda_1 = \underline{0.28252} \ sec^{-1}$$

die mittlere Anzahl von Aufträgen: (Gl.(2.37))

$$\bar{k}_1 = p(1,1,1)+p(2,1,1)+p(1,2,1)+p(2,2,1)+$$
$$+ 2(p(1,1,2)+p(2,1,2)) = \underline{0.84899}$$

Ganz entsprechend erhalten wir für Knoten 2 und 3 die Leistungsgrößen, welche in der folgenden Tabelle, die auch noch einmal die Ergebnisse von Knoten 1 enthält, zusammengefaßt sind:

	Knoten 1	Knoten 2	Knoten 3
$p(1,1,0)$	0.23123	0.20172	0.29945
$p(1,2,0)$	0.20373	0.247	0.39051
$p(1,1,1)$	0.21265	0.1856	0.12113
$p(2,1,1)$	0.03548	0.02382	0.0984
$p(1,2,1)$	0.01828	0.01216	0.00189
$p(2,2,1)$	0.01482	0.01313	0.00339
$p(1,1,2)$	0.11829	0.10973	0.03197
$p(2,1,2)$	0.16559	0.20687	0.0532
ρ_i	0.56504	0.55128	0.31001
λ_i	0.28252	0.13782	0.155005
λ_i^*	0.28252	0.27564	0.31001
k_i	0.84899	0.86791	0.39515

Jetzt können wir auch den normierten Durchsatz (Gl.(6.29)) des Systems berechnen

$$\lambda^* = \frac{1}{3} \ (\lambda_1^* + \lambda_2^* + \lambda_3^*) = \underline{0.28939}$$

<u>Schritt 4</u>: ,
Anpassung der Bedienraten bei einem Fehler der Anzahl der Aufträge im Knoten oder des Durchsatzes

<u>Schritt 4.1</u>:
Es liegt ein überschreitender Fehler der Anzahl der Aufträge vor, da gilt:

$$\sum_{i=1}^{3} \bar{k}_i = 2.09504 > K(1+\epsilon) = \underline{2.08}$$

Wir müssen daher mit Schritt 4.3 fortfahren.

<u>Schritt 4.3</u>:
Mit $\lambda^*(1-\epsilon)=0.27781$ muß überprüft werden, für welchen Knoten ein unterschreitender Durchsatzfehler vorliegt:

$\lambda_1^* = 0.28252 > 0.27781 \rightarrow$ kein unterschreitender Durchsatzfehler

$\lambda_2^* = 0.27564 < 0.27781 \rightarrow$ unterschreitender Durchsatzfehler

$\lambda_3^* = 0.31001 > 0.27781 \rightarrow$ kein unterschreitender Durchsatzfehler

μ_2 muß verändert werden zu:

$$\mu_2' = \mu_2 \cdot \lambda_2^*/\lambda^* = \underline{0.238}$$

<u>Schritt 5</u>:

$$n = 0 + 1 = 1$$

Zurück zu Schritt 2

<u>Schritt 2 und 3</u>:
Das modifizierte Netzwerk B(1) unterscheidet sich von B(0) nur durch den veränderten Wert von $\mu_2=0.238$ statt $\mu_2=0.25$. Es wird wieder die parametrische Analyse und anschließend die rekursive Methode angewendet. Wir erhalten die folgenden Ergebnisse:

	Knoten 1	Knoten 2	Knoten 3
p(1,1,0)	0.23869	0.19314	0.30573
p(1,2,0)	0.20788	0.24474	0.38888
p(1,1,1)	0.21097	0.18661	0.11972
p(2,1,1)	0.03607	0.02295	0.09765
p(1,2,1)	0.01762	0.01277	0.00184

	Knoten 1	Knoten 2	Knoten 3
p(2,2,1)	0.01466	0.01312	0.0033
p(1,1,2)	0.11342	0.11581	0.03116
p(2,1,2)	0.16069	0.21086	0.05177
ρ_i	0.55343	0.56212	0.30539
λ_i	0.27672	0.13378	0.1527
λ_i^*	0.27672	0.26757	0.30539
$\bar{k}_i$	0.82754	0.88879	0.38837
λ		0.28323	

Schritt 4.1:

$$\sum_{i=1}^{3} \bar{k}_i = 2.1704 > K(1-\epsilon) = \underline{2.08}$$

überschreitender Fehler der Anzahl der Aufträge im Knoten

Schritt 4.3:

$$\lambda^*(1-\epsilon) = 0.2719$$

$\lambda_1^* = 0.27672 > 0.2719$

$\lambda_2^* = 0.26757 < 0.2719$ unterschreitender Durchsatzfehler

$\lambda_3^* = 0.30539 > 0.2719$

$\mu_2' = \mu_2 \cdot \lambda_2^* / \lambda^* = 0.225$

Schritt 5:

$$n = 1 + 1 = 2$$

zurück zu Schritt 2
$\vdots$

Die Iteration muß solange fortgesetzt werden, bis keine über- oder unterschreitende Anzahl der Aufträge im Knoten bzw. Durchsatzfehler mehr auftreten. Daß der Algorithmus terminiert, ergibt sich aus der abschließenden Tabelle, in der die Werte für $\sum_{i=3}^{3} \bar{k}_i$ eingetragen sind. Man erkennt, daß sich der Wert mit jedem Iterationsschritt dem tatsächlichen Wert 2 mehr nähert.

Iteration	$\sum_{i=1}^{3} \bar{k}_i$
B(0)	2.11205
B(1)	2.1047
B(2)	2.10171
B(3)	2.09736
B(4)	2.09505
⋮	⋮

Das Verfahren der iterativen Approximation ist in /SAUE 75b/ auf
Mehrklassenmodelle sowie auf Knoten mit Prioritäten erweitert
worden.

__Aufgabe 6.4__

Das Netzwerk von Beispiel 6.4 soll mit der iterativen Approximation analysiert werden, wenn statt der 2 Aufträge K=3 Aufträge
zirkulieren.

6.3   __Dekompositionsapproximation__

Bei dieser Approximationsmethode versucht man, das gesamte Warteschlangennetz so in Teilnetze zu zerlegen, daß Aktivitäten zwischen den Teilnetzen nahezu vernachlässigbar sind gegenüber Aktivitäten innerhalb der Teilnetze. Netze, bei denen dies möglich
ist, nennt man fast-vollständig-zerlegbar (nearly-completely-
decomposable). Bei der Analyse solcher Netze untersucht man die
Teilnetze völlig isoliert vom Gesamtnetz. Man verfährt so, als
ob es keine Aktivität zwischen dem Teilnetz und seiner Umgebung
gäbe. Da die Aktivitäten zwischen den Teilnetzen sehr gering sind,
ergeben sich aus deren Vernachlässigung nur kleine Fehler. Diese
Methode nennt man auch Aggregation (/COUR 77/).

Zunächst möchten wir diese Methode kurz skizzieren:
Wir gehen wie bei den numerischen Methoden von der bekannten
Gl.(5.4) aus, die jetzt wie folgt umgeschrieben wird:

$$\underline{p}(Q-I) = 0$$

wobei $\underline{p}$ der Gleichgewichtsvektor

    Q die Übergangsratenmatrix

    I die Einheitsmatrix ist.

Wie im Kapitel 5 gezeigt wurde, ist es sehr aufwendig, für etwas umfangreichere Systeme den Zustandsvektor $\underline{p}$ iterativ, direkt oder rekursiv zu bestimmen. Mit der Dekompositionsmethode kann man $\underline{p}$ relativ einfach näherungsweise bestimmen, indem man die folgenden Schritte durchführt.

i)   Die Übergansratenmatrix Q wird in Untersysteme (Aggregate) Q_I^* zerlegt. Diese Untersysteme werden unabhängig voneinander analysiert, indem man zu jedem Untersystem den Gleichgewichtsvektor $\underline{1}_I^*$ bestimmt. Dabei bleiben Wechselwirkungen zwischen den Untersystemen zunächst unberücksichtigt.

ii) Daraufhin wird mit Hilfe der Gleichgewichtsvektoren $\underline{1}_I^*$ (linke Eigenvektoren der Untersysteme Q_I^*) und den Elementen der ursprünglich gegebenen Matrix Q untersucht, welche Wechselwirkungen, d.h. Übergangswahrscheinlichkeiten, zwischen den Untersystemen bestehen. Diese Übergangswahrscheinlichkeiten werden in der Matrix Γ zusammengefaßt.

iii) Der Gleichgewichtszustandsvektor $\underline{X}$ der Matrix Γ wird bestimmt. Ein Element X_I dieses Vektors gibt an, mit welcher Wahrscheinlichkeit sich das System in einem Zustand des Untersystems Q_I^* befindet. Die Elemente des Vektors $\underline{X}$ heißen <u>Makrovariablen</u>.

iv) Nun kann unter Verwendung der eben bestimmten Makrovariablen X_I und der zuvor errechneten Gleichgewichtsvektoren $\underline{1}_I^*$ der Untersysteme Q_I^* der Gleichgewichtszustandsvektor $\underline{p}$ des Gesamtsystems Q approximiert werden. Die Näherungswerte x_{i_I} heißen <u>Mikrovariablen</u>.

Im nächsten Abschnitt werden wir einzelne Schritte des Verfahrens ausführlich unter Verwendung von Zahlenbeispielen erläutern.

6.3.1 <u>Konzept der Fast-Vollständig-Zerlegbarkeit</u>

Zunächst wird die Matrix Q so aufgeteilt, daß A Diagonaluntermatrizen entstehen, die nicht gleicher Ordnung sein müssen. Die Aufteilung muß dabei so erfolgen, daß die Wechselwirkung, (d.h. Übergangsraten) zwischen den durch die A Diagonaluntermatrizen beschriebenen Teilsysteme gering sind im Vergleich zu den Wechselwirkungen innerhalb der Teilsysteme. Dies ist dann der Fall wenn die Elemente der Nichtdiagonaluntermatrizen klein sind im Vergleich zu den Elementen der Diagonalmatrizen. Dann ist das System fast-vollständig-zerlegbar. Sind die Elemente der Nicht-

diagonaluntermatrizen gleich Null, dann ist das System vollständig in Teilsysteme zerlegbar. Die Übergangsratenmatrix Q ist gegeben durch:

$$
Q = \begin{bmatrix}
Q_{11} & Q_{12} & \cdots & \cdots & \cdots & Q_{1A} \\
Q_{21} & Q_{22} & \cdots & \cdots & \cdots & Q_{2A} \\
& & \vdots & & & \\
Q_{I1} & & \cdots & Q_{IJ} & \cdots & Q_{IA} \\
& & \vdots & & & \\
Q_{A1} & & \cdots & & \cdots & Q_{AA}
\end{bmatrix}
\begin{matrix} 1 \\ 2 \\ \\ I \\ \\ A \end{matrix}
$$

$$
\begin{matrix} 1 & \quad 2 & \qquad J & \quad A \end{matrix}
$$

wobei Q_{IJ} Untermatrix der I-ten Zeilenmenge und der J-ten Spal-
tenmenge

und $q_{i_I j_J}$ Element der i-ten Zeile und der j-ten Spalte der Untermatrix Q_{IJ} bedeutet.

Daraufhin wird Q in eine Summe aus zwei Matrizen A und B aufge-
spalten:

$$Q = A + B \tag{6.31}$$

A enthält nur die zuvor ermittelten Diagonaluntermatrizen Q_{II},
(I=1,2,...,A). B beinhaltet alle Nichtdiagonaluntermatrizen
Q_{IJ} (I,J=1,...,A; I$\neq$J).

Im nächsten Schritt wird durch Addition einer Matrix X zur Matrix
A aus jeder Untermatrix Q_{II} (I=1,...,A) eine stochastische Matrix
Q_I^* konstruiert:

$$
Q^* = A + X = \begin{bmatrix}
Q_1^* & & \underline{O} \\
& Q_I^* & \\
\underline{O} & & Q_A^*
\end{bmatrix}
\tag{6.32}
$$

$$
\text{mit} \sum_{j=1}^{a(I)} Q^*(i_I j_J) = 1 \qquad\qquad
\begin{matrix} i = 1(1) \ldots a(I) \\ I = 1(1) \ldots A \end{matrix}
$$

d.h. die Summe jeder Zeile i_I von Q^* ergibt Eins. Die Matrix X muß
nun wieder von Matrix B subtrahiert werden, damit Gl.(6.31) erhalten bleibt:

$$C' = B - X$$

Durch Ausklammern einer Größe ϵ geht C' über in ϵC und Q läßt
sich schreiben als:

$$Q = Q^* + \epsilon C \tag{6.33}$$

ϵ ist eine im Vergleich zu den Elementen von Q^* relativ kleine, positive, reelle Zahl. Sie errechnet sich aus der maximalen Zeilensumme der Elemente der Nichtdiagonalblöcke von Q:

$$\epsilon = \max_{i_I} \sum_{\substack{J=1 \\ J \neq I}}^{A} \sum_{j=1}^{a(J)} q_{i_I j_J} \tag{6.34}$$

Sie wird benötigt, um abzuschätzen, ob die Anwendung des Verfahrens sinnvoll ist.

Die Matrix C hat die Eigenschaft, daß die Summe der Elemente jeder Zeile i_I gleich Null ist.

$$\epsilon \sum_{j=1}^{a} c_{ij} = 0$$

Bevor wir das Konzept fortsetzen, geben wir ein Beispiel zur Verdeutlichung dieser komplex wirkenden Formeln.

Beispiel 6.5

Sei Q gegeben wie folgt

$$Q = \begin{bmatrix} 0.4 & 0.5 & 0.1 & 0 \\ 0.6 & 0.3 & 0.08 & 0.02 \\ 0.04 & 0.02 & 0.6 & 0.34 \\ 0.1 & 0.1 & 0.25 & 0.55 \end{bmatrix}$$

Es ist ersichtlich, daß die Matrix Q auch in der folgenden Form geschrieben werden kann:

$$Q = \begin{bmatrix} 0.4 & 0.5 & & \underline{0} \\ 0.6 & 0.3 & & \\ & & 0.6 & 0.34 \\ \underline{0} & & 0.25 & 0.55 \end{bmatrix} + \begin{bmatrix} \underline{0} & & 0.1 & 0 \\ & & 0.08 & 0.02 \\ 0.04 & 0.02 & & \\ 0.1 & 0.1 & & \underline{0} \end{bmatrix}$$
$$\qquad\qquad\qquad A \qquad\qquad\qquad\qquad B$$

Jede Zeilensumme der Matrix Q^* muß gleich Eins und der Matrix C' gleich Null sein. Um diese Bedingung zu erfüllen, müssen wir die folgende Matrix zu A addieren und von B subtrahieren.

$$
\begin{array}{cc}
A + \\
B -
\end{array}
\begin{bmatrix}
0 & 0.1 & 0 & 0 \\
0.1 & 0 & 0 & 0 \\
0 & 0 & 0 & 0.06 \\
0 & 0 & 0.2 & 0
\end{bmatrix}
$$

So erhalten wir

$$
Q =
\begin{bmatrix}
0.4 & 0.6 & & \underline{0} \\
0.7 & 0.3 & & \\
\underline{0} & & 0.6 & 0.4 \\
& & 0.45 & 0.55
\end{bmatrix}
+
\begin{bmatrix}
0 & -0.1 & 0.1 & 0 \\
-0.1 & 0 & 0.08 & 0.02 \\
0.04 & 0.02 & 0 & -0.06 \\
0.1 & 0.1 & -0.2 & 0
\end{bmatrix}
$$

Als ϵ (Gl.(6.34)) müssen wir die maximale Zeilensumme der nichtdiagonalen Elemente der obigen rechten Matrix B wählen.

$$
\epsilon = \max
\begin{Bmatrix}
0.1 \\
0.08 + 0.02 \\
0.04 + 0.02 \\
0.1\ + 0.1
\end{Bmatrix}
= \underline{0.2}
$$

Durch Ausklammern von $\epsilon=0.2$ aus der Matrix erhalten wir dann die
Gl.(6.33)

$$
Q =
\begin{bmatrix}
0.4 & 0.6 & & \underline{0} \\
0.7 & 0.3 & & \\
& & 0.6 & 0.4 \\
\underline{0} & & 0.45 & 0.55
\end{bmatrix}
+ 0.2
\begin{bmatrix}
0 & -0.5 & 0.5 & 0 \\
-0.5 & 0 & 0.4 & 0.1 \\
0.2 & 0.1 & 0 & -0.3 \\
0.5 & 0.5 & -1 & 0
\end{bmatrix}
$$

Nach diesen vorbereitenden Umformungen der Matrix Q werden nun
die Eigenwerte $\lambda^*(i_I)$, $i=1,\ldots,a(I)$, (a(I) Ordnung der Matrix Q_I^*)
jeder Untermatrix Q_I^* (I=1,\ldots,A) bestimmt. Man benötigt die Eigenwerte, um damit und mit Hilfe von ϵ abschätzen zu können, ob die
Anwendung des Verfahrens sinnvoll ist. Dabei wird davon ausge-
gangen, daß die stochastischen Matrizen Q_I^* nicht zerlegbar sind
(/COUR 77/). Der größte Eigenwert ·von Q_I^* (I=1,\ldots,A) ist wie bei
allen stochastischen Matrizen Q_I^* gleich Eins. Die sich ergebenden Eigenwerte werden dem Betrag nach geordnet.

$$
|\lambda^*(1_I)| = 1 >\cdot |\lambda^*(2_I)| > |\lambda^*(3_I)| > \ldots > |\lambda^*(a(I)_I)|
$$

Jedem Eigenwert $\lambda^*(i_I)$ von Q_I^* entspricht ein wahrer Eigenwert
$\lambda(i_I)$ von Q_I, wobei die Differenz $(\lambda(i_I) - \lambda^*(i_I))$ gegen Null geht,
wenn ϵ nahe bei Null liegt.

Mit Hilfe der Eigenwerte $\overset{*}{\lambda}(i_I)$ und dem Faktor ϵ läßt sich bestimmen, ob eine Matrix Q fast-vollständig zerlegbar (near-complete-decomposable) ist. Eine ausreichende Bedingung dafür gibt P.J. Courtois (/COUR 77/) mit folgender Ungleichung an:

$$\epsilon < \left[1 - \max_I \left|\overset{*}{\lambda}(2_I)\right|\right] / 2 \tag{6.35}$$

$\max_I \overset{*}{\lambda}(2_I)$ ist zweitgrößter Eigenwert von $\overset{*}{Q}_I$ (I=1,...,A).
In den Eigenwerten $\overset{*}{\lambda}(i_I)$ können die linken Eigenvektoren $\overset{*}{l}(i_I)$ der Matrizen $\overset{*}{Q}_I$ mit Hilfe der Gleichung

$$\overset{*T}{l}(i_I) \cdot (\overset{*}{Q}_I - \overset{*}{\lambda}(i_I) \cdot I) = \underline{0} \tag{6.36}$$

($\overset{*T}{l}(i_I)$ ist der transponierte Vektor zu $\overset{*}{l}(i_I)$)

berechnet werden. Speziell ergibt sich für $\overset{*}{\lambda}(1_I)=1$

$$\overset{*T}{l}(1_I) \cdot (\overset{*}{Q}_I - I) = \underline{0} \tag{6.37}$$

Durch Vergleich mit Gl.(5.4) sieht man, daß die linken Eigenvektoren $\overset{*}{l}(1_I)$ dem Vektor der Zustandswahrscheinlichkeiten für die Untersysteme $\overset{*}{Q}_I$ und damit auch näherungsweise für die Q_I entsprechen. Da $\overset{*}{Q}_I$ aus Q_I so konstruiert wurde, daß sich eine stochastische Matrix ergibt (Zeilensumme ist Eins), muß die Summe der Zustandswahrscheinlichkeiten gleich Eins sein und es gilt:

$$\sum_{i=1}^{a(I)} l_i(1_I) = 1 \tag{6.38}$$

Im zeitlichen Verhalten fast-vollständig-zerlegbarer Systeme muß nach Simon und Ando (/SIMO 61/) zwischen <u>kurzfristiger Dynamik</u> und <u>langfristiger Dynamik</u> unterschieden werden. Sie zeigten, daß sich aus dieser Unterscheidung zwei Eigenschaften ableiten:

- In der kurzfristigen Dynamik kann das System Q als eine Menge unabhängiger Untersysteme Q_{II} betrachtet werden. Die einzelnen Q_{II} können separat, näherungsweise analysiert werden und das lokale Gleichgewicht kann durch eine Aggregatsvariable repräsentiert werden.

- In der langfristigen Dynamik werden die Wechselwirkungen zwischen den Gruppen (repräsentiert durch die Aggregatsvariablen) des Gesamtsystems Q analysiert, wobei die Wechselwirkungen innerhalb der Untersysteme dann unberücksichtigt bleiben.

Daraus folgt, daß am Ende der kurzfristigen Dynamik die lokalen
Gleichgewichtszustände durch die Gleichgewichtszustandsvektoren
$1^*(1_I)$ (linke Eigenvektoren) der Untersysteme Q_I^* approximiert
werden können. Langfristig bleibt die Übergangswahrscheinlichkeit
(Wechselwirkung) Γ_{IJ} zwischen Untersystemen Q_{II} und Q_{JJ} mehr oder
weniger konstant, so daß sie näherungsweise berechnet werden kann:

$$\Gamma_{IJ} = \sum_{i=1}^{a(I)} 1_i^*(1_I) \sum_{j=1}^{a(J)} q_{i_I j_J} \tag{6.39}$$

Die zeitunabhängige Matrix $\Gamma = [\Gamma_{IJ}]$ ist stochastisch. Deren
Gleichgewichtszustandsvektor $\underline{X}$ kann aus der Gleichung

$$\underline{X} \cdot (\Gamma - I) = \underline{0} \tag{6.40}$$

und $\quad \sum_{I=1}^{A} X_I = 1$

bestimmt werden. Die Elemente X_I des Vektors $\underline{X}$, die <u>Makrovariablen</u>
heißen, geben näherungsweise an, mit welcher Wahrscheinlichkeit
sich das System in einem Zustand des Untersystems Q_{II} befindet,
wenn das System im Gleichgewichtszustand ist.

Jetzt ist es schließlich möglich, mit Hilfe der Gleichgewichtszustandswahrscheinlichkeiten der einzelnen Untersysteme Q_I^* und
der Makrovariablen die Elemente des Gleichgewichtszustandsvektors
$\underline{p}$ des Gesamtsystems Q näherungsweise durch folgende Gleichungen
zu berechnen:

$$x_{i_I} = X_I \cdot 1_i^*(1_I) \quad ; \quad i=1,\ldots,a(I) \atop I=1,\ldots,A \tag{6.41}$$

Die Elemente x_{i_I} heißen <u>Mikrovariablen</u>.

Beispiel 6.6

Wir setzen das Beispiel 6.5 hier fort.
Wie gezeigt wurde, ist die Matrix Q in die folgenden Teilmatrizen
zerlegbar:

$$Q_1^* = \begin{bmatrix} 0.4 & 0.6 \\ 0.7 & 0.3 \end{bmatrix} \qquad Q_2^* = \begin{bmatrix} 0.6 & 0.4 \\ 0.45 & 0.55 \end{bmatrix}$$

Zunächst bestimmen wir die Eigenwerte $\lambda^*(1_1)$ und $\lambda^*(2_1)$ von Q_1^*:

$$\det(Q_1^*-\lambda I) = \begin{vmatrix} 0.4-\lambda & 0.6 \\ 0.7 & 0.3-\lambda \end{vmatrix} = (\lambda-1)(\lambda+0.3)$$

Daraus folgt

$$\lambda^*(1_1) = \underline{1} \qquad \lambda^*(2_1) = \underline{-0.3}$$

Die Eigenwerte $\lambda^*(1_2)$ und $\lambda^*(2_2)$ von Q_2^* ergeben sich entsprechend

$$\det(Q_2^*-\lambda I) = \begin{vmatrix} 0.6-\lambda & 0.4 \\ 0.45 & 0.55-\lambda \end{vmatrix} = (\lambda-1)(\lambda-0.15)$$

Daraus folgt

$$\lambda^*(1_2) = \underline{1} \quad \text{und} \quad \lambda^*(2_2) = \underline{0.15}$$

Die Bedingung (6.35) soll hier überprüft werden:

$$\max_I |\lambda^*(2_I)| = \max \left\{ \begin{matrix} |-0.3| \\ |0.15| \end{matrix} \right\} = \underline{0.3}$$

$$\epsilon = 0.2 < [1-\max_I |\lambda^*(2_I)|]/2 = \underline{0.35}$$

Daraus folgt, daß die Matrix Q "fast-vollständig-zerlegbar" ist.

Die Berechnung der linken Eigenvektoren ergibt für Q_1^* mit Gl.(6.37)

$$[1_1^*(1_1) \quad 1_2^*(1_1)] \cdot \begin{bmatrix} (0.4-1) & 0.6 \\ 0.7 & (0.3-1) \end{bmatrix} = \underline{0}$$

und der Bedingung $1_1^*(1_1) + 1_2^*(1_1) = 1$

$$1_1^*(1_1) = \underline{0.538} \qquad 1_2^*(1_1) = \underline{0.462}$$

Genauso berechnet man die $1_i^*(1_2)$ für Q_2^*:

$$[1_1^*(1_2) \quad 1_2^*(1_2)] \cdot \begin{bmatrix} (0.6-1) & 0.4 \\ 0.45 & (0.55-1) \end{bmatrix} = \underline{0}$$

$$1_1^*(1_2) + 1_2^*(1_2) = 1$$

Daraus folgt:

$$1_1^*(1_2) = \underline{0.529} \qquad 1_2^*(1_2) = \underline{0.471}$$

Die Matrix der Übergangswahrsceinlichkeiten Γ zwischen den Untermatrizen kann aus der Gl.(6.39) bestimmt werden.

$$\Gamma_{11} = \sum_{i=1}^{2} 1_i^*(1_1) \sum_{j=1}^{2} q_{i_1 i_1} = 1 - \Gamma_{12}$$

$$= 1_1^*(1_1)(q_{1_1 1_1} + q_{1_1 2_1}) + 1_2^*(1_1)(q_{2_1 1_1} + q_{2_1 2_1}) = \underline{0.9}$$

$$\Gamma_{12} = \sum_{i=1}^{2} 1_i^*(1_1) \sum_{j=1}^{2} q_{i_1 j_2} = 1 - \Gamma_{11}$$

$$= 1_1^*(1_1)(q_{1_1 1_2} + q_{1_1 2_2}) + 1_2^*(1_1)(q_{2_1 1_2} + q_{2_1 2_2}) = \underline{0.1}$$

$$\Gamma_{21} = \sum_{i=1}^{2} 1_i^*(1_2) \sum_{j=1}^{2} q_{i_2 i_1} = 1 - \Gamma_{22}$$

$$= 1_1^*(1_2)(q_{1_2 1_1} + q_{1_2 2_1}) + 1_2^*(1_2)(q_{2_2 1_1} + q_{2_2 2_1}) = \underline{0.126}$$

$$\Gamma_{22} = \sum_{i=1}^{2} 1_i^*(1_2) \sum_{j=1}^{2} q_{i_2 i_2} = 1 - \Gamma_{21}$$

$$= 1_1^*(1_2)(q_{1_2 1_2} + q_{1_2 2_2}) + 1_2^*(1_2)(q_{2_2 1_2} + q_{2_2 2_2}) = \underline{0.874}$$

Die Matrix Γ der Übergangswahrscheinlichkeiten sieht dann wie folgt aus:

$$\Gamma = \begin{bmatrix} 0.9 & 0.1 \\ 0.126 & 0.874 \end{bmatrix}$$

Den Gleichgewichtszustandsvektor von Γ erhält man aus Gl.(6.40)

$$[X_1, X_2] \cdot \begin{bmatrix} (0.9-1) & 0.1 \\ 0.126 & (0.874-1) \end{bmatrix} = \underline{0}$$

und der Gleichung

$$X_1 + X_2 = 1$$

$$X_1 = \underline{0.5575} \qquad X_2 = \underline{0.4425}$$

Die Mikrovariablen, die die Approximation des Gleichgewichtszustandsvektors $\underline{p}$ sind, ergeben sich aus der Gl.(6.41)

$$x_{1_1} = X_1 \, 1_1^*(1_1) = 0.2999$$

$$x_{2_1} = X_1 \, 1_2^*(1_1) = 0.2576$$

$$x_{1_2} = X_2\, 1^*_1(1_2) = 0.2341$$

$$x_{2_2} = X_2\, 1^*_2(1_2) = 0.2084$$

Zum Vergleich sei der exakte Gleichgewichtszustandsvektor $\underline{p}$ des Systems Q angegeben, den wir mit Hilfe der exakten Methoden (Kap.4) bestimmt haben:

$$\underline{p} = [0.3 \quad 0.25 \quad 0.25 \quad 0.2]$$

Der Vorteil des Verfahrens besteht darin, daß die Lösung des linearen Systems der Ordnung a

$$1^T(1_I) \cdot (Q-I_a) = \underline{0}$$

auf die Lösung der A kleineren, unabhängigen $a(I)$ x $a(I)$ - Systeme

$$1^{*T}(1_I) \cdot (Q^*_I-I_{a(I)}) = \underline{0}$$

und auf die Lösung des AxA-Systems

$$\underline{X} \cdot (\Gamma-I_A) = \underline{0}$$

für die Makrovariablen reduziert wird.

6.3.2 <u>Dekomposition der geschlossenen Warteschlangennetze</u>

Geschlossene Warteschlangennetze (Fig. 3.3) sind im Kapitel 4.1.2 behandelt worden. Wie aus 4.1.2 bekannt, bezeichnet $p(k_1,\dots,k_N)$ die Wahrscheinlichkeit dafür, daß sich das System im Zustand $(k_1,\dots,k_N)$ befindet, wenn es im Gleichgewichtszustand ist. $\underline{p}$ ist der Gleichgewichtszustandsvektor, der als Elemente die Wahrscheinlichkeiten $p(k_1,\dots,k_N)$ enthält. Q ist eine Matrix der Größe

$$\binom{N + K - 1}{N - 1}$$

deren Elemente die Übergangsraten von einem Zustand $(k_1,\dots,k_N)$ in einem anderen Zustand $(k'_1,\dots,k'_N)$ sind. Für $\underline{p}$ und Q gilt folgende Beziehung: (vgl. Gl.(5.4))

$$\underline{p} = \underline{p}[Q] \quad \text{bzw.} \quad \underline{p}[Q-I] = 0$$

Bevor die Übergangsmatrix $Q(K,N)$ aufgestellt werden kann, muß zunächst die Reihenfolge der ermittelten Zustände $(k_1,\dots,k_N)$ festgelegt werden. Sie ergibt sich entsprechend dem Wert der Summe

$$\sum_{i=1}^{N} k_i \, K^i \qquad\qquad (6.42)$$

die für jeden Zustand errechnet werden kann.

Die Aufstellung der Übergangsmatrix $Q(K,N)$ vollzieht sich nun nach der lexikographisch errechneten Reihenfolge der Zustände $(k_1,\ldots,k_N)$. Alle nichtdiagonalen Elemente haben entweder den Wert Null oder sind gleich der Wahrscheinlichkeit $\mu_i p_{ij}$ $(i \neq j)$ und alle diagonalen Elemente errechnen sich zu:

Diagonalelement = $1 - \sum$ Nichtdiagonalelemente der Zeile
Diese Matrixstruktur eignet sich nun in besonderer Weise, den Gleichgewichtszustandsvektor des Netzwerkes mit Hilfe der Dekomposition und der Aggregatsbildung zu approximieren.

Dazu wird die Matrix so in Untermatrizen aufgeteilt, wie es im folgenden Lemma beschrieben ist.

<u>Lemma von Courtois</u>

Die stochastische Matrix $Q(K,N)$ ist in $(K+1)$ Hauptuntermatrizen $Q^*(k_N)$ aufteilbar. Jede Hauptuntermatrix ist, abgesehen vom Diagonalelement, die Matrix eines Netzwerkes von $(N-1)$ Knoten $L_1, L_2, \ldots, L_{N-1}$ mit jeweils $K, \ldots, K-k_N, \ldots, 0$ Aufträgen.

Darüberhinaus ist jede Untermatrix wieder in $(K-k_N+1)$ Hauptuntermatrizen aufteilbar, die, abgesehen vom Diagonalelement, einem Netzwerk von $(N-2)$ Knoten $L_1, L_2, \ldots, L_{N-2}$ mit jeweils $(K-k_N)$, $(K-k_N-1), \ldots, 0$ Aufträgen entspricht.

Wie oft diese mehrschichtige Dekomposition wiederholt werden kann, richtet sich nach der Anzahl der Knoten, die im Netzwerk vorhanden ist.
Für den Beweis weisen wir auf /COUR 77/ hin.
Das Kriterium für die fast-vollständige-Zerlegbarkeit (Gl.(6.35)) kann hier durch ein anderes Kriterium, das sich direkt aus den Übergangsraten und Übergangswahrscheinlichkeiten ergibt, ersetzt werden.

<u>Theorem von Courtois (1977)</u>

Ist für $i=2,\ldots,N-1$

$$\epsilon_i = \max_{(k_1,\ldots,k_N)} \sum_{l=i+1}^{N} \alpha_1(k_1)\,\mu_1 \sum_{j=1}^{i} p_{1j} + \sum_{l=1}^{i} \alpha_1(k_1)\,\mu_1 \sum_{j=i+1}^{N} p_{1j} \qquad (6.43)$$

genügend klein, dann definiert die stochastische Matrix Q(K,N), (K>0, N>2), ein fast-vollständig-zerlegbares System in (N-1) Ebenen. $a_1(k_1)$ ist gegeben durch die Gl.(4.8) in Kapitel 4.1.1.

Genügend klein bedeutet, daß ϵ_i die folgende Ungleichung erfüllen muß:

$$\epsilon_i < \frac{1}{2} (A_i + B_i) - (A_i B_i)^{1/2} \cos (\pi/(K+1)) \qquad (6.44)$$

wobei ϵ_i aus der Gl.(6.43) bestimmt wird und

$$A_i = \min_{1<l<i-1} (\mu_1 p_{1i})$$

$$B_i = \mu_i \sum_{l=1}^{i-1} p_{il} \qquad (6.45)$$

Zur Demonstration der Analyse eines geschlossenen Warteschlangennetzes mit Hilfe der Dekompositionsmethode wird das folgende einfache Beispiel gewählt.

Beispiel 6.7

Das geschlossene Warteschlangennetz hat N=3 Knoten und K=2 Aufträge (Fig. 6.10).

Dabei gelten folgende Annahmen:
Jeder Knoten enthält nur eine Bedieneinheit (m_i=1). Die Bedienzeiten sind exponentiell verteilt mit den Mittelwerten:

$$1/\mu_1 = 1/0.6 \text{ sec} \qquad 1/\mu_2 = 1/0.3 \text{ sec} \qquad 1/\mu_3 = 1/0.4 \text{ sec}$$

Die Übergangswahrscheinlichkeiten p_{ij} haben folgende Werte:

$$p_{11}=0.2 \qquad p_{21}=0.8 \qquad p_{31}=0.05$$
$$p_{12}=0.75 \qquad p_{22}=0.15 \qquad p_{32}=0.05$$

$$p_{13}=0.05 \qquad p_{23}=0.05 \qquad p_{33}=0.9$$

Man beginnt nun mit der Bildung der $\binom{N+K-1}{N-1}$ möglichen Systemzustände $(k_1, k_2, \ldots, k_N)$.

Für N=3 und K=2 sind es $\binom{3+2-1}{2} = 6$ Zustände, nämlich

$$(200) \quad (020) \quad (002) \quad (110) \quad (101) \quad (011)$$

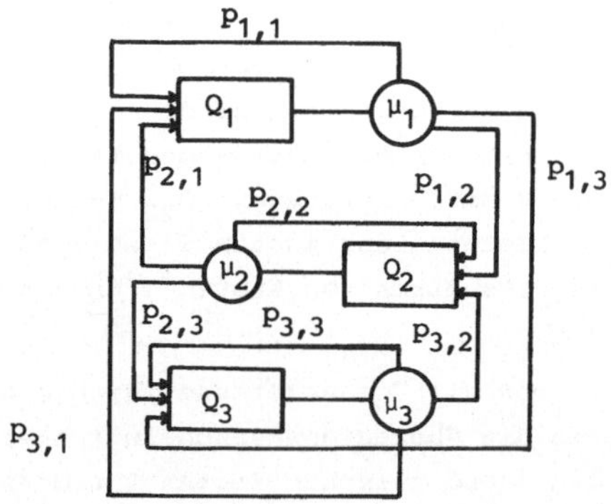

Fig. 6.10   Ein geschlossenes Warteschlangennetz

Die Reihenfolge der Zustände ergibt sich aus der Gl.(6.42).
Die Übergangsmatrix Q können wir dann wie folgt aufstellen:

Q(2,3)	2 0 0	1 1 0	0 2 0	1 0 1	0 1 1	0 0 2
200	$1-\Sigma$	$\mu_1 P_{12}$	0	$\mu_1 P_{13}$	0	0
110	$\mu_2 P_{21}$	$1-\Sigma$	$\mu_1 P_{12}$	$\mu_2 P_{23}$	$\mu_1 P_{13}$	0
020	0	$\mu_2 P_{21}$	$1-\Sigma$	0	$\mu_2 P_{23}$	0
101	$\mu_3 P_{31}$	$\mu_3 P_{32}$	0	$1-\Sigma$	$\mu_1 P_{12}$	$\mu_1 P_{13}$
011	0	$\mu_3 P_{31}$	$\mu_3 P_{32}$	$\mu_2 P_{21}$	$1-\Sigma$	$\mu_2 P_{23}$
002	0	0	0	$\mu_3 P_{31}$	$\mu_3 P_{32}$	$1-\Sigma$

Nach Einsetzen der Zahlenwerte ergibt sich für Q:

$$Q = \begin{bmatrix} 0.52 & 0.45 & 0 & 0.03 & 0 & 0 \\ 0.24 & 0.265 & 0.45 & 0.015 & 0.03 & 0 \\ 0 & 0.24 & 0.745 & 0 & 0.015 & 0 \\ 0.02 & 0.02 & 0 & 0.48 & 0.45 & 0.03 \\ 0 & 0.02 & 0.02 & 0.24 & 0.705 & 0.015 \\ 0 & 0 & 0 & 0.02 & 0.02 & 0.96 \end{bmatrix}$$

Nach dem Lemma von /COUR 77/ ist die Matrix Q(2,3) in drei Hauptuntermatrizen Q^* zerlegbar, die an der obigen Matrix Q durch die
durchgezogenen Linien hervorgehoben sind.
Die Untermatrix Q_{11} ist nun die Matrix des Teilnetzwerkes von
Knoten 1 und Knoten 2 mit 2 Aufträgen. Q_{22} ist die Matrix des
Teilnetzwerkes von Knoten 1 und Knoten 2 mit 1 Auftrag und Q_{33}
die Matrix des Teilnetzwerkes von Knoten 1 und Knoten 2 ohne Auftrag.

In diesem Beispiel muß als Voraussetzung für die Zerlegbarkeit des
Systems gelten, daß die Übergangswahrscheinlichkeiten zwischen
Knoten 1 und Knoten 3 und zwischen Knoten 2 und Knoten 3 "genügend"
klein sind im Vergleich zu den Übergangswahrscheinlichkeiten zwi-
schen Knoten 1 und Knoten 2.
Nach dem Theorem von Courtois (Gl.(6.43)) ergibt sich folgende
Rechnung:

$$\epsilon_2 = \max_{(k_1,k_2,k_3)} \left[\sum_{l=3}^{3} \alpha_1(k_1)\mu_1 \sum_{j=1}^{2} P_{1j} + \sum_{l=1}^{2} \alpha_1(k_1)\mu_1 \sum_{j=3}^{3} P_{1j} \right]$$

$$= \max \begin{cases} \mu_1 P_{13} & \text{für (200)} \\ \mu_1 P_{13} + {}_2 P_{23} & \text{für (110)} \\ \mu_2 P_{23} & \text{für (020)} \\ \mu_1 P_{13} + {}_3 P_{31} + {}_3 P_{32} & \text{für (101)} \\ \mu_2 P_{23} + {}_3 P_{31} + {}_3 P_{32} & \text{für (011)} \\ \mu_3 P_{31} + {}_3 P_{32} & \text{für (002)} \end{cases} = \max \begin{cases} 0.03 \\ 0.045 \\ 0.015 \\ 0.07 \\ 0.055 \\ 0.04 \end{cases} = \underline{0.07}$$

Die Bedingung (6.44) zur Einschränkung der Größe von ϵ_i ermitteln
wir mit Hilfe von (6.45) wie folgt:

$$A_2 = \min_{1<l<1} (\mu_1 P_{12}) = \underline{0.45}$$

$$B_2 = \mu_2 \sum_{l=1}^{1} P_{21} = \underline{0.24}$$

Damit für den Ausdruck ergibt sich

$$\epsilon_2 < \frac{1}{2}(A_2 + B_2) - (A_2 B_2)^{1/2} \cos(\pi/(2+1)) = \underline{0.181}$$

Dieser Wert ist größer als das zuvor ermittelte $\epsilon_2 = 0.07$ und somit
ist Bedingung 6.44 erfüllt. Daher kann nun die Matrix Q nach der

Vorgehensweise (6.3.1) analysiert werden:

Die Matrix Q wird zu $Q=Q^{*}+\epsilon C$ umgeformt. Dazu spaltet man Q auf in A+B:

$$Q = \begin{bmatrix} 0.52 & 0.45 & 0 & & & \\ 0.24 & 0.265 & 0.45 & & \underline{O} & \\ 0 & 0.24 & 0.745 & & & \\ & & & 0.48 & 0.45 & \\ & \underline{O} & & 0.24 & 0.705 & \underline{O} \\ & & & & \underline{O} & 0.96 \end{bmatrix} +$$

$$+ \begin{bmatrix} & & & 0.03 & 0 & 0 \\ & \underline{O} & & 0.015 & 0.03 & 0 \\ & & & 0 & 0.015 & 0 \\ 0.02 & 0.02 & 0 & & & 0.03 \\ 0 & 0.02 & 0.02 & & \underline{O} & 0.015 \\ 0 & 0 & 0 & 0.02 & 0.02 & 0 \end{bmatrix}$$

ϵ ist die maximale Zeilensumme von B, $\epsilon=0.07$.

Um die stochastische Matrix Q zu erhalten, muß die folgende Matrix X zu A addiert und von B subtrahiert werden.

$$X = \begin{bmatrix} 0 & 0 & 0.03 & 0 & 0 & 0 \\ 0 & 0.045 & 0 & 0 & 0 & 0 \\ 0.015 & 0 & 0 & 0 & 0 & 0 \\ 0 & 0 & 0 & 0 & 0.07 & 0 \\ 0 & 0 & 0 & 0.055 & 0 & 0 \\ 0 & 0 & 0 & 0 & 0 & 0.04 \end{bmatrix}$$

Man erhält dann für Q:

$$Q= \begin{bmatrix} 0.52 & 0.45 & 0.03 & & & \\ 0.24 & 0.31 & 0.45 & & \underline{O} & \\ 0.015 & 0.24 & 0.745 & & & \\ & & & 0.48 & 0.52 & \\ & \underline{O} & & 0.295 & 0.705 & \underline{O} \\ & & & & & 1 \end{bmatrix} +$$

$$A+X$$

-198-

$$+ \begin{bmatrix} 0 & 0 & -0.03 & 0.03 & 0 & 0 \\ 0 & -0.045 & 0 & 0.015 & 0.03 & 0 \\ -0.015 & 0 & 0 & 0 & 0.015 & 0 \\ 0.02 & 0.02 & 0 & 0 & -0.07 & 0.03 \\ 0 & 0.02 & 0.02 & -0.055 & 0 & 0.015 \\ 0 & 0 & 0 & 0.02 & 0.02 & -0.04 \end{bmatrix}$$

B-X

Und schließlich wird Q nach Ausklammern von $\epsilon = 0.07$ aus (B-X) zu:

$$Q = \begin{bmatrix} 0.52 & 0.45 & 0.03 & & & \\ 0.24 & 0.31 & 0.45 & & \underline{0} & \\ 0.015 & 0.24 & 0.745 & & & \\ & & & 0.48 & 0.52 & \underline{0} \\ & \underline{0} & & 0.295 & 0.705 & \\ & & & & & 1 \end{bmatrix} + 0.07$$

$\overset{*}{Q}$ ϵ

$$\begin{bmatrix} 0 & 0 & -0.429 & 0.429 & 0 & 0 \\ 0 & -0.643 & 0 & 0.214 & 0.429 & 0 \\ -0.214 & 0 & 0 & 0 & 0.214 & 0 \\ 0.286 & 0.286 & 0 & 0 & -1 & 0.429 \\ 0 & 0.286 & 0.286 & 0.286 & 0 & 0.214 \\ 0 & 0 & 0 & 0.286 & 0.286 & -0.572 \end{bmatrix}$$

C

Nun werden die Eigenwerte $\lambda^*(i_I)$ der Untermatrizen

$$Q_1^* = \begin{bmatrix} 0.52 & 0.45 & 0.03 \\ 0.24 & 0.31 & 0.45 \\ 0.015 & 0.24 & 0.745 \end{bmatrix}, \quad Q_2^* = \begin{bmatrix} 0.48 & 0.52 \\ 0.295 & 0.705 \end{bmatrix} \quad \text{und} \quad Q_3^* = [\,1\,]$$

errechnet:

Sie erhält man für Q_1^* wie folgt:

$$\det(Q_1^* - \lambda I) = \begin{vmatrix} (0.52-\lambda) & 0.45 & 0.03 \\ 0.24 & (0.31-\lambda) & 0.45 \\ 0.15 & 0.24 & (0.745-\lambda) \end{vmatrix} = (\lambda-1)(\lambda-0.553)(\lambda-0.0215)$$

Daraus folgt: $\lambda^*(1_1) = \underline{1}$ $\quad$ $\lambda^*(2_1) = \underline{0.553}$ $\quad$ $\lambda^*(3_1) = \underline{0.0215}$

Für Q_2^* ergibt sich entsprechend

$$\lambda^*(1_2) = \underline{1} \qquad \lambda^*(2_2) = \underline{0.185}$$

Der Eigenwert von Q_3^* ist $\lambda^*(1_3) = \underline{1}$

An dieser Stelle kann jetzt gezeigt werden, daß die Zerlegbarkeits-
bedingung (Gl.(6.35)) auch erfüllt ist.

$$\epsilon < [1-\max_I | \lambda^*(2_I)|]/2$$

mit

$$\max_I | \lambda^*(2_I)| = \max \left\{ \begin{matrix} 0.553 \\ 0.185 \end{matrix} \right\} = 0.553$$

$$\epsilon = 0.07 < [1-0.553]/2 = 0.2235$$

Daraus folgt, daß die stochastische Matrix Q fast-vollständig-
zerlegbar ist.

Im nächsten Schritt können jetzt die linken Eigenvektoren $l^*(1_I)$
mit $\lambda^*(1_I)$ von $Q_I^*(I=1,2,3)$ aus der Gl.(6.37) berechnet werden.

Für Q_1^* erhalten wir mit

$$[1_1^*(1_1)\ 1_2^*(1_1)\ 1_3^*(1_1)] \cdot \begin{bmatrix} (0.52-1) & 0.45 & 0.03 \\ 0.24 & (0.31-1) & 0.45 \\ 0.015 & 0.24 & (0.745-1) \end{bmatrix} = \underline{0}$$

und $\quad 1_1^*(1_1)+1_2^*(1_1)+1_3^*(1_1) = 1$

$$1_1^*(1_1) = \underline{0.165} \qquad 1_2^*(1_1) = \underline{0.295} \qquad 1_3^*(1_1) = \underline{0.54}$$

Für Q_2^* erhalten wir mit

$$[1_1^*(1_2)\ 1_2^*(1_2)] \cdot \begin{bmatrix} (0.48-1) & 0.52 \\ 0.295 & (0.705-1) \end{bmatrix} = \underline{0}$$

und $\quad 1_1^*(1_2) + 1_2^*(1_2)=1$

$$1_1^*(1_2) = \underline{0.362} \qquad 1_2^*(1_2) = \underline{0.638}$$

Der linke Eigenvektor von Q_3^* ist:

$$l_1^*(1_3) = \underline{1}$$

Nun können die Übergangswahrscheinlichkeiten Γ_{IJ} (Gl.(6.39)) von Untersystem Q_{II} nach Q_{JJ} ermittelt werden. Sie errechnen sich aus nachstehenden Gleichungen:

$$\Gamma_{11}=l_1^*(1_1)\cdot(q_{1_1 1_1}+q_{1_1 2_1}+q_{1_1 3_1})+l_2^*(1_1)\cdot$$
$$\cdot(q_{2_1 1_1}+q_{2_1 2_1}+q_{2_1 3_1})+l_3^*(1_1)\cdot(q_{3_1 1_1}+q_{3_1 2_1}+q_{3_1 3_1}) = \underline{0.9737}$$

$$\Gamma_{12} = 1-\Gamma_{11}-\Gamma_{13} = \underline{0.0263}$$

$$\Gamma_{13} = l_1^*(1_1)\cdot q_{1_1 1_3}+l_2^*(1_1)\cdot q_{2_1 1_3}+l_3^*(1_1)\cdot q_{3_1 1_3} = \underline{0}$$

$$\Gamma_{21} = 1-\Gamma_{22}-\Gamma_{23} = \underline{0.04}$$

$$\Gamma_{22} = l_1^*(1_2)\cdot(q_{1_2 1_2}+q_{1_2 2_2})+l_2^*(1_2)\cdot(q_{2_2 1_2}+q_{2_2 2_2}) = \underline{0.9396}$$

$$\Gamma_{23} = l_1^*(1_2)\cdot q_{1_2 1_3}+l_2^*(1_2)\cdot q_{2_2 1_3} = \underline{0.0204}$$

$$\Gamma_{31} = l_1^*(1_3)\cdot(q_{1_3 1_1}+q_{1_3 2_1}+q_{1_3 3_1}) = \underline{0}$$

$$\Gamma_{32} = l_1^*(1_3)\cdot(q_{1_3 1_2}+q_{1_3 2_2}) = \underline{0.04}$$

$$\Gamma_{33} = 1-\Gamma_{31}-\Gamma_{32} = \underline{0.96}$$

Daraus folgt:

$$\Gamma = \begin{bmatrix} 0.9737 & 0.0263 & 0 \\ 0.04 & 0.9396 & 0.0204 \\ 0 & 0.04 & 0.96 \end{bmatrix}$$

Im nächsten Schritt muß der Gleichgewichtszustandsvektor $\underline{X}$ (Makrovariable) (Gl.(6.40)) der Matrix Γ bestimmt werden:

$$[X_1 \ X_2 \ X_3]\cdot\begin{bmatrix} (0.9737-1) & 0.0263 & 0 \\ 0.04 & (0.9396-1) & 0.0204 \\ 0 & 0.04 & (0.96-1) \end{bmatrix} = \underline{0}$$

und $X_1 + X_2 + X_3 = \underline{1}$

Daraus folgt:

$$X_1 = \underline{0.502} \qquad X_2 = \underline{0.33} \qquad X_3 = \underline{0.168}$$

Schließlich berechnet man die Mikrovariablen aus der Gl.(6.41), die als Näherungswerte für den Gleichgewichtszustandsvektor $\underline{p}$ des Systems Q genommen werden können.

$$x_{1_1} = X_1 \cdot l_1^*(1_1) = \underline{0.0828}$$

$$x_{2_1} = X_1 \cdot l_2^*(1_1) = \underline{0.148}$$

$$x_{3_1} = X_1 \cdot l_3^*(1_1) = \underline{0.271}$$

$$x_{1_2} = X_2 \cdot l_1^*(1_2) = \underline{0.1194}$$

$$x_{2_2} = X_2 \cdot l_2^*(1_2) = \underline{0.2108}$$

$$x_{1_3} = X_3 \cdot l_1^*(1_3) = \underline{0.168}$$

In der folgenden Tabelle sind diese Ergebnisse den exakten Ergebnissen für die Zustandswahrscheinlichkeiten gegenübergestellt:

	Approximation	exakt	Abweichung
p(2,0,0)	0.0835	0.07864	6,1 %
p(1,1,0)	0.14927	0.1478	0,9 %
p(0,2,0)	0.273	0.2779	1,7 %
p(1,0,1)	0.119	0.11434	4,0 %
p(0,1,1)	0.2099	0.2149	2,3 %
p(0,0,2)	0.165	0.1662	0,7 %

Zum Vergleich haben wir für dasselbe Beispiel mit anderen Übergangswahrscheinlichkeiten die Zustandswahrscheinlichkeiten approximativ und exakt berechnet:

$$P_{11} = 0.3 \qquad P_{21} = 0.7 \qquad P_{31} = 0.4$$
$$P_{12} = 0.5 \qquad P_{22} = 0.2 \qquad P_{32} = 0.2$$
$$P_{13} = 0.2 \qquad P_{23} = 0.1 \qquad P_{33} = 0.4$$

Die Tabelle zeigt, daß sich für diesen Fall zum Teil erhebliche
Abweichungen ergeben. Das bedeutet, daß die Elemente der Nicht-
diagonalmatrizen offensichtlich nicht mehr klein genug sind, um
die Bedingung für die Zerlegbarkeit zu erfüllen.

	Approximation	exakt	Abweichung
p(2,0,0)	0.219	0.145	51 %
p(1,1,0)	0.21	0.22	4,5 %
p(0,2,0)	0,2	0.32	37,5 %
p(1,0,1)	0.113	0.1	13 %
p(0,1,1)	0.156	0.148	5,4 %
p(0,0,2)	0.087	0.0685	27 %

Aus den Zustandswahrscheinlichkeiten lassen sich die Einzelwahr-
scheinlichkeiten und damit alle Leistungsgrößen wie in Kap.2 beschrieben, ermitteln.

Der Vorteil des Verfahrens besteht darin, daß für die Bestimmung
der Zustandswahrscheinlichkeiten nicht ein lineares Gleichungssystem a-ter Ordnung sondern A kleinere, unabhängige Systeme gelöst werden müssen.
Die Anwendung unterliegt (wie bei den numerischen Methoden) im
Prinzip keinerlei Beschränkung bis auf die Forderung nach endlichem Zustandsraum. Insbesondere muß die Bedienzeitverteilung nicht
exponentiell sein und die Bedienraten und Übergangswahrscheinlichkeiten können zustandsabhängig sein.
Bei umfangreicheren Systemen können die Untermatrizen in weitere
Untermatrizen zerlegt werden (multilevelaggregation). Details
hierzu und zur Fehlerabschätzung können in /COUR 77/ nachgelesen
werden.

Aufgabe 6.5
Gegeben ist die stochastische Matrix Q:

$$Q = \begin{bmatrix} 0.4 & 0.45 & 0.08 & 0.07 \\ 0.65 & 0.25 & 0.06 & 0.04 \\ 0.07 & 0.03 & 0.6 & 0.3 \\ 0.15 & 0.1 & 0.25 & 0.5 \end{bmatrix}$$

Berechnen Sie approximativ den Gleichgewichtsvektor p für dieses
System mit der Dekompositionsmethode nach Courtois.

Aufgabe 6.6

Für das in Abschnitt 6.3.2 behandelte Beispiel 6.7 berechne man
die Zustandswahrscheinlichkeiten approximativ mit der Dekompositionsmethode und zum Vergleich exakt entsprechend Kap.4 unter der
Annahme, daß sich K=3 Aufträge im System befinden.

Aufgabe 6.7

Gegeben ist ein geschlossenes Warteschlangennetz mit N=2 und K=3
Aufträgen. Die Bedienzeiten sind exponentiell verteilt mit den
Mittelwerten $1/\mu_1=1/\mu_2=1$ sec. Die Übergangswahrscheinlichkeiten
sind

$$p_{11}=p_{22}= 0.9$$
$$p_{12}=p_{21}= 0.1$$

Man berechne die Zustandswahrscheinlichkeiten approximativ mit
der Dekompositionsmethode und zum Vergleich exakt entsprechend
Kapitel 4.

6.4 Dekomposition der Netze in einzelne Knoten

In diesem Abschnitt wird das Näherungsverfahren von /KÜHN 79/ zur
Analyse von allgemeinen offenen Warteschlangennetzen (Fig. 3.2)
vorgestellt.

Die näherungsweise Bestimmung der Leistungsgrößen durch diese
Dekomposition erfolgt bei diesem Verfahren durch getrennte Untersuchung der einzelnen Knoten. Dies gelingt durch eine Approximation des Variationskoeffizienten des Ankunftsprozesses c_{Ai} und
des Abgangsprozesses c_{Di}. Hierzu wird der Abgangsprozeß entsprechend den Übergängen zwischen den Knoten in Teilprozesse zerlegt
und die Variationskoeffizienten dieser Teilprozesse bestimmt.
Aus den Variationskoeffizienten der Teilprozesse der bei einem
Knoten ankommenden Aufträge wird der Variationskoeffizient
des Ankunftsprozesses ermittelt, der dann zusammen mit dem Variationskoeffizienten des Bedienprozesses die Bestimmung des Variationskoeffizienten des Abgangsprozesses ermöglicht. Zu Beginn
dieser iterativen Vorgehensweise werden alle unbekannten Variationskoeffizienten der Ankunftsprozesse gleich Eins gesetzt.
Die Anwendung des Verfahrens kann in folgenden Schritten zusammengefaßt werden. Die Herleitung ist ausführlich in /KÜHN 79/ beschrieben.

1. Schritt:

Bestimmung der Ankunftsraten λ_i bei den einzelnen Knoten mit Hilfe des Gleichungssystems (4.1) und Überprüfung der Stabilitätsbedingung $\rho_i = \lambda_i / \mu_i < 1$ für alle Knoten.

2. Schritt:

Substitution aller Knoten mit direkter Rückkopplung durch Knoten ohne Rückkopplung:

Fig. 6.11   Substitution einer Knotenrückkopplung

Die veränderten Parameter werden mit den folgenden Gleichungen ermittelt:

$$\mu_i^* = \mu_i (1-p_{ii})$$
$$c_{B_i}^{*2} = p_{ii} + (1-p_{ii}) \, c_{B_i}^2$$
$$p_{ij}^* = p_{ij} / (1-p_{ii}) \qquad j \neq i$$

wobei $c_{B_i}^*$ der Variationskoeffizient des Bedienprozesses bei Knoten i ist.

Durch diese Prozedur wird also der Rückkopplungspfad eliminiert und für den Knoten i brauchen nur noch Ankunfts- bzw. Abgangsprozesse von bzw. zu anderen Knoten berücksichtigt werden.

3. Schritt:

Nochmalige Ermittlung der Ankunftsraten λ_i (Gl.(4.1)) mit den neuen Übergangswahrscheinlichkeiten p_{ij}^*.

4. Schritt:

Die unbekannten Variationskoeffizienten c_{ij} der Ankunftsteilprozesse werden gleich Eins gesetzt.

5. Schritt:

Ermittlung des Variationskoeffizienten c_{Ai} des Ankunftsprozesses durch Komposition aus Teilprozessen.

Für die Komposition zweier Teilprozesse gilt mit Fig. 6.12

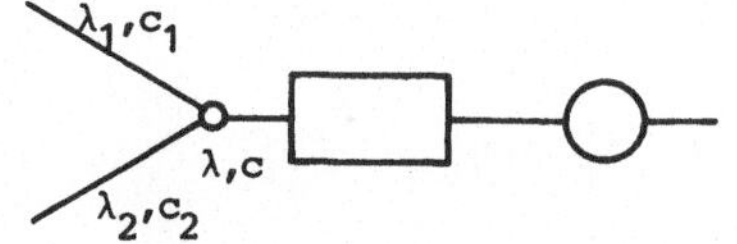

Fig. 6.12   Komposition zweier Teilprozesse

für den Variationskoeffizienten c des zusammengesetzten Prozesses:

$$c^2 = 2 \cdot \frac{t_1 + t_2}{(t_1 \cdot t_2)^2} \cdot (I_1 + I_2 + I_3 + I_4) - 1 \tag{6.46}$$

mit $t_j = 1/\lambda_j \qquad j = 1, 2$

Zur Bestimmung der Komponenten I_1, I_2, I_3 und I_4 müssen 3 Fälle unterschieden werden:

a) $c_1 < 1$, $c_2 < 1$ (d.h. zwei hyperexponentielle Prozesse)

$$I_1 = t_{11}^2 \left[\frac{t_2}{2} - \frac{t_{11}}{3} t_{12} \right] + t_{12} t_1 (t_2 - 2t_{12})$$

$$+ t_{12} \left[t_{12} (2t_{21} + 2t_{12} - t_2) - t_{21} t_{22} \right] \tag{6.47}$$

$$\cdot \exp \left\{ - \frac{t_{21} - t_{11}}{t_{12}} \right\}$$

$$I_2 = \frac{t_{12} t_{22}^2}{(t_{12} + t_{22})^2} \cdot (t_{12} t_{21} + t_{12} t_{22} + t_{21} t_{22})$$

$$\tag{6.48}$$

$$\cdot \exp \left\{ - \frac{t_{21} - t_{11}}{t_{12}} \right\}$$

$$I_3 = \frac{1}{2} t_1 t_{11}^2 - \frac{1}{3} t_{11}^3 \tag{6.49}$$

$$I_4 = t_{12}^2 \left[t_{11} - t_{21} + \frac{t_{22}}{(t_{12} + t_{22})^2} \right.$$

$$\left. \cdot (t_{12} t_{21} + t_{12} t_{22} + t_{21} t_{22}) \right] \cdot \exp \left\{ - \frac{t_{21} - t_{11}}{t_{12}} \right\} \tag{6.50}$$

mit
$$t_{j1} = \frac{(1-c_j)}{\lambda_j} \qquad t_{j2} = \frac{c_j}{\lambda_j} \qquad j=1,2 \qquad (6.51)$$

b) $c_1 > 1$, $c_2 < 1$ (d.h. ein hyper- und ein hypoexponentieller Prozeß)

$$
\begin{aligned}
I_1 = {}& q_{11} t_{11}^2 \, t_2 \left[1 - \left(1 + \frac{t_{21}}{t_{11}}\right) \exp\left\{- \frac{t_{21}}{t_{11}}\right\}\right] \\[2mm]
& + q_{12} t_{12}^2 \, t_2 \left[1 - \left(1 + \frac{t_{21}}{t_{12}}\right) \exp\left\{- \frac{t_{21}}{t_{12}}\right\} \right. \\[2mm]
& - q_{11} t_{11} \left[2 t_{11}^2 - \left(2 t_{11}^2 + 2 t_{11} t_{21} + t_{21}^2 \right) \cdot \exp -\left\{\frac{t_{21}}{t_{11}}\right\}\right] \\[2mm]
& - q_{12} t_{12} \left[2 t_{12}^2 - \left(2 t_{12}^2 + 2 t_{12} t_{21} + t_{21}^2 \right) \cdot \exp\left\{- \frac{t_{21}}{t_{12}}\right\}\right]
\end{aligned}
$$
$$(6.52)$$

$$
\begin{aligned}
I_2 = {}& q_{11} \cdot \frac{t_{22} t_{22}^2}{(t_{11}+t_{22})^2} \, (t_{11} t_{21} + t_{11} t_{22} + t_{21} t_{22}) \cdot \exp\left\{- \frac{t_{21}}{t_{11}}\right\} \\[2mm]
& + q_{12} \cdot \frac{t_{12} t_{22}^2}{(t_{12}+t_{22})^2} \, (t_{12} t_{21} + t_{12} t_{22} + t_{21} t_{22}) \cdot \exp\left\{- \frac{t_{21}}{t_{12}}\right\}
\end{aligned}
$$
$$(6.53)$$

$$
\begin{aligned}
I_3 = {}& q_{11} t_{11}^2 \left[1 - \left(1 + \frac{t_{21}}{t_{11}}\right) \exp\left\{- \frac{t_{21}}{t_{11}}\right\}\right] \\[2mm]
& + q_{12} t_{12}^2 \left[1 - \left(1 + \frac{t_{21}}{t_{12}}\right) \exp\left\{- \frac{t_{21}}{t_{12}}\right\}\right]
\end{aligned}
$$
$$(6.54)$$

$$
\begin{aligned}
I_4 = {}& q_{11} \cdot \frac{t_{11}^2 \, t_{22}}{(t_{11}+t_{22})^2} \, (t_{11} t_{21} + t_{11} t_{22} + t_{21} t_{22}) \cdot \exp\left\{- \frac{t_{21}}{t_{11}}\right\} \\[2mm]
& + q_{12} \cdot \frac{t_{12}^2 \, t_{22}}{(t_{12}+t_{22})^2} \, (t_{12} t_{21} + t_{12} t_{22} + t_{21} t_{22}) \cdot \exp\left\{- \frac{t_{21}}{t_{12}}\right\}
\end{aligned}
$$
$$(6.55)$$

mit:
$$t_{1\nu} = \lambda_1^{-1} \left[\left(1 \pm \frac{c_1^2-1}{c_1^2+1}\right)^{1/2} \right]^{-1} \qquad (6.56)$$
$$\nu = 1,2$$

$$q_{1\nu} = \frac{1}{2\lambda \cdot t_{1\nu}} \qquad (6.57)$$

und
$$t_{21} = \frac{1-c_2}{\lambda_2} \qquad t_{22} = \frac{c_2}{\lambda_2}$$

c) $c_1 > 1$, $c_2 > 1$ (d.h. zwei hyperexponentielle Prozesse)

$$I_1 = q_{11}q_{21} \cdot \frac{t_{11}^2 \, t_{21}^2}{(t_{11}+t_{21})} \tag{6.58}$$

$$I_2 = q_{11}q_{22} \cdot \frac{t_{11}^2 \, t_{22}^2}{(t_{11}+t_{22})} \tag{6.59}$$

$$I_3 = q_{12}q_{21} \cdot \frac{t_{12}^2 \, t_{21}^2}{(t_{12}+t_{21})} \tag{6.60}$$

$$I_4 = q_{12}q_{22} \cdot \frac{t_{12}^2 \, t_{22}^2}{(t_{12}+t_{22})} \tag{6.61}$$

mit

$$t_{j1,2} = \lambda_j^{-1} \left[(1 \pm \frac{c_j^2-1}{c_j^2+1})^{1/2} \right]^{-1} \tag{6.62}$$

$$j=1,2$$

$$q_{j1,2} = \frac{1}{2\lambda_j \cdot t_{j1,2}} \tag{6.63}$$

Sind <u>mehr als zwei</u> Teilprozesse zu einem resultierenden Prozeß zu
komponieren, so muß mehrmalig Superposition von zwei Prozessen
angewendet werden (Fig.6.13).

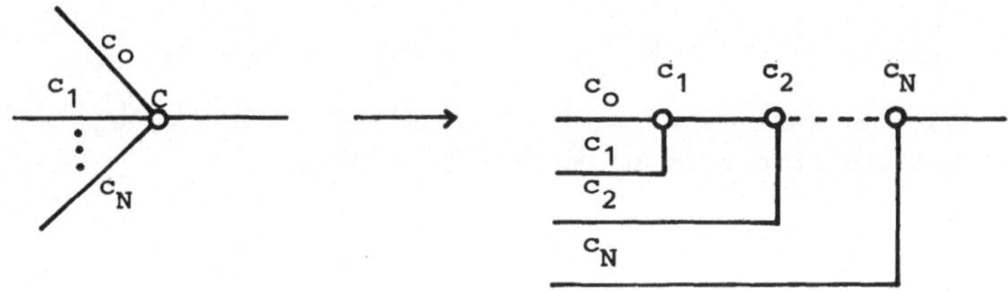

Fig. 6.13   Komposition von mehr als zwei Teilprozessen

6. Schritt:

Ermittlung des Variationskoeffizienten c_{Di} des Abgangsprozesses
aus den Variationskoeffizienten des Ankunftsprozesses c_{Ai} und des
Bedienprozesses c_{Bi}:

$$c_{Di}^2 = c_{Ai}^2 + 2\rho_i^2 c_{Bi}^2 - \rho_i^2(c_{Ai}^2+c_{Bi}^2)\cdot g(\rho_i,c_{Ai}^2,c_{Bi}^2) \qquad (6.64)$$

mit

$$g(\rho_i,c_{Ai}^2,c_{Bi}^2) = \begin{cases} \exp\left\{-\dfrac{2(1-\rho_i)}{3\rho_i}\cdot\dfrac{(1-c_{Ai}^2)^2}{c_{Ai}^2+c_{Bi}^2}\right\} & , \; c_{Ai}<1 \\[2em] \exp\left\{-(1-\rho_i)\cdot\dfrac{c_{Ai}^2-1}{c_{Ai}^2+4c_{Bi}^2}\right\} & , \; c_{Ai}>1 \end{cases} \qquad (6.65)$$

7. Schritt:

Ermittlung des Variationskoeffizienten c_{ij} der Teilprozesse des Abgangsprozesses

$$c_{ij}^2 = p_{ij}^2\, c_{Di}^2 + (1-p_{ij})$$

8. Schritt:

Genauigkeitsüberprüfung durch Vergleich der alten und der neuen Werte von c_{ij}

$$\left| \frac{c_{ij}^{(k+1)} - c_{ij}^{(k)}}{c_{ij}^{k+1}} \right| < \epsilon$$

Ist die Bedingung nicht erfüllt, dann muß mit den neuen Werten c_{ij} eine weitere Iteration ab Schritt 5 erfolgen.

9. Schritt:

Bestimmung der Leistungsgrößen des Systems ausgehend von der mittleren Wartezeit $\bar{w}_i$:

$$\bar{w}_i = \frac{1}{\mu_i}\,\frac{\rho_i}{2(1-\rho_i)}\cdot(c_{Ai}^2+c_{Bi}^2)\cdot g(\rho_i,c_{Ai}^2,c_{Bi}^2)$$

mit
$$g(\rho_i,c_{Ai}^2,c_{Bi}^2) \qquad \text{aus Gl.(6.65)}$$

Beispiel 6.8

Das Analyseverfahren wird an einem einfachen Netzwerk mit zwei Knoten demonstriert, welches ein Rechensystem mit einer CPU und einem Platten-I/O-Untersystem repräsentiert.

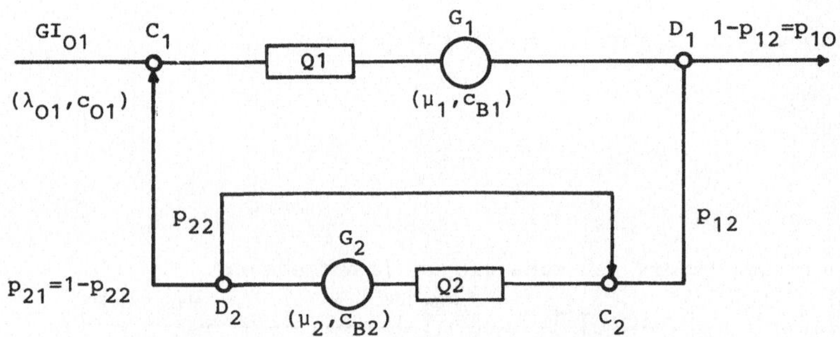

Fig. 6.14   Warteschlangenmodell eines Rechensystems mit
einer CPU und einem Plattensystem

Der Ankunftsprozeß von außen (GI_{O1}) hat eine hyperexponentielle Verteilung (H_2) mit Ankunftsrate $\lambda_{O1}=0.3$ und Variationskoeffizient $c_{O1}=1.5$.

Der Bedienprozeß G_1 bei Knoten 1 ist ebenfalls hyperexponentiell verteilt (H_2) mit der Bedienrate $\mu_1=1$ und Variationskoeffizient $c_{B1}=1.5$. Der Bedienprozeß G_2 bei Knoten 2 ist Erlang-4-verteilt (E_4) mit Bedienrate $\mu_2=1.25$ und Variationskoeffizient $c_{B2}=0.25$.

Die Übergangswahrscheinlichkeiten haben die Werte:

$$p_{10}=0.5 \qquad p_{12}=0.5 \qquad p_{21}=0.8 \qquad p_{22}=0.2$$

Schritt 1:

Bestimmung der Ankunftsraten (Gl.(4.1))

$$\lambda_1 = \lambda_{O1}+\lambda_2 \cdot p_{21}$$

$$\lambda_2 = \lambda_1 \cdot p_{12}+\lambda_2 \cdot p_{22}$$

Daraus folgt: $\lambda_1 = \underline{0.6}$ $\lambda_2 = \underline{0.375}$

Überprüfung der Stabilitätsbedingung

$$\lambda_1/\mu_1 = 0.6 < 1$$
$$\lambda_2/\mu_2 = 0.3 < 1$$

Schritt 2:

Bestimmung der Ersatzparameter für Knoten 2:

$$\mu_2^* = \mu_2 \cdot (1-p_{22}) = \underline{1}$$

$$c_{B2}^{*2} = p_{22} + (1-p_{22}) \cdot c_{B2}^2 = \underline{0.25}$$

$$p_{21}^* = p_{21}/(1-p_{22}) = \underline{1}$$

Das Ersatznetzwerk ist dann wie folgt aufgebaut:

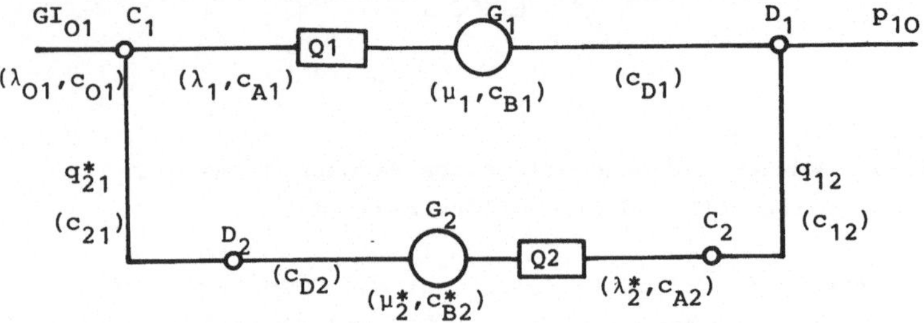

Fig. 6.15   Das offene Ersatznetzwerk

Schritt 3:

Ermittlung der geänderten Ankunftsraten (Gl.(4.1)):

$$\lambda_1^* = \lambda_{01} + \lambda_2^* \cdot p_{21}^* = 0.3 + \lambda_2^* \cdot 1 = \underline{0.6}$$

$$\lambda_2^* = \lambda_1 \cdot p_{12} = \lambda_1 \cdot 0.5 = \underline{0.3}$$

Schritt 4:

Anfangswerte der Variationskoeffizienten c_{ij} werden auf Eins gesetzt.

$$c_{21}^{(0)} = c_{12}^{(0)} = \underline{1}$$

Schritt 5: (Knoten 1)

Superposition des Ankunftsprozesses (c_{01}=1.5) mit dem noch unbekannten Abgangsprozeß von Knoten 2 ($c_{21}^{(0)}$=1):

Es liegt Fall c) vor ($c_{01} > 1$, $c_{21}^{(0)} > 1$):

Mit

$$t_{11} = \lambda_{01}^{-1} \left\{ 1 + \sqrt{\frac{c_{01}^2 - 1}{c_{01}^2 + 1}} \right\}^{-1} = \underline{2.06}$$

$$t_{12} = \lambda_{01}^{-1} \left\{ 1 - \sqrt{\frac{c_{01}^2 - 1}{c_{01}^2 + 1}} \right\}^{-1} = \underline{8.776}$$

$$t_1 = 1/\lambda_{01} = 3.333$$

$$q_{11} = \frac{1}{2\lambda_{01} t_{11}} = \underline{0.81} \qquad q_{12} = \frac{1}{2\lambda_0 t_{12}} = \underline{0.19}$$

und

$$t_{21} = \lambda_2^{*-1} \left\{ 1 + \sqrt{\frac{c_{21}^2 - 1}{c_{21}^2 + 1}} \right\}^{-1} = \underline{3.333}$$

$$t_{22} = \lambda_2^{*-1} \left\{ 1 - \sqrt{\frac{c_{21}^2 - 1}{c_{21}^2 + 1}} \right\}^{-1} = \underline{3.333}$$

$$t_2 = 1/\lambda_2^* = \underline{3.333}$$

$$q_{21} = \frac{1}{2\lambda_2^* t_{21}} = \underline{0.5} \qquad q_{22} = \frac{1}{2\lambda_2^* t_{22}} = \underline{0.5}$$

erhält man für die Größen I_i:

$$I_1 = q_{11} \cdot q_{21} \cdot \frac{t_{11}^2 \cdot t_{21}^2}{(t_{11} + t_{21})} = \underline{3.5407}$$

$$I_2 = q_{11} \cdot q_{22} \cdot \frac{t_{11}^2 \cdot t_{22}^2}{(t_{11} + t_{22})} = \underline{3.5407}$$

$$I_3 = q_{12} \cdot q_{21} \cdot \frac{t_{12}^2 \cdot t_{21}^2}{(t_{12} + t_{21})} = \underline{6.7138}$$

$$I_4 = q_{12} \cdot q_{22} \cdot \frac{t_{12}^2 \cdot t_{22}^2}{(t_{12} + t_{22})} = \underline{6.7138}$$

und damit für den Variationskoeffizienten des Gesamtankunftsprozesses bei Knoten 1:

$$c_{A1}^2 = 2 \cdot \frac{t_1 + t_2}{(t_1 \cdot t_2)^2} \cdot (I_1 + I_2 + I_3 + I_4) - 1 = \underline{1.215}$$

Schritt 6: (Knoten 1)

Ermittlung des Variationskoeffizienten c_{D1} des Abgangsprozesses von Knoten 1:

Mit

$$g(\rho_1, c_{A1}^2, c_{B1}^2) = \exp\left\{-(1-\rho_1)\cdot \frac{c_{A1}^2-1}{c_{A1}^2+4c_{B1}^2}\right\} = \underline{0.9916}$$

folgt:

$$c_{D1}^2 = c_{A1}^2+2\cdot\rho_1^2\cdot c_{B1}^2-\rho_1^2\cdot(c_{A1}^2+c_{B1}^2)\cdot g(\rho_1,c_{A1}^2,c_{B1}^2) = \underline{1.598}$$

Schritt 7: (Knoten 1)

Am Dekompositionspunkt D_1 spaltet sich der Abgangsprozeß von Knoten 1 und der interessierende Variationskoeffizient $c_{12}^{(1)}$ des entstandenen Teilabgangsprozesses, der zum Ankunftsprozeß bei Knoten 2 wird, wird ermittelt durch:

$$c_{12}^{(1)^2} = p_{12}\cdot c_{D1}^2 + (1-p_{12}) = \underline{1.299}$$

Die erstmalige Analyse von Knoten 1 ist damit abgeschlossen.

Schritt 5: (Knoten 2)

Die _erste_ Berechnung der Variationskoeffizienten c_{A2} und c_{D2} von Knoten 2 gestaltet sich einfacher, da der Ankunftsprozeß nur aus einem Teilprozeß besteht, dessen Variationskoeffizient bereits bekannt ist.

$$c_{A2}^2 = c_{12}^{(1)^2} = \underline{1.299}$$

Schritt 6: (Knoten 2)

$$g(\rho_2, c_{A2}^2, c_{B2}^2) = \exp\left\{-(1-\rho_2)\cdot \frac{c_{A2}^2-1}{c_{A2}^2+4c_{B2}^2}\right\} = \underline{0.913}$$

$$c_{D2}^2 = c_{A2}^2+2\cdot\rho_2^2\cdot c_{B2}^2-\rho_2^2\cdot(c_{A2}^2+c_{B2}^2)\cdot g(\rho_2,c_{A2}^2,c_{B2}^2) = \underline{1.217}$$

Schritt 7: (Knoten 2)

Es gilt unmittelbar:

$$c_{21}^{(1)^2} = c_{D2}^2 = \underline{1.217}$$

Schritt 8:

Zur Genauigkeitsüberprüfung wird $\epsilon = 0.02$ gewählt und man erhält:

$$\left| \frac{c_{12}^{(1)} - c_{12}^{(0)}}{c_{12}^{(1)}} \right| = 0.123 \quad > \epsilon$$

und

$$\left| \frac{c_{21}^{(1)} - c_{21}^{(0)}}{c_{21}^{(1)}} \right| = 0.093 \quad > \epsilon$$

d.h. die Genauigkeitsforderung ist nicht erfüllt. Es müssen mit den verbesserten Werten $c_{12}^{(1)}$ und $c_{21}^{(1)}$ die Schritte 5-8 erneut durchgeführt werden und es ergibt sich:

$$c_{12}^{(2)^2} = \underline{1.33} \qquad c_{21}^{(2)^2} = \underline{1.2462}$$

und

$$\left| \frac{c_{12}^{(2)} - c_{12}^{(1)}}{c_{12}^{(2)}} \right| = 0.0117 < \epsilon$$

$$\left| \frac{c_{11}^{(2)} - c_{21}^{(1)}}{c_{21}^{(2)}} \right| = 0.0118 \quad < \epsilon$$

Damit ist die Genauigkeitsforderung erfüllt. Die Iteration kann abgebrochen werden.

Schritt 9:

Die Leistungsgrößen werden ausgehend von den mittleren Wartezeiten $\bar{w}_i$ für die Knoten bestimmt.
Mit den Werten aus der letzten Iteration

$$1/\mu_1 = \underline{1} \quad \rho_1 = \underline{0.6} \quad c_{A1}^2 = \underline{1.305} \quad c_{B1}^2 = \underline{2.25}$$

und $g(\rho_1, c_{A1}^2, c_{B1}^2) = \underline{0.988}$

ergibt sich

$$\bar{w}_1 = \frac{1}{\mu_1} \cdot \frac{\rho_1}{2 \cdot (1-\rho_1)} \cdot (c_{A1}^2 + c_{B1}^2) \cdot g(\rho_1, c_{A1}^2, c_{B1}^2) = \underline{2.635}$$

und entsprechend mit

$$1/\mu_2 = \underline{1} \qquad \rho_2 = \underline{0.3} \qquad c_{A2}^2 = \underline{1.33} \qquad c_{B2}^2 = \underline{0.25}$$

$$\text{und } g(\rho_2, c_{A2}^2, c_{B2}^2) = \underline{0.906}$$

$$\bar{w}_2 = \underline{0.307}$$

Die vorgestellte Dekompositionsmethode erlaubt die Analyse von
offenen Warteschlangenmodellen mit allgemeinen Ankunftsprozessen
und Bedienprozessen; allerdings sind keine zustandsabhängigen An-
kunfts- oder Bedienraten möglich. Die Anwendung des Verfahrens bei
geschlossenen Warteschlangenmodellen ist möglich (/KÜHN 79/).

<u>Aufgabe 6.8</u>

Man betrachte das Rechensystem von Beispiel 6.8 mit erlang-verteiltem Ankunftsprozeß ($\lambda_{o1}=0.4$, $c_{o1}=0.5$), erlang-verteiltem Bedienprozeß bei Knoten 1 ($c_{B1}=0.5$, $\mu_1=1$) und hyperexponentiell verteil-
tem Bedienprozeß bei Knoten 2 ($c_{A2}=1.5$, $\mu_2=1.25$). Die Übergangswahrscheinlichkeiten bleiben unverändert. Man berechne die mittlere Gesamtverweilzeit $\bar{t}$ mit der Dekompositionsmethode nach
/KÜHN 79/.

6.5 <u>Approximation der Mittelwertanalyse</u>

Die mittlere Anzahl von Aufträgen im i-ten Knoten $\bar{k}_i(\underline{k}-1_r)$ wird
durch die folgende Gleichung approximiert: (/BARD 79,80, SCHW 79/)

$$\bar{k}_i(\underline{k}-1_r) = \frac{(\underline{k}-1_r)}{k_r}\,\bar{k}_i\,({}_\cdot k_r)$$

Bei sehr großer Anzahl von Aufträgen erhält man nur unwesentliche
Änderungen in der Anzahl von Aufträgen in den Knoten, wenn die
Gesamtanzahl der Aufträge im System um einen Auftrag reduziert
wird. Mit dieser Substitution wird der Parameter k überflüssig.
Der Algorithmus für die Mittelwertanalyse erhält damit folgende
Gestalt:

1) <u>Initialisiere</u>

$$\bar{k}_i = \frac{K_r}{N} \qquad \text{für } \begin{array}{l} i=1,\ldots,N \\ r=1,\ldots,R \end{array} \qquad\qquad (6.66)$$

2) <u>Iteriere</u>

   i) <u>Die mittlere Verweilzeit:</u>

$$\bar{t}_{ir} = \begin{cases} x_i \left[1 + \dfrac{K_r - 1}{K_r}\, \bar{k}_i \right] & \text{Typ-1,2,4} \\[3em] x_i & \text{Typ-3} \end{cases} \qquad (6.67)$$

   ii) <u>Der Durchsatz:</u>

$$\lambda_r = \frac{K_r}{\displaystyle\sum_{i=1}^{N} \bar{t}_{ir}} \qquad (r=1,\ldots,R) \qquad\qquad (6.68)$$

   iii) <u>Die mittlere Anzahl von Aufträgen:</u>

$$\bar{k}_{ir} = \lambda_r \cdot \bar{t}_{ir} \qquad \text{für} \quad \begin{matrix} i=1,\ldots,N \\ r=1,\ldots,R \end{matrix} \qquad (6.69)$$

Dieser Algorithmus wird wie folgt zusammengefaßt:

1. Man ermittelt den Wert $\bar{k}_i$ (i=1,...,N) aus der Gl.(6.66).

2. Man berechnet die mittlere Verweilzeiten $\bar{t}_{ir}$ (i=1,...,N) aus der Gl.(6.67) und den Durchsatz λ_r aus der Gl.(6.68).

3. Die mittlere Anzahl von Aufträgen $\bar{k}_{ir}$ wird wieder aus den in Punkt 2 ermittelten Werten berechnet.

4. Die in Punkt 3 bestimmten neuen Werte für $\bar{k}_{ir}$ werden in die Gl.(6.67) eingesetzt und $\bar{t}_{ir}$ (i=1,...,N) erneut bestimmt.

Die Iterationen werden bei dieser Vorgehensweise so lange durchgeführt, bis es keine wesentliche Änderung an $\bar{k}_{ir}$ zwischen der n-ten und (n+1)-ten Iteration gibt.

Beispiel 6.9

Das Beispiel 4.13 wird hier mit dem Bard-Schweitzer Algorithmus untersucht. Alle Angaben gelten auch in diesem Beispiel:

Wir bestimmen den Anfangspunkt wie in der Gl.(6.66)

$$\bar{k}_1 = \frac{K}{N} = \frac{6}{4} = \underline{1.5} \qquad \bar{k}_2 = \underline{1.5} \qquad \bar{k}_3 = \underline{1.5} \qquad \bar{k}_4 = \underline{1.5}$$

1. Iteration

Die mittlere Verweilzeit

$$\bar{t}_1 = x_1 \left[1 + \frac{K-1}{K} \bar{k}_1 \right] = \underline{0.045}$$

$$\bar{t}_2 = x_2 \left[1 + \frac{K-1}{K} \bar{k}_2 \right] = \underline{0.18}$$

Ähnlich

$$\bar{t}_3 = \underline{0.18} \qquad \bar{t}_4 = \underline{0.1347}$$

Der Durchsatz:

$$\lambda = \frac{K}{\sum\limits_{i=1}^{4} \bar{t}_i} = \underline{11.117}$$

Die mittlere Anzahl von Aufträgen:

$$\bar{k}_1 = \underline{0.5} \qquad \bar{k}_2 = \underline{2} \qquad \bar{k}_3 = \underline{2} \qquad \bar{k}_4 = \underline{1.49}$$

2. Iteration

Die mittlere Verweilzeit:

$$\bar{t}_1 = x_1 \left[1 + \frac{K-1}{K} \, 0.5 \right] = \underline{0.028}$$

$$\bar{t}_2 = x_2 \left[1 + \frac{K-1}{K} \, 2 \right] = \underline{0.213}$$

$$\bar{t}_3 = \underline{0.213} \qquad \bar{t}_4 = \underline{0.134}$$

Der Durchsatz:

$$\lambda = \frac{K}{\sum\limits_{i=1}^{4} \bar{t}_i} = \underline{10.196}$$

Die mittlere Anzahl von Aufträgen:

$$\bar{k}_1 = \underline{0.285} \qquad \bar{k}_2 = \underline{2.172} \qquad \bar{k}_3 = \underline{2.172} \qquad \bar{k}_4 = \underline{1.37}$$

3. Iteration

Die mittlere Verweilzeit:

$$\bar{t}_1 = x_1 \left[1 + \frac{K-1}{K} \, 0.285 \right] = \underline{0.0247}$$

$$\bar{t}_2 = \underline{0.2247} \quad \bar{t}_3 = \underline{0.2247} \quad \bar{t}_4 = \underline{0.128}$$

Der Durchsatz:

$$\lambda = \underline{9.96}$$

Die mittlere Anzahl von Aufträgen:

$$\bar{k}_1 = \underline{0.246} \quad \bar{k}_2 = \underline{2.238} \quad \bar{k}_3 = \underline{2.238} \quad \bar{k}_4 = \underline{1.275}$$

Wie ersichtlich, haben sich die Werte von $\bar{k}_i$ (i=1,..,4) im Vergleich zur 2.Iteration kaum geändert. Damit können wir den Algorithmus abbrechen.

Für die Durchsätze der einzelnen Knoten erhalten wir

$$\lambda_1 = e_1 \lambda = \underline{9.96}$$

$$\lambda_2 = e_2 \lambda = \underline{3.98}$$

$$\lambda_3 = e_3 \lambda = \underline{1.99}$$

$$\lambda_4 = e_4 \lambda = \underline{0.99}$$

Die Werte der mittleren Verweilzeiten erhalten wir aus Little's Gesetz.

$$\bar{t}_1 = \frac{\bar{k}_1}{\lambda_1} = \underline{0.024} \quad \bar{t}_2 = \underline{0.56} \quad \bar{t}_3 = \underline{1.12} \quad \bar{t}_4 = \underline{1.28}$$

Die Auslastungen der einzelnen Knoten sind

$$\rho_1 = \frac{\lambda_1}{\mu_1} = \underline{0.1992} \quad \rho_2 = \underline{0.796} \quad \rho_3 = \underline{0.796} \quad \rho_4 = \underline{0.592}$$

Dieses Beispiel hat gezeigt, daß der Bard-Schweizer Algorithmus sehr gute Werte liefert, die den exakten Werten nahe liegen. Während wir bei der MVA sechs Iterationen (Beispiel 4.13) brauchten, um die Ergebnisse zu erzielen, benötigten wir beim Bard-Schweizer Algorithmus nur drei.

Dieser Algorithmus ist einfach zu programmieren und erfordert weniger Speicherplatz und Rechenzeit als alle anderen bekannten Algo-

rithmen. Die Vorteile dieser Methode kommen besonders bei den
Netzen mit mehreren Auftragsklassen zur Geltung. Im Vergleich zur
direkten Mittelwertanalyse (Kap. 4.3) braucht dieser Algorithmus
nur N·R Speicherplätze. Dieser Algorithmus ist nicht nur auf Netze
mit Produktformlösungen beschränkt, sondern Netze mit beliebigen
Verteilungen und Warteschlangenstrategien können auch untersucht
werden (/BARD 79/). Zusammengefaßt stellt dieser Algorithmus eine
alternative Methode zu den exakten Lösungsalgorithmen dar. Die
Nachteile dieser Methode sind, daß Knoten mit mehreren Bedieneinheiten nicht untersucht und Verteilungen der Warteschlangen usw.
nicht berechnet werden können.

7 Operationelle Analyse

Eine alternative Methode zur Analyse von Warteschlangennetzen und
zur Errechnung der Leistungsparameter ist die operationelle Analyse, die von /BUZE 76/ eingeführt und von /DENN 77,78, ROOD 79/
weiterentwickelt wurde.

Der Vorteil der operationellen Analyse gegenüber den anderen Methoden, die wir in den vorhergehenden Kapiteln behandelt haben,
liegt vor allem darin, daß keine wahrscheinlichkeitstheoretischen
Konzepte verwendet werden. Vielmehr wird das System bei Anwendung
dieser Methode während eines gewissen Zeitraumes beobachtet, der
in Vergangenheit, Gegenwart oder Zukunft liegen kann, und dabei
werden bestimmte, einfach zu erfassende Größen gemessen. Aus diesen Basisgrößen werden anschließend über Gleichungen, die die operationelle Analyse zur Verfügung stellt, andere Leistungsgrößen,
deren Messung zu aufwendig wäre, abgeleitet. Die Gleichungen, die
das aktuelle Systemverhalten direkt beschreiben, sind somit auch
ohne Kenntnisse in der Wahrscheinlichkeitstheorie verständlich.

7.1 Operationelle Analyse von Warteschlangennetzen mit mehreren Auftragsklassen

Bei der operationellen Analyse wird das System in einem endlichen
Zeitraum beobachtet, den man als Beobachtungsperiode bezeichnet.
Operationelle Variablen sind formale Symbole für Basisgrößen, die
unmittelbar im Beobachtungszeitraum gemessen werden können oder
ableitbare Größen, die nur schwer meßbar sind und deshalb aus den
Basisgrößen berechnet werden.

Die Basisgrößen für ein Warteschlangennetz, die in der Beobachtungsperiode [O,T] gemessen werden, sind

$A_{ir}(k)$ — Anzahl der Ankünfte, Aufträge der Klasse r im
Knoten i während [O,T] , wenn $k_{ir}=k$ ist (k_{ir} ist
die Anzahl der Aufträge der Klasse r im Knoten i)

B_{ir} — Gesamtbedienzeit des Knotens i für einen Auftrag
der Klasse r während [O,T]. $B_{ir} < T \quad \forall \begin{matrix} i=1,\dots,N \\ r=1,\dots,R \end{matrix}$

$T_{ir}(k)$ — Gesamtzeit, in der exakt $k_{ir}=k$ Aufträge der Klasse
r im Knoten i vorhanden sind.

$C_{ir}(k)$ — Anzahl der Abgänge von Aufträgen der Klasse r aus
dem Knoten i während [O,T], wenn $k_{ir}=k$ ist.

$C_{ir,js}(k)$ — Anzahl der Abgänge von Aufträgen der Klasse r, die
Knoten i verlassen, dabei zur Klasse s wechseln
und zum Knoten j übergehen, wenn $k_{ir}=k$ (während
[O,T]).

Es gilt

$$C_{ir}(k) = \sum_{j=o}^{N} \sum_{s=1}^{R} C_{ir;js}(k)$$

Für offene Netzwerke gilt:

$C_{or;ir}(k)$ — Anzahl von Aufträgen der Klasse r, die von außen sofort in den Knoten i gelangen. Bei der Ankunft im
System findet kein Klassenwechsel statt, wenn
$k_{ir}=k$ ist.

Daraus läßt sich die Gesamtanzahl der Ankünfte, in der genau $k=K_R$
Aufträge der Klasse r im System ankommen, ermitteln zu

$$A_{or}(k) = \sum_{i=1}^{N} C_{or;ir}(k)$$

$C_{ir;or}(k)$ ist die Anzahl von Aufträgen der Klasse r, die aus dem
Knoten i sofort nach außen gelangen. Beim Verlas-
sen des Systems wechseln die Aufträge die Klasse
nicht, wenn $k_{ir}=k$ ist.

Die Gesamtanzahl von Aufträgen der Klasse r, die das System verlassen, ist, wenn $k_{ir}=k$

$$C_{or}(k) = \sum_{i=1}^{N} C_{ir;or}(k)$$

In geschlossenen Netzwerken gilt:

Die Gesamtanzahl der Zugänge in das System ist gleich der Gesamtanzahl der Abgänge aus dem System, d.h.

$$A_{or} = C_{or}$$

Es fällt auf, daß der größte Teil der operationellen Basisgrößen
in Abhängigkeit von k angegeben werden. Durch eine Summenbildung
über alle k kann die Unabhängigkeit von k erzielt werden.

Wir erhalten damit die folgenden von k unabhängigen operationellen Basisgrößen:

$$A_{ir} = \sum_{k=1}^{K} A_{ir}(k)$$
Gesamtanzahl aller Aufträge der Klasse r, die den Knoten i betreten.

$$C_{ir} = \sum_{k=1}^{K} C_{ir}(k)$$
Gesamtanzahl aller Aufträge der Klasse r, die den Knoten i verlassen.

$$C_{ir;js} = \sum_{k=1}^{K} C_{ir;js}(k)$$
Gesamtanzahl aller Aufträge der Klasse r, die den Knoten i verlassen, dabei in die Klasse s wechseln und in den Knoten j gehen, um von ihm bedient zu werden.

$$C_{or;ir} = \sum_{k=1}^{K} C_{or;ir}(k)$$
Gesamtanzahl der Aufträge der Klasse r, die von außen sofort den Knoten i erreichen.

$$C_{ir;or} = \sum_{k=1}^{K} C_{ir;or}(k)$$
Gesamtanzahl der Aufträge der Klasse r, die den Knoten i verlassen und von ihm aus hinausgehen.

$$A_{or} = \sum_{k=1}^{K} A_{or}(k)$$
Gesamtanzahl der Aufträge der Klasse r, die von außen das System betreten.

$$C_{or} = \sum_{k=1}^{K} C_{or}(k)$$
Gesamtanzahl der Abgänge der Klasse r nach außen.

Mit Hilfe der gemessenen Basisgrößen können dann die <u>ableitbaren
Leistungsgrößen</u> bestimmt werden:

<u>Auslastung im Knoten i</u> durch Aufträge der Klasse r

$$\rho_{ir} = \frac{B_{ir}}{T} \tag{7.1}$$

Mittlere Bedienzeit - oder Belegzeit - über alle Aufträge der Klasse r im Knoten i

$$S_{ir} = \frac{B_{ir}}{C_{ir}} \qquad (7.2)$$

Abgangsrate des Knotens i bei Aufträgen der Klasse r

$$X_{ir} = \frac{C_{ir}}{T} \qquad (7.3)$$

Zugangsrate eines Knotens i

$$Z_{ir} = \frac{A_{ir}}{T}$$

Die Verzweigungshäufigkeit $p_{ir;js}$ ist die Wahrscheinlichkeit, daß Aufträge der Klasse r von Knoten i direkt zum Knoten j gehen und dabei in die Klasse s wechseln.

$$p_{ir;js} = \begin{cases} \dfrac{C_{ir;js}}{C_{ir}} & \text{d.h. für Verzweigungen inner-}\\[2pt] & \text{halb des Netzes}\\[6pt] \text{für} & \\[6pt] \dfrac{A_{ir;js}}{A_{ir}} & i=0 \quad \text{d.h. für Verzweigungen inner-}\\ & \text{halb des Netzes} \end{cases} \qquad (7.4)$$

wobei

$p_{or;ir}$ die Eingangs- und $p_{ir;or}$ die Ausgangshäufigkeit ist.

Der Durchsatz X_{or} des Systems bei Aufträgen der Klasse r:

$$X_{or} = \frac{C_{or}}{T} \qquad (7.5)$$

oder auch

$$X_{or} = \sum_{i=1}^{N} X_{ir}\, p_{ir;or} \qquad (7.6)$$

der mit der Gl.(7.4) abgeleitet werden kann.

Für die **Auslastung** des Knotens i bei Aufträgen der Klasse r gilt:

$$\rho_{ir} = X_{ir}\, S_{ir} \qquad (7.7)$$

Die Gesamtzeit, die alle Aufträge der Klasse r im Knoten i verbleiben, bezeichnet man als Gesamtverweilzeit (=**akkumulierte Verweilzeit**) W_{ir} des Systems

$$W_{ir} = \sum_{k=1}^{K} k \cdot T_{ir}(k) \qquad (7.8)$$

<u>Die mittlere Anzahl von Aufträgen</u> der Klasse r im Knoten i ist

$$\bar{k}_{ir} = \sum_{k=1}^{K} k \cdot p_{ir}(k) = \frac{W_{ir}}{T} \tag{7.9}$$

wobei

$p_{ir}(k)$ das Verhältnis der Gesamtzeit beschreibt, in der sich exakt $k=k_{ir}$ Aufträge der Klasse r im Knoten i aufhalten, zur Gesamtbeobachtungszeit, d.h.

$$p_{ir}(k) = \frac{T_{ir}(k)}{T} \tag{7.10}$$

<u>Die mittlere Verweilzeit</u> pro Auftrag der Klasse r im Knoten i ist

$$\bar{t}_{ir} = \frac{W_{ir}}{C_{ir}} \tag{7.11}$$

Aus diesen Definitionen läßt sich leicht das Gesetz von Little herleiten:

$$\bar{k}_{ir} = \frac{W_{ir}}{T} = \frac{C_{ir}W_{ir}}{T\,C_{ir}} = X_{ir} \cdot \bar{t}_{ir} \tag{7.12}$$

<u>Die mittlere Wartezeit</u>, die ein Auftrag der Klasse r in der Warteschlange des Knotens i verbringt, ist die Differenz aus der mittleren Verweilzeit und der mittleren Bedienzeit.

$$\bar{w}_{ir} = \bar{t}_{ir} - S_{ir} \tag{7.13}$$

<u>Die mittlere Warteschlangenlänge</u> $\bar{Q}_i$ des Knotens i ergibt sich aus

$$\bar{Q}_{ir} = X_{ir}\,\bar{w}_{ir} \tag{7.14}$$

An einem einfachen Beispiel mit nur einer Auftragsklasse (r=1) wollen wir diese Definitionen verdeutlichen.

<u>Beispiel 7.1</u>

Wir betrachten zwei parallel geschaltete Monoprozessorsysteme

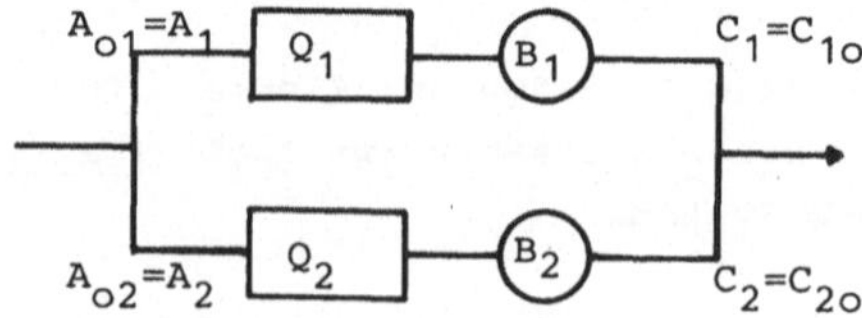

Fig. 7.1   Zwei Monoprozessorsysteme

Während eines Zeitintervalls von T=10 Sekunden sollen in diesem
offenen Netz zu jedem Zeitpunkt t mit t=0,1,...,10 Sekunden die
Anzahl der Aufträge festgehalten werden, die sich momentan im
System befinden. Die gemessenen Werte liefern das folgende Diagramm:

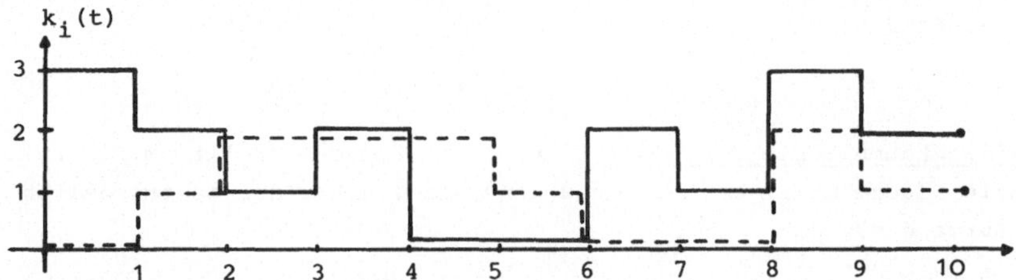

Die durchgezogene Linie ergibt sich aus den Werten des ersten und
die gestrichelte Linie aus den Werten des zweiten Knotens.
Aus dem Zeitdiagramm können wir die folgenden Werte der Basisgrößen ablesen:

$$A_1=5 \text{ Aufträge} \qquad B_1=8 \text{ sec} \qquad C_1=6 \text{ Aufträge}$$
$$A_2=4 \qquad " \qquad B_2=7 \text{ sec} \qquad C_2=3 \qquad "$$

Die ableitbaren Leistungsgrößen werden wie folgt berechnet.

Auslastung des i-ten Knotens (Gl.7.1)

$$\rho_1 = \frac{B_1}{T} = \underline{0.8} \qquad \rho_2 = \frac{B_2}{T} = \underline{0.7}$$

Mittlere Bedienzeit der Knoten (Gl.7.2)

$$S_1 = \frac{B_1}{C_1} = \underline{1.33} \text{ sec} \qquad S_2 = \frac{B_2}{C_2} = \underline{2.33} \text{ sec}$$

Abgangsrate des i-ten Knotens

$$X_1 = \frac{C_1}{T} = \underline{0.6} \text{ Aufträge / sec}$$
$$X_2 = \frac{C_2}{T} = \underline{0.3} \text{ Aufträge / sec}$$

Verzweigungshäufigkeiten

Da in jeden Knoten immer nur ein Weg hinein- und auch nur ein
Weg hinausführt, gilt:

$$A_{oi}=A_i \quad \text{und} \quad C_{io}=C_i$$

Das bedeutet, daß alle Verzweigungshäufigkeiten den Wert 1 besitzen.

<u>Gesamtdurchsatz</u> (Gl.7.5)

$$X_O = \frac{C_O}{T} = \frac{1}{T} \sum_{i=1}^{N} C_{io} = \underline{1} \text{ Auftrag / sec}$$

Dieses Ergebnis hätten wir auch mit Gl.(7.6) erhalten.

$$X_O = \sum_{i=1}^{N} X_i \, p_{io} = \underline{1} \text{ Auftrag / sec}$$

<u>Die akkumulierte Verweilzeit</u> des i-ten Knotens stellt im Diagramm die Fläche unter der durchgezogenen bzw. unter der gestrichelten Kurve dar.

$$W_1 = \underline{16} \text{ sec} \qquad W_2 = \underline{11} \text{ sec}$$

<u>Mittlere Anzahl der Aufträge</u> im Knoten i (n. 7.12)

$$\bar{k}_1 = \frac{\bar{W}_1}{T} = \underline{1.6} \qquad \bar{k}_2 = \frac{W_2}{T} = \underline{1.1}$$

Mittlere Verweilzeit, mittlere Wartezeit und mittlere Warteschlangenlänge des i-ten Knotens können dann aus den entsprechenden Formeln ermittelt werden.

Um noch weitere ableitbare Leistungsgrößen in Abhängigkeit von S_{ir} und $p_{ir;js}$ berechnen zu können, müssen wir annehmen, daß Verkehrsflußgleichgewicht (vgl. (4.68)) im System vorliegt. Wie aus Kapitel 4 bekannt, ist dies der Fall, wenn für jeden Knoten i gilt: Die Anzahl der Zugänge ist gleich der Anzahl der Abgänge, d.h.

$$\left. \begin{array}{l} \forall \, i = 0,1,\ldots,N \\ \forall \, r = 1,\ldots,R \end{array} \right\} : \quad A_{ir} = C_{ir}$$

Gilt nicht für alle Knoten die Beziehung $A_{ir} = C_{ir}$, so liefert das Prinzip des Verkehrsflußgleichgewichts nur dann eine gute Näherung für die Leistungsgrößen, wenn die Differenz $A_{ir} - C_{ir}$ verhältnismäßig klein gegenüber C_{ir} ist. Die Berechnung der Leistungsparameter unter der Annahme des Verkehrsflußgleichgewichts führt sogar zu exakten Ergebnissen, wenn Anfangs- und Endzustand des Systems übereinstimmen, d.h. wenn für alle i gilt:

$$k_{ir}(O) = k_{ir}(T)$$

Daher würde das Beispiel 7.1 unter Verkehrsflußgleichgewichtsannahme keine exakten Ergebnisse liefern, denn dort war

$$k_1(0) = 3 \neq 2 = k_1(T)$$

$$k_2(0) = 0 \neq 1 = k_2(T)$$

Wir betrachten im nächsten Abschnitt den Fall, daß sich die Netze im Verkehrsflußgleichgewicht befinden. Unter dieser Annahme können auch hier weitere Leistungsgrößen bestimmt werden.

In den Warteschlangennetzen mit Mehrklassenbetrieb herrscht Verkehrsflußgleichgewicht, wenn für jeden Knoten j (j=0,1,...,N) gilt: Die Anzahl der Zugänge von Aufträgen der Klasse s ist gleich der Anzahl der Abgänge von Aufträgen der Klasse s.

Dieses Prinzip kann in der folgenden Gleichung ausgedrückt werden (vgl.(4.63)):

$$X_{ir} = \sum_{j=0}^{N} \sum_{s=1}^{R} X_{js} \, P_{js;ir} \quad \text{für} \quad \begin{array}{l} i=0,1,\ldots,N \\ r=1,\ldots,R \end{array} \qquad (7.15)$$

In einem offenen Netzwerk hat X_{os} einen wohldefinierten bekannten Wert, d.h. wir sind in der Lage, eindeutige Lösungen für diese Gleichungen anzugeben.

In geschlossenen Netzwerken dagegen sind die Anfangswerte der X_{os} unbekannt und die Gleichungen können nicht eindeutig gelöst werden. Dies kann bewiesen werden (/ROOD 79/), indem man zeigt, daß sich die Summe aller X_j durch eine Gleichung von X_o darstellen läßt:

$$X_{or} = \sum_{i=1}^{N} \sum_{r=1}^{R} X_{ir} \, P_{ir;os}$$

Es wird der Begriff der relativen Besucherzahl eingeführt, um durch ihre Verwendung zusammen mit der mittleren Bedienzeit weitere Leistungsparameter wie z.B. Durchsätze X_{or}, die Abgangsraten X_{ir} und die mittlere Verweilzeit des Systems abzuleiten.

<u>Relative Besucherzahl</u> (=Besucherhäufigkeit) des Knotens i bei Aufträgen der Klasse r ist V_{ir}. Sie beschreibt das Verhältnis der Gesamtanzahl der Abgänge von Aufträgen der Klasse r an Knoten i zur Gesamtanzahl der Abgänge von Aufträgen der Klasse r aus dem Netz.

Wir erhalten die folgenden <u>Gleichungen für die Besucherhäufigkeiten</u> (vgl.(4.62)):

$$V_{or} = 1 \qquad \qquad \text{für } r=1,..,R$$

$$V_{js} = \sum_{r=1}^{R} P_{or;js} + \sum_{i=1}^{N} \sum_{r=1}^{R} V_{ir} \, P_{ir;js} \quad \text{für } s=1,2,..,R$$

$$(7.16)$$

Im nächsten Beispiel werden wir zeigen, wie die vorstehenden Gleichungen für ein einfaches geschlossenes Netz abgeleitet werden.

Beispiel 7.2

Wir betrachten ein Netzwerk mit 2 Knoten, in denen sich Aufträge aus 2 verschiedenen Klassen K_1 und K_2 bewegen.

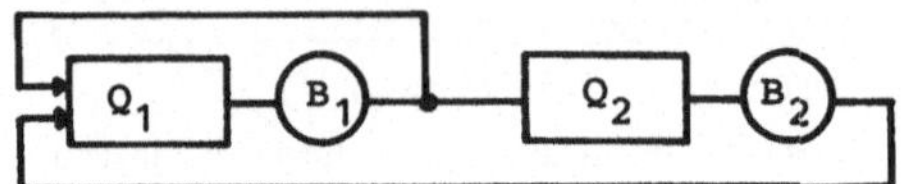

Fig. 7.2   Ein geschlossenes Netz

Das Netz wird in einem endlichen Zeitraum T beobachtet. Es werden die Verzweigungshäufigkeiten $p_{ir;js}$ gemessen:

$$p_{1r;os} = p_{1r;1s}$$
$$p_{1r;os} + p_{1r;2s} = 1$$
$$p_{1r;2s} = p_{2r;1s}$$

Beim Übergang vom Knoten i zum Knoten j kann der Auftrag seine Klasse wechseln.
Es wird außerdem festgestellt, daß der Anfangs- und Endzustand des Netzes übereinstimmen, d.h. das Netz befindet sich im Verkehrsflußgleichgewicht.
Die ableitbaren Leistungsparameter werden wie folgt ermittelt:

Durchsatz des Netzes (Gl.7.15)

$$X_{os} = X_{11} \, p_{11;os} + X_{12} \, p_{12;os}$$
$$X_{o1} = X_{12} \, p_{12;o1} \qquad X_{o2} = X_{11} \, p_{11;o2}$$

Abgangsraten des 2.Knotens (Gl.7.15)

$$X_{2s} = X_{11} \, p_{11;2s} + X_{12} \, p_{12;2s}$$

Daraus

$$X_{21} = X_{12} \, p_{12;21} \qquad X_{22} = X_{11} \, p_{11;22}$$

<u>**Relative Besucherzahlen**</u> V_{ir} für den Knoten 2 (Gl.7.16)

$$V_{21} = \frac{X_{21}}{X_{o1}} = \frac{P_{12;21}}{P_{12;o1}} \qquad V_{22} = \frac{X_{22}}{X_{o2}} = \frac{P_{11;22}}{P_{11;o2}}$$

und für den Knoten 1

$$V_{11} = \frac{X_{11}}{X_{o1}} = \frac{X_{11}}{X_{12} \; P_{12;o1}}$$

$$V_{12} = \frac{X_{12}}{X_{o2}} = \frac{X_{12}}{X_{11} \; P_{11;o2}}$$

Die Gleichungen, die für die einzelnen X_{ir} abgeleitet wurden, sind nur dann eindeutig lösbar, wenn die Anfangswerte der X_{or} bekannt sind, denn dann ist das Netzwerk geschlossen. Um auch für geschlossene Netzwerke die X_{ir} berechnen zu können, müssen zusätzliche Annahmen über die Zustände im System gemacht werden. Diese Näherungslösung wird im nächsten Abschnitt besprochen.

<u>**Lösungen für die Zustandswahrscheinlichkeiten**</u>

Wie aus Abschnitt 4.2 bekannt, ist die Anzahl der möglichen Zustände gegeben durch den Binomialkoeffizienten:

$$\prod_{i=1} \binom{N+K_r-1}{N-1}$$

Mit Hilfe dieses Zustandsraumes wollen wir nun die Lösungen für die Abgangsraten X_{ir} ableiten.

$T(\underline{k})$ sei die Gesamtzeit, in der sich das System während des Beobachtungszeitraumes der Länge T im Zustand $\underline{k}=(\underline{k}_1,\ldots,\underline{k}_N)$ mit $\underline{k}_i=(k_{i1},k_{i2},\ldots,k_{iR})$, $i=1,\ldots,N$, befindet. Damit läßt sich die Wahrscheinlichkeit, daß der Zustand $\underline{k}$ eingenommen wird, beschreiben. Dazu wird das Verhältnis der Zeit $T(\underline{k})$ zur Beobachtungsdauer T gebildet.

$$p(\underline{k}) = \frac{T(\underline{k})}{T} \qquad \text{wobei } \sum_{\underline{k}} p(\underline{k}) = 1 \qquad (7.17)$$

Es sollen

$$\underline{n} = (\underline{n}_1,\underline{n}_2,\ldots,\underline{n}_N)$$

$$\text{mit} \qquad \underline{n}_i = (n_{i1},n_{i2},\ldots,n_{iR})$$

$$\underline{m} = (\underline{m}_1,\underline{m}_2,\ldots,\underline{m}_N)$$

$$\text{mit} \quad \underline{m}_i = (m_{i1}, m_{i2}, \ldots, m_{iR})$$

verschiedene Systemzustände kennzeichnen.

Die Matrix $H(\underline{k}, \underline{m})$ gibt die Anzahl der beobachteten Übergänge der Aufträge vom Zustand $\underline{k}$ zum Zustand $\underline{m}$ an. $H(\underline{k}, \underline{k}) = 0$ bedeutet, daß sich der Zustand des Systems nicht ändert (es finden keine Übergänge statt). Die unmittelbare Konsequenz aus der Definition der Matrix $H(\underline{k}, \underline{m})$ ist, daß das Prinzip des Verkehrsflußgleichgewichts zu Gleichgewichtszustandsgleichungen führt. Somit können wir den Erhaltungssatz für die Übergänge aufstellen:

$$\sum_{\underline{n}} H(\underline{n}, \underline{k}) = \sum_{\underline{m}} H(\underline{k}, \underline{m}) \qquad (7.18)$$

Die Übergangsrate $Q(\underline{k}, \underline{m})$ kennzeichnet die Anzahl der Übergänge pro Zeiteinheit beim Wechsel vom Zustand $\underline{k}$ zum Zustand $\underline{m}$.

$$Q(\underline{k}, \underline{m}) = \frac{H(\underline{k}, \underline{m})}{T(\underline{k})} \qquad (7.19)$$

Diese Gleichung ist für den Fall $T(\underline{k}) = 0$ undefiniert. Sie kann wie folgt umgeschrieben werden:

$$\sum_{\underline{n}} T(\underline{n})\, Q(\underline{n}, \underline{k}) = T(\underline{k}) \sum_{\underline{m}} Q(\underline{k}, \underline{m}) \qquad \underline{k} \qquad (7.20)$$

Durch Substitution $T(\underline{k}) = p(\underline{k}) \cdot T$ und weglassen von T erhalten wir die folgenden Gleichungen für den Gleichgewichtszustand

$$\sum_{\underline{n}} p(\underline{n})\, Q(\underline{n}, \underline{k}) = p(\underline{k}) \sum_{\underline{m}} Q(\underline{k}, \underline{m}) \qquad (7.21)$$

Sie gilt für alle $\underline{k}$, für die $Q(\underline{k}, \cdot)$ definiert ist, d.h. für die $T(\underline{k}) \neq 0$ ist. Außerdem ist die Normalisierungsbedingung

$$\sum_{\underline{k}} p(\underline{k}) = 1$$

erfüllt. Durch diese Vereinbarungen wird uns garantiert, daß eine eindeutige Menge von $p(\underline{k})$ den Gleichungen genügen.

Die Gleichungen des Gleichgewichtszustandes zeigen uns die Beziehung zwischen $p(\underline{k})$ und $Q(\underline{k}, \underline{m})$ auf. Leider sind die Werte von $Q(\underline{k}, \underline{m})$ oft nicht bekannt. Deshalb treffen wir zunächst noch weitere Annahmen, um anschließend die $Q(\underline{k}, \underline{m})$ mit Hilfe bekannter Größen auszudrücken und danach die Lösung für $p(\underline{k})$ herzuleiten.

1. Einzelschrittverhalten

In einem System werden nur die Zustandsänderungen betrachtet, die entstehen, wenn ein einzelner Auftrag

- im System ankommt (ohne Klassenwechsel)
- von einem Knoten in den nächsten gelangt und dabei die Klasse wechselt
- das System verläßt (kein Klassenwechsel)

Andere Zwischenzustände werden nicht registriert. Diese Approximation des Einzelschrittverhaltens führt zur Reduktion der von Null verschiedenen Übergangsraten $Q(\underline{k},\underline{m})$, die von uns betrachtet werden müssen.

2. Homogenitätseigenschaften

Werden für ein Netz Homogenitätseigenschaften vereinbart, so können für dieses System die Übergangsraten allein aus den Verzweigungshäufigkeiten und den Bedienfunktionen abgeleitet werden. Es wird differenziert zwischen der

a) Homogenität der Knoten

b) Homogenität der Verzweigungen.

a) Homogenität der Knoten

Die Abgangsrate jedes Knotens bei Aufträgen der Klasse r ist allein durch den Zustand des Knotens bestimmt und ist vom Zustand des Systems unabhängig. Diese Eigenschaft führt zu der Beziehung:

$$\frac{H(\underline{k}_{ir;js},\underline{k})}{T(\underline{k}_{ir;js})} = \frac{C_{ir;js}(k_{ir}+1)}{T_{ir}(k_{ir}+1)} \qquad (7.22)$$

Dabei gilt:

$$\underline{k} = (k_{11},\ldots,k_{ir},\ldots,k_{js},\ldots,k_{NR})$$

$$k_{ir;js} = (k_{11},\ldots,k_{ir}+1,\ldots,k_{js}-1,\ldots,k_{NR})$$

Somit beschreibt $\underline{k}_{ir;js} - \underline{k}$ den Übergang, bei dem ein Auftrag der Klasse r den Knoten i verläßt $(k_{ir}+1 - k_{ir})$ und in den Knoten j gelangt, wobei er in die Klasse s wechselt $(k_{js}-1 - k_{js})$.

b) Homogenität der Verzweigungen

Die Häufigkeit der Verzweigungen ist unabhängig vom Systemzustand, aber sie kann von der Gesamtanzahl aller im Netzwerk vorhandenen Aufträge K abhängen, mit anderen Worten, es ist möglich, daß sie von der Gesamtlast K abhängen.

Die Gleichung

$$P_{ir;js} \cdot c_{ir}(k) = c_{ir;js}(k) \quad \text{für alle } k \qquad (7.23)$$

charakterisiert diese Annahme.

Die beiden Homogenitätseigenschaften führen uns zu dem Resultat, daß die Übergangsrate $Q(\underline{k}_{ir;js},\underline{k})$ wie folgt approximiert werden kann:

$$Q(\underline{k}_{ir;js},\underline{k}) = \frac{H(\underline{k}_{ir;js},\underline{k})}{T(\underline{k}_{ir;js})} \approx \frac{c_{ir;js}(k_{ir}+1)}{T_{ir}(k_{ir}+1)} \approx$$

$$\approx \frac{P_{ir;js}\, c_{ir}(k_{ir}+1)}{T_{ir}(k_{ir}+1)} = \frac{P_{ir;js}}{S_{ir}(k_{ir}+1)} \qquad (7.24)$$

Mit der Konstanten

$$I_{ir} = \begin{cases} 1 & \quad k_{ir}>0 \\ & \text{für} \\ 0 & \quad k_{ir}=0 \end{cases} \qquad (7.25)$$

erhalten wir die approximierten Übergangsraten der Zustände, die wir in Anlehnung an der Bezeichnung von /DENN 78, ROOD 79/ kurz als die homogenen Raten bezeichnen. Je nachdem ob ein Auftrag

    sich im System bewegt oder

    das System betritt oder

    es verläßt,

müssen verschiedene Gleichungen aufgestellt werden.

1. Fall

Ein Auftrag bewegt sich im System vom Knoten i zum Knoten j und wechselt dabei die Klasse von r zu s. $((i,r) \rightarrow (j,s))$

Tabelle 7.1

Mögliche Zustandsübergänge	Homogene Raten
$\underline{k}_{ir;js} \rightarrow \underline{k}$	$Q(\underline{k}_{ir;js},\underline{k}) = \dfrac{P_{ir;js}}{S_{ir}(k_{ir}+1)} = I_{js}$
$\underline{k} \rightarrow \underline{k}_{js;ir}$	$Q(\underline{k},\underline{k}_{js;ir}) = \dfrac{P_{ir;js}}{S_{ir}(k_{ir})} = I_{ir}$

2. Fall

Ein Auftrag der Klasse r betritt das System im Knoten j
$((o,r) \rightarrow (j,r))$.

Tabelle 7.2

Mögliche Zustandsübergänge	Homogene Rate
$\underline{k}_{or;jr} \rightarrow \underline{k}$	$Q(\underline{k}_{or;jr}, \underline{k}) = X_{or} P_{or;jr} \cdot I_{jr}$
$\underline{k} \rightarrow \underline{k}_{jr;or}$	$Q(\underline{k}, \underline{k}_{jr;or}) = X_{or} P_{or;jr}$

3. Fall

Ein Auftrag der Klasse r verläßt das System von Knoten i aus
$((i,r) \rightarrow (o,r))$.

Tabelle 7.3

Mögliche Zustandsübergänge	Homogene Rate
$\underline{k}_{ir;or} \rightarrow \underline{k}$	$Q(\underline{k}_{ir;or}, \underline{k}) = \dfrac{P_{ir;or}}{S_{ir}(k_{ir}+1)}$
$\underline{k} \rightarrow \underline{k}_{or;ir}$	$Q(\underline{k}, \underline{k}_{or;ir}) = \dfrac{P_{ir;or} I_{ir}}{S_{ir}(k_{ir})}$

Nach der Angabe aller möglichen Zustandsübergänge in den und aus
dem Zustand $\underline{k}$ kann die Gl.(7.21) für den Gleichgewichtszustand
reduziert werden zur homogenen Gleichung für den Gleichgewichtszustand (/ROOD 79/).

$$\sum_{ir;js} p(k_{ir;js}) \frac{P_{ir;js} I_{js}}{S_{ir}(k_{ir}+1)} + \sum_{i,r} p(k_{ir;or}) +$$

$$+ \sum_{j,r} p(k_{or;jr}) X_{or} P_{or;jr} I_{jr} = p(\underline{k}) \sum_{i,r} \frac{I_{ir}}{S_{ir}(k_{ir})} + X_o \ \forall \underline{k} \tag{7.26}$$

Die Lösung dieses homogenen Gleichungssystems ist gegeben durch

$$p(\underline{k}) = \frac{1}{G} \prod_{i=1}^{N} \prod_{r=1}^{R} F_{ir}(k_{ir}) \tag{7.27}$$

wobei gilt

$$F_{ir}(k_{ir}) = \begin{cases} 1 & k_{ir}=0 \\ X_{ir}\, S_{ir}(k_{ir}) F_{ir}(k_{ir}-1) & k_{ir}>0 \end{cases} \quad \text{für} \qquad (7.28)$$

Dies ist äquivalent zu

$$F_{ir}(k_{ir}) = \begin{cases} 1 & k_{ir}=0 \\ X_{ir}^{k_{ir}} \cdot \prod_{n=1}^{k_{ir}} S_{ir}(n) & k_{ir}>0 \end{cases} \quad \text{für} \qquad (7.29)$$

$S_{ir}(n)$ sind die Bedienfunktionen, die von der Anzahl der Aufträge $n=1,\ldots,k_{ir}$ abhängen:

$$S_{ir}(n) = \frac{T_{ir}(n)}{C_{ir}(n)}$$

G ist die Normalisierungskonstante, die rekursiv definiert ist und mit dem Algorithmus von /WONG 75, MUNT 74a/, den wir in Kapitel 4.2 ausführlich behandelt haben, auch bestimmt werden kann:

$$G = \sum_{\underline{k}} \prod_{i=1}^{N} \prod_{r=1}^{R} F_{ir}(k_{ir}) \qquad (7.30)$$

Somit haben wir die Lösungen für $p(\underline{k})$ wieder in Produktform wie bei /BCMP 75/, Abschnitt 4.2, erhalten.
Betrachtet man die Gleichungen

$$p(\underline{k}_{ir;js}) = \frac{X_{ir}\, S_{ir}(k_{ir}+1)}{X_{js}\, S_{js}(k_{js})}\, p(\underline{k}) \qquad (7.31)$$

$$p(\underline{k}_{ir;or}) = X_{ir}\, S_{ir}(k_{ir}+1)\, p(\underline{k}) \qquad (7.32)$$

$$p(\underline{k}_{or;jr}) = \frac{1}{X_{jr}\, S_{jr}(k_{ir})}\, p(\underline{k}) \qquad (7.33)$$

so wird deutlich, daß die Lösung in Produktform (7.27) nur angewendet werden kann, wenn die X_{ir} dem Verkehrsflußgleichgewicht genügen. Auf jeden Fall enthält der Analytiker eine eindeutige Menge von relativen Besucherzahlen und er kann die X_{ir} mit Hilfe einer beliebig gewählten Normalisierung bestimmen.
Die restlichen ableitbaren Leistungsgrößen können aus den im Abschnitt 4.2 angegebenen Formeln bestimmt werden, z.B. die Ausla-

stung eines Knotens i durch Aufträge der Klasse aus der Gl.(4.28 bzw. 4.83), mittlere Anzahl von Aufträgen der Klasse r im Knoten i aus (4.84), usw. Es muß dabei beachtet werden, daß die Größen λ_{ir}, $1/\mu_r$, e_{ir} in der stochastischen Analyse durch die Größen X_{ir}, S_{ir}, V_{ir} in der operationellen Analyse ersetzt werden.

Wegen der Einfachheit in der Berechnung verwendet man oft die operationelle Annahme der homogenen Bedienzeit (HST= homogenous service time). Dadurch nehmen die Werte $S_{ir}(n)$ für alle k den Wert S_{ir} an, d.h. die mittleren Bedienzeiten S_{ir} sind nicht mehr abhängig von der Anazhl der Aufträge. Man bezeichnet S_{ir} deshalb auch als die unbedingte mittlere Bedienzeit des Knotens i pro Auftrag.

Für geschlossene Netzwerke ergibt sich durch die HST-Annahme außerdem eine Erleichterung bei der Berechnung der $F_{ir}(k)$. Es gilt:

$$F_{ir}(k) = (V_{ir}\,S_{ir})^k \qquad \text{für} \quad \begin{array}{l} i=1,\ldots,N \\ r=1,\ldots,R \\ k=k_{ir} \end{array} \qquad (7.34)$$

Bei der Berechnung der $F_{ir}(k)$ müssen wir nicht unbedingt die einzelnen V_{ir} und S_{ir} kennen; es genügt schon, wenn uns die Werte der Produkte $V_{ir}S_{ir}$ zur Verfügung stehen. Für offene Systeme führt die HST-Annahme auch zu einer Vereinfachung in der Rechnung, denn die Auslastung ist dann wie folgt definiert:

$$\rho_{ir}^{\ k} = (X_{ir}S_{ir})^k \qquad (7.35)$$

Mit der HST-Annahme können die mittleren Bedienzeiten mit (7.2) und die $F_{ir}(k)$ mit (7.34) bestimmt und daraus die Produktformlösung für die Zustandswahrscheinlichkeiten (7.27) ermittelt werden.

Im folgenden Beispiel werden wir sehen, daß es zu signifikanten Unterschieden zwischen den tatsächlichen Werten und denen unter der HST-Annahme erhaltenen Ergebnissen kommen kann, z.B. bezüglich der mittleren Bedienzeiten, den Übergangsraten oder den Zustandswahrscheinlichkeiten $p(\underline{k})$. Die Voraussetzung der homogenen Bedienzeiten führt dagegen zu sehr guten Ergebnissen bei der Berechnung von Auslastung und Verweilzeit des Systems und zu einem guten Approximationswert bezüglich der mittleren Anzahl der Aufträge in den einzelnen Knoten.

Beispiel 7.3

Ein geschlossenes Netzwerk mit 2 Knoten ist gegeben, das R=2 Auftragsklassen bearbeitet. Die 1.Klasse umfaßt einen Auftrag, $K_1=1$, die 2.Klasse $K_2=2$ Aufträge. Wechselt ein Auftrag den Knoten, so soll sie die Klasse beibehalten, d.h. K_1 und K_2 sind während des Beobachtungszeitraumes konstant.

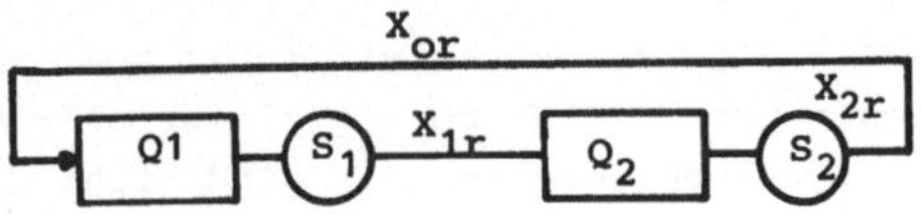

<u>Fig. 7.3</u>   Ein zyklisches Netz

Das Netzwerk wird T=30 Sekunden lang beobachtet. Für den Knoten 1 werden innerhalb des Beobachtungszeitraumes T=30 sec. die Anzahl der Aufträge k_{1r} gemessen und im Diagramm eingetragen. Die durchgezogene Linie stellt den zeitlichen Verlauf von Aufträgen der Klasse 1, die unterbrochene Linie den von Aufträgen der Klasse 2 dar.

<u>Diagramm für den Knoten 1</u>

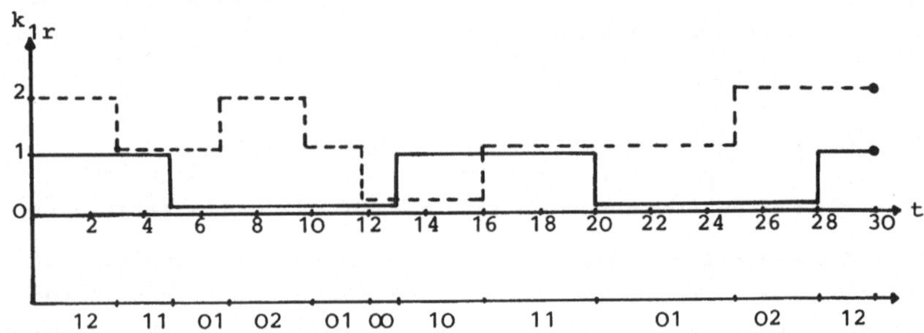

Die untere Abszisse beschreibt den Zustand des 1.Knotens in Abhängigkeit von t.

$$\bar{k}_1(t) = (k_{11}(t), k_{12}(t))$$

Da zu jedem Zeitpunkt im Netz

$$K_1 = k_{11}(t) + k_{21}(t) = 1$$
$$K_2 = k_{12}(t) + k_{22}(t) = 2$$

gilt, können die Werte $k_{2r}(t)$ leicht aus dem Diagramm des 1.Knotens abgeleitet werden.

$$k_{21}(t) = 1-k_{11}(t)$$
$$k_{22}(t) = 2-k_{12}(t)$$

Die Werte werden in einem 2.Diagramm aufgetragen. Die unter Abszisse gibt den jeweiligen Zustand des 2.Knotens wieder.

$$k_2(t) = (k_{21}(t), k_{22}(t))$$

Diagramm für den Knoten 2

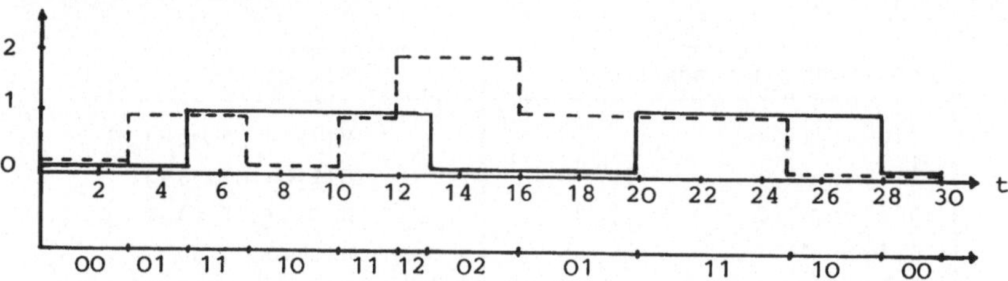

Mit den Zuständen für die beiden Knoten läßt sich der Zustand des Systems beschreiben, denn

$$\underline{k}(t) = (\underline{k}_1(t), \underline{k}_2(t)) = (k_{11}(t), k_{12}(t), k_{21}(t), k_{22}(t))$$

$\underline{k}(t)$ wird in einem weiteren Diagramm dargestellt.

Zustandsdiagramm des Netzes

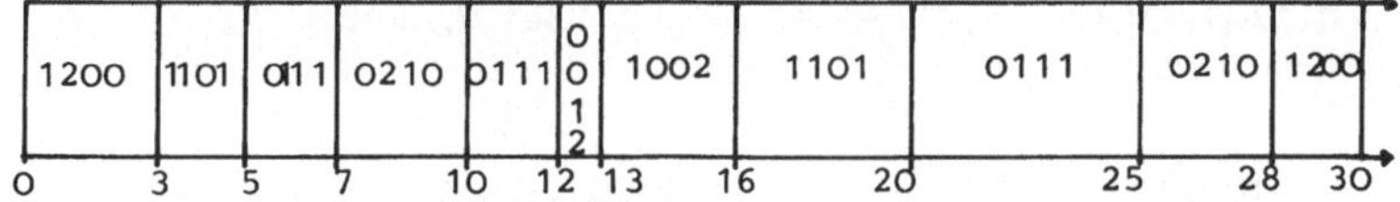

Das System kann insgesamt 6 verschiedene Zustände einnehmen, wie aus diesem Diagramm ersichtlich ist, die innerhalb der 30 Sekunden auch alle beobachtet werden. Um später die Ergebnisse der Zustandswahrscheinlichkeiten $p(\underline{k})$ überprüfen zu können, werden nicht nur die $T(\underline{k})$ aus dem Zustandsdiagramm des Systems abgelesen, sondern an dieser Stelle auch die tatsächlichen $p(\underline{k})$ bestimmt.
Aus der Gl.(7.17) erhalten wir

$$T(1200) = \underline{5} \text{ sec} \qquad T(1101) = \underline{6} \text{ sec}$$
$$p(1200) = \frac{T(1200)}{T} = \underline{0.167} \qquad p(1101) = \frac{T(1101)}{T} = \underline{0.2}$$

$$T(0111) = \underline{9} \text{ sec} \qquad T(0210) = \underline{6} \text{ sec}$$

$$p(0111) = \frac{T(0111)}{T} = \underline{0.3} \qquad p(0210) = \frac{T(0210)}{T} = \underline{0.2}$$

$$T(0012) = \underline{1} \text{ sec} \qquad T(1002) = \underline{3} \text{ sec}$$

$$p(0012) = \frac{T(0012)}{T} = \underline{0.034} \qquad p(1002) = \frac{T(1002)}{T} = \underline{0.1}$$

Nun werden wir die Übergangsraten $Q(\underline{k},\underline{m})$ berechnen. Aus dem Zustandsdiagramm des Netzes kann leicht abgelesen werden, welche Zustandsübergänge möglich sind und wie oft sie auftreten, d.h. wie groß $H(\underline{k},\underline{m})$ ist.

Mögliche Zustandsübergänge	$H(\underline{k},\underline{m})$
1200 — 1101	H(1200,1101)=1
1101 — 0111	H(1101,0111)=2
0111 — 0210	H(0111,0210)=2
0210 — 0111	H(0210,0111)=1
0111 — 0012	H(0111,0012)=1
0012 — 1002	H(0012,1002)=1
1002 — 1101	H(1002,1101)=1
0210 — 1200	H(0210,1200)=1

Die Beziehung (7.19) liefert uns für die Übergangsraten die folgenden Resultate:

$$Q(1200,1101) = \frac{H(1200,1101)}{T(1200)} = \underline{0.2} \text{ Übergänge/sec}$$

$$Q(0111,0012) = \underline{0.111}$$

$$Q(1101,0111) = \underline{0.334} \qquad Q(0012,1002) = \underline{1}$$

$$Q(0111,0210) = \underline{0.222} \qquad Q(1002,1101) = \underline{0.334}$$

$$Q(0210,0111) = \underline{0.167} \qquad Q(0210,1200) = \underline{0.167}$$

Die Gleichungen für den Gleichgewichtszustand können verwendet werden, denn im Netz herrscht ein Verkehrsflußgleichgewicht, der Anfangs- und Endzustand des Netzes übereinstimmen.

$$\underline{k}(O) = \underline{k}(T) = 1200$$

Um das Gleichungssystem aufzustellen, wird nochmals das Zustandsdiagramm des Netzes betrachtet.

I $p(1200)Q(1200,1101)+p(1002)Q(1002,1101)=2p(1101)$
$Q(1101,0111)$

II $2p(1101)Q(1101,0111)+p(0210)Q(0210,0111)=$
$= p(0111)[2Q(0111,0210)+Q(0111,0012)]$

III $2p(0111)Q(0111,0210)=p(0210)[Q(0210,0111)+Q(0210,1200)]$

IV $p(0111)Q(0111,0012)=p(0012)Q(0012,1002)$

V $p(0012)Q(0012,1002)=p(1002)Q(1002,1101)$

VI $\sum\limits_{\underline{k}} p(\underline{k}) = 1$

Aus diesem Gleichungssystem bestimmen wir dann die Zustandswahrscheinlichkeiten:

$$p(1200) = 0.253 \qquad p(0012) = 0.025$$
$$p(1101) = 0.114 \qquad p(1002) = 0.076$$
$$p(0210) = 0.304$$

Jetzt werden wir nach den Tabellen 7.1-7.3 die Bedienzeitfunktionen $S_{ir}(k_{ir})$ berechnen. Da wir ein geschlossenes Netz betrachten, bei dem weder ein Auftrag das Netz betritt, noch es verläßt, können wir die $S_{ir}(k_{ir})$ allein aus der Tabelle 7.1 ableiten.

Da $k_{11}=1$; $k_{21}=0$ und $I_{11}=1$, wird der Übergang von $\underline{k}=(k_{11},k_{12},k_{21},k_{22})=(1,k_{12},0,k_{22}) \rightarrow \underline{k}_{jr;ir}=(k_{11}-1,k_{12},k_{21}+1,k_{22})=(0,k_{12},1,k_{22})$ gesucht. Der Übergang, der diese Voraussetzungen erfüllt, wird aus der Tabelle über die möglichen Zustandsübergänge herausgesucht. Dann erhalten wir

$$S_{11}(1) = \frac{1}{Q(1101,0111)} = \underline{3} \text{ sec}$$

Da $k_{21}=1$, $k_{11}=0$ und $I_{21}=1$, wird der Übergang von $\underline{k}=(0,k_{12},1,k_{22}) \rightarrow \underline{k}_{jr;ir}=(1,k_{12},0,k_{22})$ aus der Tabelle gesucht.

$$Q'(0012,1002) \rightarrow S'_{21}(1) = \frac{1}{Q(0012,1002)} = \underline{1} \text{ sec}$$
$$Q''(0210,1200) \rightarrow S''_{21}(1) = \frac{1}{Q(0210,1200)} = \underline{6} \text{ sec}$$

Bilde aus $S'_{21}(1)$ und $S''_{21}(1)$ den Mittelwert

$$S_{21}(1) = \frac{1}{2}(S'_{21}(1)+S''_{21}(1)) = \underline{3.5} \text{ sec}$$

Die restlichen mittleren Bedienzeiten lassen sich analog berechnen.

$$S_{12}(1) = \frac{1}{Q(0111,0012)} = \underline{9} \text{ sec}$$

$$S_{12}(2) = \frac{1}{2} \left(\frac{1}{Q(1200,1101)} + \frac{1}{Q(0210,0111)} \right) = \underline{5.5} \text{ sec}$$

$$S_{22}(1) = \frac{1}{Q(0111,0210)} = \underline{4.5} \text{ sec}$$

$$S_{22}(2) = \frac{1}{Q(1002,1101)} = \underline{3} \text{ sec}$$

Die Funktionen $F_{ir}(k_{ir})$ berechnen wir nach Gl.(7.29)

$$
\begin{aligned}
&F_{11}(0) = 1 &&F_{21}(0) = 1 \\
&F_{11}(1) = X_{11}S_{11}(1) = 3\,X_{11} &&F_{21}(1) = 3.5\,X_{21} \\
&F_{12}(0) = 1 &&F_{22}(0) = 1 \\
&F_{12}(1) = X_{12}S_{12}(1) = 9X_{12} &&F_{22}(1) = 4.5\,X_{22} \\
&F_{12}(2) = X_{12}^2 S_{12}(2)S_{12}(1) = 49.5\,X_{12}^2 \\
&F_{22}(2) = X_{22}^2 S_{22}(2)S_{22}(1) = 13.5\,X_{22}^2
\end{aligned}
$$

Aus diesen ermittelten Werten von $F_{ir}(k_{ir})$ können wir dann die Normalisierungskonstante aus der Gl.(7.30) bestimmen:

$$
\begin{aligned}
G = {}& F_{11}(1)F_{12}(2)F_{21}(0)F_{22}(0)F_{11}(1)F_{12}(1)F_{21}(0)F_{22}(1) + \\
&+ F_{11}(0)F_{12}(1)F_{21}(1)F_{22}(1) + F_{11}(0)F_{12}(2)F_{21}(1)F_{22}(0) + \\
&+ F_{11}(0)F_{12}(0)F_{21}(1)F_{22}(2) + F_{11}(1)F_{12}(0)F_{21}(0)F_{22}(2) = \\
= {}& \underline{672.75}\ X_{11}X_{22}^2
\end{aligned}
$$

Nun können wir die Zustandswahrscheinlichkeiten aus der Gl.(7.27) ermitteln.

$$p(1200) = \frac{F_{11}(1)F_{12}(2)F_{21}(0)F_{22}(0)}{G} = 0.221$$

$$p(1101) = \frac{F_{11}(1)F_{12}(1)F_{21}(0)F_{22}(1)}{G} = 0.181$$

$$p(0111) = \frac{F_{11}(0)F_{12}(1)F_{21}(1)F_{22}(1)}{G} = 0.211$$

Analog dann

$$p(0210) = \underline{0.258} \quad p(0012) = \underline{0.07} \quad p(1002) = \underline{0.06}$$

In der nachfolgenden Tabelle werden die Werte der p($\underline{k}$), die auf
unterschiedlichen Wegen ermittelt wurden, gegenübergestellt.
Außerdem werden in der 5.Spalte die Differenzen aus den tatsächlichen Werten der p($\underline{k}$) und den Werten aus dem Gleichgewichtszustand (Gl.(7.21)) in Prozent angegeben. Die 6.Spalte gibt ebenso
in Prozent die Unterschiede zwischen tatsächlichen p($\underline{k}$) und den
Werten aus der Lösung in Produktform an.

Zustand $\underline{k}$	tatsäch- liche p($\underline{k}$)	Gleichgew.- Zustand	Produkt- form	Differenz 1	Differenz 2
1200	0.167	0.253	0.221	+51.5	+32.4
1101	0.2	0.114	0.181	-43	- 9.5
0111	0.3	0.228	0.211	-24	-30
0210	0.2	0.304	0.258	+52	+29
0012	0.034	0.025	0.07	-26.5	+106
1002	0.1	0.076	0.07	-24	-40

Die Tabelle zeigt, daß bei Mehrklassensystemen sowohl die Resultate
aus dem Gleichgewichtszustand als auch die Ergebnisse der Lösung
in Produktform starke Abweichungen von den tatsächlichen Werten
der p($\underline{k}$) aufweisen, so daß sie keine guten Approximationslösungen
darstellen.
Die Auslastung des Knotens i durch Aufträge der Klasse r bestimmen wir aus der Gl.(4.83):

$$\rho_{11} = p(1002) + \frac{1}{2} p(1101) + \frac{1}{3} p(1200)$$

$$\rho_{12} = p(0111) + p(0210) + \frac{1}{2} p(1101) + \frac{2}{3} p(1200)$$

$$\rho_{21} = p(0210) + \frac{1}{2} p(0111) + \frac{1}{3} p(0012)$$

$$\rho_{22} = p(1101) + p(1002) + \frac{1}{2} p(0111) + \frac{2}{3} p(0012)$$

Einsetzen der Werte für die p($\underline{k}$) führt zu folgenden Resultaten:

Aus- lastung	tatsäch- liche p(k)	Gleichgew.- Zustand	Produkt- form	Differenz 1	Differenz 2
ρ_{11}	0.256	0.217	0.224	-15.2	-12.5
ρ_{12}	0.712	0.758	0.707	+ 6.5	- 0.7
ρ_{21}	0.361	0.428	0.387	+18	+ 7.2
ρ_{22}	0.473	0.321	0.393	-32.1	-17

Die mittlere Anzahl von Aufträgen der Klasse r im i-ten Knoten
ergibt sich aus der Gl.(4.84)

$$\bar{k}_{11} = p(1200)+ p(1101)+ p(1002)$$
$$\bar{k}_{12} = p(1101)+ p(0111)+ 2p(1200)+ 2p(0210)$$
$$\bar{k}_{21} = p(0111)+ p(0210)+ p(0012)$$
$$\bar{k}_{22} = p(1101)+ p(0111)+ 2p(0012)+ 2p(1002)$$

k_{ir}	tatsäch-lich	Gleichgew. Zustand	Produkt-form	Differenz 1	Differenz 2
$\bar{k}_{11}$	0.467	0.443	0.462	-5.14	-1.07
$\bar{k}_{12}$	1.234	1.456	1.35	+17.9	+9.4
$\bar{k}_{21}$	0.534	0.557	0.539	+4.31	+1
$\bar{k}_{22}$	0.768	0.544	0.652	-29.2	-15.1

Ein Vergleich der letzten beiden Spalten in den einzelnen Tabellen der Leistungsparameter zeigt, daß die Berechnung der ableitbaren Größen aus den Werten der Zeitverhältnisse, die mit der Produktform ermittelt wurden, weitaus genauer ist als die Bestimmung
aus den $p(\underline{k})$, die sich aus den Gleichgewichtszustandsgleichungen
ergeben.

7.2 Operationelle Analyse - stochastische Analyse

In der stochastischen Analyse wird das Verhalten durch einen
stochastischen Prozeß modelliert. Aussagen über das Systemverhalten erhält man aus den mathematischen Eigenschaften dieses
Prozesses. Dabei dienen als Eingabeparameter die mittlere Ankunftsrate λ und die mittlere Bedienrate μ. Zusätzlich zu diesen Einga-
beparametern müssen noch einige stochastische Annahmen hinsicht-
lich der Zwischenankunftszeiten und der Bedienzeiten gemacht werden. Der Analytiter kann die genauen Werte der Wahrscheinlichkeit $p(\underline{k})$, daß sich ein System während einer begrenzten Zeitspanne
unter ergodischen Annahmen im Zustand $\underline{k}$ befindet, bestimmen.
Bei der operationellen Analyse dagegen werden keine stochastischen
Prozesse verwendet, so daß diese Methode auch ohne Kenntnisse in
der Wahrscheinlichkeitstheorie verständlich sind. Der Analytiker

arbeitet nur mit unmittelbar meßbaren Größen, die das tatsächliche System charakterisieren. Dies verringert den mathematischen Aufwand und beseitigt viele unnötige Annahmen. Die gemachten Annahmen sind unmittelbar nachprüfbar. Ein weiterer Vorteil ist, daß das Modell begrifflich einfacher ist als bei den sonst gebräuchlichen Mehrklassenmodellen /BCMP 75/. Für die operationelle Analyse benötigt man genau die gleichen Eingabevariablen wie für die stochastische Analyse, wobei λ und μ ersetzt werden durch die beobachtbaren Größen X und S. Über die Verteilung der mittleren Bedienzeiten an jedem Knoten müssen nicht unbedingt Vereinbarungen getroffen werden. Jedoch vereinfacht es die Berechnung der Leistungsparameter sehr, wenn eine homogene Bedienzeit S_{ir} festgesetzt wird. Dabei wird allerdings stillschweigend vorausgesetzt, daß die Abgangsrate X_{ir} nicht von Aufträgen der anderen Klassen im Knoten i beeinflußt wird. In der Tat verhält sich das Gerät i, als ob es aus R parallelen virtuellen Bedieneinheiten besteht, einen für jede Auftragsklasse.

Über den Typ der einzelnen Knoten wird nichts festgelegt. In stochastischen Mehrklassenmodellen /BCMP 75/ hat der Analytiker die Möglichkeit, den Typ des Knotens anzugeben und er kann zwischen verschiedenen Abarbeitungsstrategien der Warteschlangen wählen. Über einem endlichen Beobachtungszeitraum sind bei der operationellen Analyse die Werte der p($\underline{k}$), die als Zeitverhältnisse interpretiert werden, bestimmbar. Die Lösung kann dabei, genauso wie bei der stochastischen Analyse, in Produktform angegeben werden. In /DENN 78/ wurde festgestellt, daß bisher keine definitive Behandlung des Parameterschätzproblems für die Leistungsvorhersage angeboten wird. Unter diesem Aspekt besitzt die operationelle Analyse keine Vorteile gegenüber der stochastischen. Unter einem anderen Gesichtspunkt wie z.B. der Berechnung von geschätzten Leistungsgrößen hat auch keine Methode Vorteile gegenüber der anderen, denn bei der operationellen Analyse muß man die Homogenität und bei der stochastischen Analyse z.B. eine exponentielle Bedienzeitverteilung voraussetzen.

<u>Aufgabe 7.1</u>

Ein geschlossenes Warteschlangennetz bestehend aus zwei Knoten, in dem sich insgesamt K=5 Aufträge bewegen, die zu R=2 verschiedenen Klassen gehören, soll analysiert werden. Es wird angenommen, daß beim Übergang in einen neuen Knoten kein Klassenwechsel stattfindet.

Das Netz soll in einem Zeitraum der Länge T=30 sek. beobachtet werden. Während des gesamten Beobachtungszeitraumes T umfaßt die Klasse 1 K_1=2 Aufträge und die Klasse 2 K_2=3 Aufträge. Für den Knoten 1 wurde aus den Meßwerten ein Zeitdiagramm erstellt. Dabei beschreibt die durchgezogene Linie die Anzahl der Aufträge der Klasse 1 und die unterbrochene Linie gibt die Anzahl der Aufträge der Klasse 2 an.

Diagramm des Knotens 1

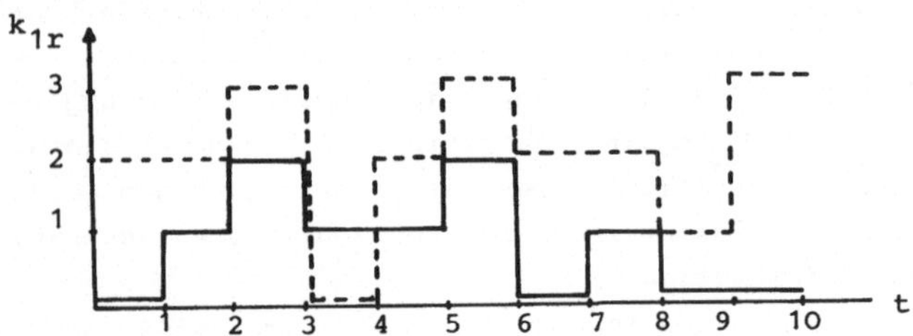

Da die Beziehungen

$$K_1 = k_{11}(t) + k_{21}(t) = 2$$
$$K_2 = k_{12}(t) + k_{22}(t) = 3$$

gelten, kann man daraus die Werte für das Zeitdiagramm des zweiten Knotens bestimmen:

$$k_{21}(t) = 2 - k_{11}(t)$$
$$k_{22}(t) = 3 - k_{12}(t)$$

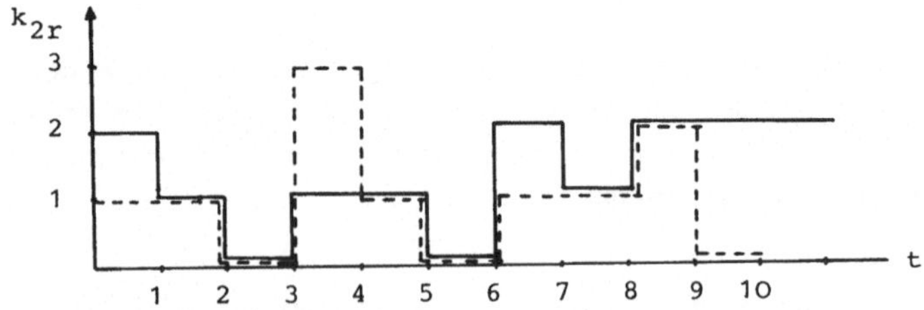

Die Leistungsgrößen dieses Netzes sollen bestimmt werden.

Aufgabe 7.2

Ein geschlossenes Netz soll mit der operationellen Analyse zum
einen ohne der HST- und zum anderen mit der HST Annahme untersucht
werden. Das Netz ist ein Tandem- Netz, d.h. zwei seriell geschaltete Knoten und K=2 Aufträge. Das System ist während eines Zeitintervalls von T=30 Sekunden beobachtet werden. Das Verhalten des
Systems wird in einem Zeitdiagramm dargestellt, aus dem alle
wichtigen Basisgrößen schnell abgelesen werden können.

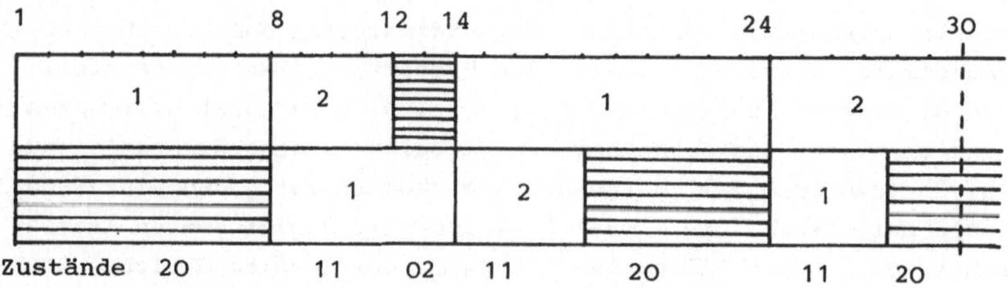

Auf der Ordinate ist die Anzahl der Knoten angegeben. Die Zahlen
innerhalb des Diagramms verdeutlichen, welcher Auftrag sich momentan in den einzelnen Geräten befindet, z.B. werden während des
Zeitintervalls (8,12) der Auftrag mit der Nummer 2 vom Knoten 1
und der Auftrag mit der Nummer 1 vom Knoten 2 bearbeitet, während
der schraffierten Flächen ist der entsprechende Knoten untätig,
d.h. seine Bedieneinheit ist leer. Auf der oberen Abszisse wurde
die Zeit aufgetragen, aus der man erkennt, wie lange sich die
Aufträge in den Knoten aufhalten. Die gestrichelte Linie am Ende
des beobachteten Zeitintervalls soll andeuten, daß über das weitere
Verhalten des Netzes keine Aussagen mehr gemacht werden können.
Die Zustände, die das System einnimmt, sind an der unteren
Abszisse ablesbar.

8   Zusammenfassung

Nach einer kurzen Einleitung in die Theorie der Wartesysteme
(Kapitel 2) und einer Übersicht über Warteschlangenmodelle
(Kapitel 3) haben wir alle wichtigen analytischen Methoden
zur Analyse des Leistungsverhaltens derartiger Systeme anhand
dieser Modelle behandelt und mit einfachen Beispielen gezeigt,
wie die Methoden anzuwenden sind.
Das Ziel aller behandelten Methoden ist die Bestimmung von
Leistungsgrößen, wie z.B. Durchsatz, Auslastung, mittlere Warte-

schlangenlänge und Verweilzeit für einzelne Knoten, d.h. einzelne Komponenten des Systems oder für das gesamte System. Um diese Ergebnisse zu erhalten, müssen wir annehmen, daß sich das zu untersuchende System im Gleichgewichtszustand befindet. Anhand des Warteschlangenmodells läßt sich ein Gleichungssystem für die Gleichgewichtszustandswahrscheinlichkeiten aller möglichen Systemzustände angeben. Aus diesen Wahrscheinlichkeiten können dann die Leistungsgrößen bestimmt werden. Man bezeichnet diese Gleichungen als globale Gleichgewichtsgleichungen des Systems. Unter bestimmten Voraussetzungen zur Verteilung der Bedienzeiten und der Abarbeitungsstrategie lassen sich für das Systemverhalten sogenannte lokale Gleichgewichtsgleichungen angeben. Dies bedeutet eine wesentliche Vereinfachung gegenüber den globalen Gleichgewichtsgleichungen, da in diesem Fall getrennte Gleichungen für jeden einzelnen Knoten existieren. Die globalen Gleichgewichtsgleichungen lassen sich in derartigen Fällen als die Summe der lokalen Gleichgewichtsgleichungen darstellen.

Warteschlangennetze, für die lokale Gleichgewichtsgleichungen existieren, nennt man Produktformnetze, weil sich für die Gleichgewichtszustandswahrscheinlichkeiten Lösungen ergeben, die multiplikativ aus Faktoren zusammengesetzt sind, welche die Zustände der einzelnen Knoten beschreiben. Diese Lösungen werden als Produktformlösungen bezeichnet. In Kapitel 4 haben wir uns ausführlich mit diesen Produktformlösungen und den daraus abzuleitenden Leistungsgrößen befaßt.
Bei der Mittelwertanalyse (Kap. 4) werden für Produktformnetze unter Umgehung der Zustandswahrscheinlichkeiten Mittelwerte für die Leistungsgrößen bestimmt, die ausgehend von drei fundamentalen Gleichungen iterativ berechnet werden. Diese Gleichungen sind im Vergleich zu den Produktformlösungen sehr einfach und können leicht interpretiert werden; der Speicherbedarf bei dieser Methode ist jedoch sehr groß. Weniger Speicherplatz benötigt die LBANC-Methode, die von der Mittelwertanalyse abgeleitet wurde. Die numerischen Methoden (Kap. 5) beruhen auf der Tatsache, daß sich die Zustandswahrscheinlichkeiten über globale Gleichgewichtsgleichungen bestimmen lassen. Die Lösung des Systems der globalen Gleichgewichtsgleichungen ist nicht gebunden an Annahmen für Produktformnetze. Theoretisch könnten mit diesen Methoden alle Netze ohne Beschränkungen untersucht werden. Wie wir gezeigt haben,

sind die numerischen Methoden für Netze geeignet, die eine kleine
Anzahl von Aufträgen und Knoten haben. Sonst sind sie sehr aufwendig, d.h. sie brauchen viel Speicherplatz und Rechenzeit.

Die approximativen Methoden (Kap. 6) haben in den letzten Jahren
an Bedeutung gewonnen, da die exakten Methoden nicht mehr erweitert werden konnten und die numerischen Methoden sehr aufwendig
sind. Bei der Diffusionsapproximationsmethode wird der diskrete
Prozeß (Anzahl der Aufträge) durch einen kontinuierlichen Diffusionsprozeß approximiert. Obwohl die Herleitung der Methode sehr
komplex ist, ist sie doch einfach anzuwenden. Mit dieser Methode
können Netze mit beliebigen Verteilungen der Bedien- und Zwischenankunftszeiten analysiert werden. Die Knoten dürfen aber nur eine
Bedieneinheit (m_i=1) enthalten. Außerdem gibt es bis jetzt keine
Lösungen für Netze mit mehreren Auftragsklassen.
Die parametrische Analyse und iterative Approximation beruhen auf
der Anwendung des Norton'schen Theorems aus der elektrischen Netzwerktheorie (Kurzschlußschaltung) bei Warteschlangennetzen. Aus
einem Warteschlangennetz wird ein beliebiger Knoten herausgesucht
und kurzgeschlossen, d.h. dessen mittlere Bedienzeit gleich Null
gesetzt. Das restliche Netz wird untersucht und der Durchsatz
durch den Kurzschluß in Abhängigkeit von der Anzahl der Aufträge
ermittelt. Dann wird das restliche Netz durch einen einzigen äqui-
valenten Knoten ersetzt, wobei die lastabhängigen mittleren Bedienraten dieses Knotens den ermittelten Durchsatzgrößen gleichgesetzt
werden. Das resultierende Netz, das aus zwei Knoten besteht, kann
dann leicht analysiert werden. Für Produktformnetze sind die Ergebnisse exakt, für andere Netze muß das resultierende System mit
der rekursiven Methode (Abschnitt 5.3) untersucht werden.

Bei der Dekompositionsmethode von Courtois wird das Gesamtsystem
so in Teilsysteme zerlegt, daß Aktivitäten zwischen den Teilsystemen nahezu vernachlässigbar sind gegenüber Aktivitäten innerhalb der Teilsysteme. Die Teilsysteme können dann getrennt untersucht werden. Aus den Ergebnissen werden dann Lösungen für das
Gesamtsystem durch Aggregation ermittelt. Die Methode kann auch
mit numerischen, exakten und operationellen Verfahren kombiniert
werden. Sie ist jedoch sehr aufwendig und mathematisch anspruchs-
voll.
Die Dekompositionsmethode von Kühn ermöglicht die Zerlegung eines
Netzes in einzelne Knoten und getrennte Untersuchung dieser Kno-

ten, wobei die Bedienzeitverteilungen beliebig sein können.

Ein wichtiges Approximationsverfahren ist die Bard-Schweitzer-Methode, eine Approximation der Mittelwertanalyse. Wir haben gezeigt, daß bei dieser Methode der Speicherbedarf gegenüber der exakten Mittelwertanalyse erheblich reduziert wird und die Genauigkeit trotzdem bemerkenswert gut ist.

Bei der operationellen Analyse wird das reale System einen gewissen Zeitraum beobachtet und dabei werden bestimmte einfach zu erfassende Größen, sogenannte Basisgrößen gemessen, aus denen anschließend alle Leistungsgrößen abgeleitet werden können. Unter den Annahmen Verkehrsflußgleichgewicht und Homogenität führt auch die operationelle Analyse zu Produktformlösungen. Ein Vorteil der operationellen Analyse ist es, daß keine wahrscheinlichkeitstheoretischen Konzepte benötigt werden und daher keine Annahmen über Verteilungen gemacht werden müssen. Es ist allerdings aufwendig, das reale Systemverhalten ausreichend lang zu beobachten und die Messungen durchzuführen. Den Abschluß bildet ein Vergleich der operationellen Analyse mit stochastischen Methoden.

In der Tabelle 8.1 fassen wir alle wichtigen Arbeiten, die sich mit den genannten Methoden befassen, zusammen.
Die Abkürzungen in der Tabelle 8.1 haben folgende Bedeutungen:

<u>Modellstruktur</u>		<u>Auftragsklasse</u>	
O	Offenes Netz	1	Eine Auftragsklasse
G	Geschlossenes Netz	R	Mehrere Auftragsklassen
M	Gemischtes Netz		(ohne Klassenwechsel)
CSM	Central-Server-Modell	MC	Mehrere Auftragsklassen
			(mit Klassenwechsel)

<u>Warteschlangendisziplin</u>		<u>Verteilungen</u>	
FCFS	First-Come-First-Served	EXP	Exponentielle Verteilung
SB	Station Balance,	G	Beliebige Verteilung,
	einschl. PS, LCFS		einschl. hyperexponentiell,
GD	Beliebige Disziplinen		hypoexponentiell, Erlang-
			Verteilungen

Tabelle 8.1   Wichtige Arbeiten zur Theorie der Warteschlangennetze

Autor	Warteschlangennetzmodell				Lösungsmethode
	Modell-struktur	Auftrags-klasse	Warteschlangen-disziplin	Bedienzeit-verteilung	
/JACK 57,63/	O,C	1	FCFS	EXP	Produktformlösung
/GORD 67/	C	1	FCFS	EXP	Produktformlösung
/BUZE 71,73/	CSM	1	FCFS	EXP	Produktformlösung &
/MOOR 72/	C	1	FCFS	EXP	Algorithmus für G(K)
/CHAN 75a/	O,C	1	FCFS	EXP	Parametrische Analyse
/KOBA 79/	C	1	FCFS	EXP	Algorithmus für G(K)
/BCMP 75/	O,C,M	MC	SB	EXP,G	Produktformlösung
/CHAN 72/	O,C	R	SB	EXP,G	Local Balance-Eigenschaft
/MUNT 73/	O,C	R	SB	EXP,G	M → M Eigenschaft
/MUNT 74a/	C	R	SB	EXP,G	Algorithmus für G(K)
/BALB 77/					
/REIS 76/	O,C,M	MC	SB	EXP,G	Algorithmus für G(K)
/CHAN 76/	O,C,M	MC	SB	EXP,G	Station Balance
/SEVC 80/	C	MC	SB	EXP,G	Verteilung der Ankunftsabst.
/REIS 79-81/	C	1,MC	SB	EXP,G	Mittelwertanalyse
/ZAHO 81/	O,M	R	SB	EXP,G	Mittelwertanalyse
/TOTZ 81/	M	MC	SB	EXP,G	Mittelwertanalyse
/CHAN 80, SAUE 81/	C,M	1,MC	SB	EXP,G	LBANC

Fortsetzung <u>Tabelle 8.1</u>

Autor	Warteschlangennetzmodell				Lösungsmethode
	Modell-struktur	Auftrags-klasse	Warteschlangen-disziplin	Bedienzeit-verteilung	
/WALL 66/ /STEW 78,79/ /HERZ 75/ /SAUE 75a-82/	C,M	1,MC	GD	G	Iterative, Direkte, Rekursive Lösungsmethoden (Globale Balance Verfahren)
/GAVE 73, GELE 75/	C(Tandem)	1	FCFS	G	Diffusionsapproximation
/KOBA 74/	O,C	1	FCFS	G	Diffusionsapproximation
/REIS 74/	O,C	1	FCFS	G	& Fehlergenauigkeit
/CHAN 75b/	O,C	1	FCFS	G	Iterative Approximation
/SAUE 75/	C,S,M	1,R	FCFS	G	Iterative Approximation & Algorithmen
/COUR 75,77/	C	1	FCFS	EXP,G	Dekompositionsapproximation (Aggregation)
/KÜHN 79/	O	1	FCFS	G	Dekomposition der Knoten
/BARD 79, SCHW 79/	C	R	FCFS	EXP,G	Approximation der MVA
/CHAN 82/	C	R	FCFS	EXP,G	Linearizer
/BUZE 76 DENN 77,78/	O,C,M	1	keine Annahmen		Operationelle Analyse
/ROOD 79/	C,M	R	keine Annahmen		Operationelle Analyse

-249-

Literaturverzeichnis

/AKYL 81/ Akyildiz, I.F.; Bolch, G.:
           Analytic Solution Techniques for Queueing Network
           Models of Computer Systems
           Arbeitsbericht des IMMD der Universität Erlangen-Nürn-
           berg, Band 14, Nr.4, 1981

/AKYL 82/ Akyildiz, I.F.; Bolch, G.:
           Möglichkeiten und Grenzen der analytischen Modellbil-
           dung von Warteschlangensystemen
           Informatik Fachberichte, (Hrsg. M. Goller), Springer-
           Verlag, Herbst 1982

/ALLE 78/ Allen, O. Arnold:
           Probability, Statistics and Queueing Theory with
           Computer Science Applications
           Academic Press, New York, 1978

/BALB 77/ Balbo, G., Bruell, S., Schwetman, H.:
           Customer Classes and Closed Network Models - A Solution
           Technique
           Proc. IFIP-Congress, North-Holland Publishing Co.,
           (1977), pp. 559-564

/BARD 79/ Bard, Y.:
           Some Extension to Multiclass Queueing Network Analysis
           Fourth International Symposium on Modelling and Perfor-
           mance Evaluation of Computer Systems, Feb. 1979, Vol.1,
           Vienna

/BARD 80/ Bard, Y.:
           A Model of Shared DASD and Multipathing
           CACM 23, 10, October 1980, pp.564-572

/BART 77/ Bartsch, B.; Bolch, G.:
           Ein analytisches Modell für symmetrische Mehrprozessor-
           anlagen
           Informatik Fachberichte, Band 9: Modelle für Rechen-

systeme, P.P. Spiess, Editor, Springer-Verlag Berlin,
1977, pp.93-108

/BASK 71/   Baskett, F.:
             The Dependence of Computer System Queues upon Processing
             Time Distribution and Central Processor Scheduling
             Proc. of the ACM SIGOPS Third Symposium on Operating
             System Principles, Stanford University, Oct. 1971,
             pp.109-113

/BASK 72/   Baskett, F.; Palacios, G.F.:
             Processor Sharing in a Central Server Queueing Model
             of Multiprogramming with Applications
             Proc. Sixth Annual Princeton Conf. Information Sciences
             and Systems, Princeton University, March 1972, pp.598-
             606

/BCMP 75/   Baskett, F., Chandy, K.M.,Muntz, R.R., Palacios, G.F.:
             Open, Closed and Mixed Network of Queues with Diffe-
             rent Classes of Customers
             Journal of the ACM, Vol.22, 2, Apr.1975, pp.248-260

/BEIL 78/   Beilner, H.:
             Warteschlangennetze als Modelle von Rechensystemen
             Vorlesung an der Universität Dortmund, 1978

/BHAN 75/   Bhandarkar, D.P.:
             Analysis of Memory Interference in Multiprocessors
             IEEE Transactions on Computers, Vol.C-24, Sept.1975,
             pp.897-908

/BHAN 74/   Bhandiwad, R.A.; Williams, A.C.:
             Queueing Network Models of Computer Systems
             Proc. Third Texas Conf. Computing Systems, 1974

/BOLC 78/   Bolch, G.:
             A Heavy Traffic Model of a Multiprogramming System
             Monografias em Ciencia de Computacao, Dep. de Informa-
             tica, Pontificia Univ. Catolica do Rio de Janeiro,
             Nr.9, 1978

/BOLC 82/   Bolch, G.; Jarschel, W.:
             Zur Leistungsanalyse symmetrischer Mehrprozessor-
             systemen
             Elektronische Rechenanlagen, 24, Heft 1, Feb. 1982,
             pp.3-7

/BRAN 74/   Brandwajn, A.:
             A Model of a Time-Sharing System Solved Using Equiva-
             lence and Decomposition Methods
             Acta Informatica 4, 1, 1974, pp.11-47

/BRUE 80/   Bruell, S.C.; Balbo G.:
             Computational Algorithms for Closed Queueing Networks
             North-Holland Publishing Co., 1980

/BRYA 81/   Bryant, R.M.; Agre, J.R.:
             A Queueing Network Approach to the Module Allocation
             Problem in Distributed Systems
             ACM Sigmetrics, Vol.10, Nr.3, Fall 1981, pp.191-204

/BUX 77/   Bux, W.; Herzog, U.:
             The Phase Concept: Approximation of Measured Data and
             Performance Analysis
             Computer Performance, Chandy, K.M and Reiser, M. (Edi-
             tors), Elsevier Noth-Holland, Inc., New York, 1977,
             pp.23-38

/BUZE 71/   Buzen, J.P.:
             Queueing Network Models of Multiprogramming
             Ph. D. Thesis, Div. Eng. and Applied Science, Harvard
             Univ., Cambridge, Mass., August 1971

/BUZE 73/   Buzen, J.P.:
             Computational Algorithms for Closed Queueing Networks
             with Exponential Servers
             Commun. ACM 16, 9, Sept. 1973, pp.527-531

/BUZE 76/   Buzen, J.P.:
             Fundamental Operational Laws of Computer System Per-
             formance
             Acta Informatica 7, 2, 1976, pp.167-182

/BUZE 78/   Buzen, J.P.:
             A Queueing Network Midel of MVS
             Computing Surveys, 10, 3, Sept. 1978, pp.319-331

/CHAN 72/   Chandy, K.M.:
             The Analysis and Solutions for General Queueing Net-
             works
             Proc. of the Sixth Annual Princeton Conf. on Informa-
             tion Sciences and Systems, Princeton Univ., March
             1972, pp.224-228

/CHAN 75a/   Chandy, K.M.; Herzog, U.; Woo, L.:
             Parametric Analysis of Queueing Network Models
             IBM Journal Res. Dev. 19, 1, Jan.1975, pp.36-42

/CHAN 75b/   Chandy, K.M.; Herzog, U.; Woo, L.:
             Approximate Analysis of General Queueing Networks
             IBM Journal Res. Dev. 19, 1, Jan.1975, pp.43-49

/CHAN 76/   Chandy, K.M.; Howard, J.H.; Towsley, D.F.:
             Product Form and Local Balance in Queueing Networks
             Modelling and Performance Evaluation of Computer Sy-
             stems, Workshop Preprints ed. by Gelenbe and Beilner,
             North-Holland Publishing Co., Oct.1976, pp.89-103

/CHAN 78a/   Chandy, K.M.; Sauer, C.H.:
             Approximate Methods for Analyzing Queueing Network
             Models of Computing Systems
             Computing Surveys, 10, 3, Sept.1978, pp.281-317

/CHAN 78b/   Chandy, K.M.; Yeh, R.T.: (editors)
             Current Trends in Programming Methodology
             Volume III: Software Modelling, Prentice Hall, Inc.,
             Englewood Cliffs, N.J., 1978

/CHAN 80/   Chandy, K.M.; Sauer, C.H.:
            Computational Algorithms for Product Form Queueing
            Networks
            CACM, Vol.23, Nr.10, Oct.1980, pp.573-583

/CHAN 82/   Chandy, K.M.; Neuse, D.:
            Linearizer: A Heuristic Algorithm for Queueing Network
            Models of Computing Systems
            CACM, Vol.25, Nr.2, Feb.1982, pp.126-134

/CHEN 75/   Chen, P.P.S.:
            Queueing Network Model of Interactive Computing Sy-
            stems
            Proc. IEEE, Vol.63, Nr.6, June 1975, pp.954-957

/COUR 75a/ Courtois, P.J.:
            Decomposability, Instabilities and Saturation in Multi-
            programming Systems
            Commun. ACM 18, 1975, pp.371-377

/COUR 77/   Courtois, P.J.:
            Decomposability: Queueing and Computer System Appli-
            cations
            Academic Press, Inc., New York, 1977

/COX 55/   Cox, D.R.:
            A Use of Complex Probabilities in the Theory of
            Stochastic Processes
            Proc. of the Cambridge Phil. Society, 1955, pp.313-319

/COX 77/   Cox, D.R.; Miller, H.D.:
            The Theory of Stochastic Processes
            Chapman and Hall, London, 1977

/DENN 77/   Denning, P.J.; Buzen, J.P.:
            An Operational Overview of Queueing Networks
            Infotech State of the Art Rep. on Perf. Modelling and
            Prediction, Infotech Int. Ltd. Maidenhead, UK., 1977
            pp.75-108

/DENN 78/   Denning, P.J.; Buzen, J.P.:
            Operational Analysis of Queueing Networks
            Computing Surveys 10, 3, Sept.1978, pp.225-261

/DIET 77/   Diethelm, M.A.:
            An Empirical Evaluation of Analytical Models for Com-
            puter System Performance Prediction
            Proc. Third Int. Symp. Computer Performance Modelling,
            Measurement and Evaluation, 1977, North-Holland Publi-
            shing Co., Amsterdam, pp.139-160

/DOWD 81/   Dowdy, L.; Breitenlohner, H.A.:
            A model of Univac 1100/42 Swapping
            ACM Sigmetrics, Performance Evaluation Review, Vol.10,
            Nr.3, Fall 1971, pp.36-47

/FERR 78/   Ferrari, D.:
            Computer System Performance Evaluation
            Prentice-Hall, Inc., Englewood Cliffs, N.J. 1978

/GAVE 73a/ Gaver, D.P.; Shedler, G.S.:
            Processor Utilization in Multiprogramming Systems via
            Diffusion Approximations
            Operations Research, 21, 6, 1973, pp.569-576

/GAVE 73b/ Gaver, D.P.; Shedler, G.S.:
            Approximate Models for Processor Utilization in Mulit-
            programmed Computer Systems
            SIAM Journal on Computing, 2, 1973, pp.183-192

/GELE 75/   Gelenbe, E.:
            On Approximate Computer System Models
            Journal of the ACM, Vol.22, 2, Apr.1975, pp.261-269

/GELE 76a/ Gelenbe, E.; Muntz, R.R.:
            Probabilistic Models of Computer Systems Part I
            Exact Results
            Acta Informatica, 7, 1976, pp.35-60

/GELE 76b/ Gelenbe, E.; Pujolle, G.:
            The Behaviour of a Single Queue in a General Queueing
            Network
            Acta Informatica, 7, 1976, pp.123-136

/GELE 80/   Gelenbe, E.; Mitrani, I.:
            Analysis and Synthesis of Computer System Models
            Academic Press, London, 1980

/GIAM 76/   Giammo, T.:
            Validation of a Computer Performance Model of the Ex-
            ponential Queueing Network Family
            Acta Informatica, 7, 1976, pp.137-152

/GOER 80/   Goerdt, C.; Materna, W.:
            COPE: Ein Instrumentarium zur quantitativen Bewertung
            von Rechensystemen
            GI-NTG-Fachtagung "Struktur und Betrieb von Rechensy-
            stemen", März 1980, Kiel

/GORD 67/   Gordon, W.J.; Newell, G.F.:
            Closed Queueing Systems with Exponential Servers
            Operations Research 15, 1967, pp.254-265

/GONZ 79/   Gonzales, T.A.; Kumar, B.:
            Analysis of Interconnection Structures for Distributed
            Computer Systems
            ACM Sigmetrics, Performance Evaluation Review, Vol.8,
            No.3, Fall 1979, pp.89-98

/GRAH 78/   Graham, G.S.:
            Queueing Network Models of Computer System Performance
            Computing Surveys, 10, 3, Sept.1978, pp.219-224

/HERZ 75/   Herzog, U.; Woo, L.; Chandy, K.M.:
            Solution of Queueing Problems by a Recursive Technique
            IBM Journal Res. Dev.19, May 1975, pp.295-300

/JACK 57/   Jackson, J.R.:
            Networks of Waiting Lines
            Operations Research 5, 1957, pp.518-521

/JACK 63/   Jackson, J.R.:
            Jobshop-like Queueing Systems
            Management Science 10, 1, 1963, pp.131-142

/JACO 82/   Jacobson, P.A.; Lazowska, E.D.:
            Analyzing Queueing Networks with Simultaneous Resource
            Possession
            CACM, Vol.25, No.2, Feb.1982, pp.142-151

/KIEN 79a/ Kienzle, M.G.; Sevcik, K.C.:
            A Methodical Approach to Modelling of Computer Systems
            Fourth Intern. Symp. on Modelling and Performance Eva-
            luation of Computer Systems, Vol.I, Feb.1979, Vienna

/KIEN 79b/ Kienzle, M.G.; Sevcik, K.C.:
            Survey of Analytic Queueing Models of Computer Systems
            Conf. on Simulation, Measurement and Modelling of
            Computer Systems, Boulder, Co, Aug.1979, pp.113-131

/KLEI 75/   Kleinrock, L.:
            Queueing Systems, Vol.I: Preliminaries
            John Wiley & Sons, Inc., New York, 1975

/KLEI 76/   Kleinrock, L.:
            Queueing Systems, Vol.II: Computer Applications
            John Wiley & Sons, Inc., New York, 1976

/KOBA 74a/ Kobayashi, H.:
            Application of the Diffusion Approximation to Queueing
            Networks, Part I: Equilibrium Queue Distributions
            Journal of the ACM, Vol.21, 2, Apr.74, pp.316-328

/KOBA 74b/ Kobayashi, H.:
            Application of the Diffusion Approximation to Queueing
            Networks, Part II: Nenequilibrium Distributions and
            Computer Modeling

/KOBA 77/   Kobayashi, H.; Konheim, A.G.:
            Queueing Models for Computer Communications System
            Analysis
            IEEE Transactions on Communications, Vol.Com-25, No.1,
            Jan.1977, pp.2-29

/KOBA 78/   Kobayashi, H.:
            Modelling and Analysis: An Introduction to System Per-
            formance Evaluation Methodology
            Addison Wesley Publishing Co., 1978

/KOBA 79/   Kobayashi, H.:
            A Computational Algorithm for Queue Distributions via
            Polya Theory of Enumeration
            Fourth Intern. Symp. on Modelling and Performance
            Evaluation of Computer Systems, Vol.1, Feb.1979, Vienna

/KÜHN 79/   Kühn, P.J.:
            Approximate Analysis of General Queueing Networks by
            Decomposition
            IEEE Transactions on Communications, Vol.Com-27, No.1,
            Jan. 1979, pp.113-126

/LAM 77/   Lam, S.S.:
            Queueing Networks with Population Size Constraints
            IBM Journal Res. Dev.21, 4, July 1977, pp.370-378

/LAM 81/   Lam, S.S.:
            A Simple Derivation of the MVA and LBANC Algorithms
            from the Convolution Algorithm
            Technical Report, Univ. of Texas of Austin, No.184,
            Nov. 1981

/LIPS 77/   Lipsky, L.; Church, J.D.:
            Applications of a Queueing Network Model for a Computer
            System
            Computing Surveys 9, 3, Sept.1977, pp.205-221

/MARI 80/   Marie, R.:
            Calculating Equilibrium Probabilities for $\lambda(n)/C/1/N$
            Queues
            ACM Sigmetrics, Performance Evaluation Review, Vol.9,
            No.2, Summer 1980, pp.117-125

/MOOR 71/   Moore, C.G.:
            Network Models for Large-Scale Time-Sharing Systems
            Technical Report No.71-1, Dep. of Industrial Engineering
            Univ. of Michigan, Ann Arbor, Michigan, 1971

/MOOR 72/   Moore, F.R.:
            Computational Model of a Closed Queueing Network with
            Exponential Servers
            IBM Journal Res.Dev.16, Nov.1972, pp.567-572

/MÜLL 81/   Müller, B.:
            Numerische Lösung von Warteschlangennetzwerken durch
            Kombination von Iterations- und Aggregierungsverfahren
            GI-NTG Fachtagung, Messung, Modellierung und Bewertung
            von Rechensystemen, ed. by Mertens B., Jülich, FRG,
            Feb.1981, pp.118-133

/MUNT 72/   Muntz, R.R.:
            Network of Queues
            Notes for Engineering 226 C, Computer Science Depart-
            ment, UCLA, 1972

/MUNT 73/   Muntz, R.R.:
            Poisson Departure Process and Queueing Networks
            Proc. of the 7th Annual Princeton Conf. on Information
            Sciences and System, Princeton Univ., Princeton, N.J.,
            March 1973, pp.435-440

/MUNT 74a/ Muntz, R.R.; Wong, J.W.:
            Efficient Computational Procedures for Closed Queueing
            Network Models
            Proc. of the 7th Hawaii Int. Conf. on System Sciences,
            Univ. of Hawaii, Jan.1974, pp.33-36

/MUNT 74b/ Muntz, R.R.:
            Analytic Models for Computer System Performance
            Analysis
            Proc. of the NTG/GI Conf. on Computer Architecture and
            Operating Systems, Braunschweig, Germany, March 1974,
            pp.246-265

/MUNT 78/   Muntz, R.R.:
            Queueing Networks: A Critique of the State of the Art
            and Directions for the Future
            Computing Surveys, Vol.10, 3, Sept.1978, pp.353-359

/REIS 74/   Reiser, M.; Kobayashi, H.:
            Accuracy of the Diffusion Approximation for Some
            Queueing Systems
            IBM Journal Res. Dev.18, 2, March 1974, pp.110-124

/REIS 75/   Reiser, M.; Kobayashi, H.:
            Queueing Networks with Multiple Closed Chains: Theory
            and Computational Algorithms
            IBM Journal Res. Dev.19, May 1975, pp.283-294

/REIS 75a/ Reiser, M.; Kobayashi, H.:
            Horner's Rule for the Evaluation of General Closed
            Queueing Networks
            CACM, 18, Oct.1975, pp.592-593

/REIS 76/   Reiser, M.:
            Modelling of Computer Systems with QNET4
            IBM Systems Journal, 15, No.4, 1976, pp.309-327

/REIS 79/   Reiser, M.:
            Mean Value Analysis of Queueing Networks, A New Look
            at an Old Problem
            4th Int. Symp. on Modelling and Performance Evaluation
            of Computer Systems, Vol.I, Feb.1979, Vienna

/REIS 80/   Reiser, M.; Lavenberg, S.S.:
            Mean Value Analysis of Closed Multichain Queueing

Networks
CACM, Vol.27, No.2, Apr.1980, pp.313-322

/REIS 81/   Reiser, M.:
            Mean Value Analysis and Convolution Method for Queueing-
            Dependent Servers in Closed Queueing Networks
            Performance Evaluation, Vol.I, No.1, Jan. 1981, pp.7-18

/RIEG 81/   Rieger, N.:
            Implementation und Vergleich approximativer Verfahren
            zur Analyse von geschlossenen Netzwerken
            Arbeitsbericht der Univ. Hamburg, Nr.82, Nov.1981

/ROOD 79/   Roode, J.D.:
            Multiclass Operational Analysis of Queueing Networks
            4th Int. Symp. on Modelling and Performance Evaluation
            of Computer Systems, Vol.II, Feb.1979, Vienna

/ROSE 76/   Rose, C.A.:
            Validation of a Queueing Model with Classes of
            Customers
            Proc. Int. Symp. Computer Performance Modelling, Mea-
            surement and Evaluation, 1976, ACM, New York, pp.318-
            325

/ROSE 78/   Rose, C.A.:
            A Measurement Procedure for Queueing Network Models
            of Computer Systems
            Computing Surveys, Vol.10, 3, Sept.1978, pp.263-280

/SAUE 75a/ Sauer, C.H.:
            Configuration of Computing Systems: An Approach Using
            Queueing Network Models
            PhD. Thesis, Univ. Texas at Austin, May 1975

/SAUE 75b/ Sauer, C.H.; Chandy, K.M.:
            Approximate Analysis of Central Server Models
            IBM Journal Res. Dev.19, May 1975, pp.301-313

/SAUE 81/   Sauer, C.H.; Chandy, K.M.:
            Computer Systems Performance Modelling
            Prentice-Hall Inc., Englewood Cliffs, N.J. 1981

/SAUE 81a/ Sauer, C.H.:
            Approximate Solution of Queueing Networks with Simul-
            taneous Resource Possession
            IBM Journal Res. Dev., Vol.25, No.6, Nov.1981, pp.894-
            903

/SCHM 80/   Schmidt, B.:
            GPSS-FORTRAN
            John Wiley & Sons, London, 1980

/SCHW 79/   Schweitzer, P.:
            Approximate Analysis of Multiclass Closed Networks
            of Queues
            Int. Conf. Stochastic Control and Optimization, Am-
            sterdam, 1979

/SEVC 81/   Sevcik, K.C.; Mitrani, I.:
            The Distribution of Queueing Network States at Input
            and Output Instants
            JACM, Vol.28, No.2, Apr.1981, pp.358-371

/SIMO 61/   Simon, H.A.; Ando, A.:
            Aggregation of Variables in Dynamic Systems, Econo-
            metrica 29, 1961, pp.111-138

/SMIT 80/   Smith, C.; Browne, J.C.:
            Aspects of Software Design Analysis: Concurrency and
            Blocking
            ACM Sigmetrics, Vol.9, No.2, Summer 1980, pp.245-254

/STEW 78/   Stewart, W.J.:
            A Comparison of Numerical Techniques in Markov Model-
            ling
            CACM, Vol.21, No.2, Feb.1978, pp.144-152

/STEW 79/   Stewart, W.J.:
             A Direct Numerical Method for Queueing Networks
             4th Int. Symp. on Modelling and Performance Evaluation
             of Computer Systems, Vol.I, Feb.1979, Vienna

/TOTZ 81/   Totzauer, G.:
             Mittelwertanalyse von Warteschlangennetzen mit offenen
             und geschlossenen Ketten
             Arbeitsbericht der Univ. Karlsruhe, Nr.12, Juli 1981

/VANT 78/   Vantilborgh, H.:
             Exact Aggregation in Exponential Queueing Networks
             JACM, Vol.25, No.4, Oct.1978, pp.620-629

/WALL 66/   Wallace, V.L.; Rosenberg, R.S.:
             RQA-1, The Recursive Queue Analyzer
             Dep. of Electrical Eng., Univ. of Michigan, Ann Arbor,
             Technical Report 2, Feb.1966

/WANG 81/   Wang, Y.T.:
             On the VAX/VMS Time-Critical Process Scheduling
             ACM Sigmetrics, Vol.10, No.3, Fall 1981, pp.11-18

/WONG 75/   Wong, J.W.:
             Queueing Network Models for Computer Systems
             Ph.D. Thesis, UCLA-Eng-7579, June 1975

/ZAHO 81/   Zahorjan, J.; Wong, E.:
             A Solution of Seperable Queueing Network Models Using
             Mean Value Analysis
             ACM Sigmetrics, Vol.10, No.3, Fall 1981, pp.80-85

Symbolverzeichnis

A_i — Anzahl der Ankünfte zum Knoten i in der operationellen Analyse

B_i — Gesamtbedienzeit des Knotens i in der operationellen Analyse

C_i — Gesamtanzahl der Bedienanforderungen in der operationellen Analyse

c_a — der Variationskoeffizient der Ankunftszeit

c_s — der Variationskoeffizient der Bedienzeit

e_i — (relative) Besuchshäufigkeit, die ein Auftrag beim Knoten i macht

e_{ir} — (relative) Besuchshäufigkeit, die ein Auftrag der Klasse r beim Knoten i macht

$f(x_o,x,t)$ — Bedingte Dichtefunktion für den Diffusionsprozeß x(t)

G — Normalisierungskonstante

I — Einheitsmatrix

K — Gesamtanzahl der Aufträge im Netzwerk

$k(t)$ — Anzahl der Aufträge zum Zeitpunkt t

k_i — Anzahl der Aufträge im Knoten i (wartend und in Bedienung)

k_{ir} — Anzahl der Aufträge der Klasse r im Knoten i

M — Anzahl der Terminals

m — Anzahl der Bedieneinheiten

m_i — Anzahl der Bedieneinheiten im i-ten Knoten

N — Gesamtanzahl der Knoten

P — Matrix der Übergangswahrscheinlichkeiten

P_{ij} — Wahrscheinlichkeit, daß ein Auftrag nach Beendigung der Bedienung im Knoten i anschließend zum Knoten j gelangt

$P_{i,r;j,s}$ — Wahrscheinlichkeit, daß ein Auftrag der Klasse r im Knoten i als nächstes in Klasse s und nach Knoten j gelangt

$p(k_1,\ldots,k_N)$ Wahrscheinlichkeit für den Zustand $(k_1,\ldots,k_N)$

$p_i(k_i)$ Randwahrscheinlichkeiten

$\tilde{p}(k_1,\ldots,k_N)$ Approximierte Zustandswahrscheinlichkeiten

Q Übergangsratenmatrix

Q_i Warteschlangenlänge des Knotens i

Q_{ir} Warteschlangenlänge der Klasse r im Knoten i

R Gesamtanzahl der Klassen

r eine Auftragsklasse

$\underline{S}=(S_1,\ldots,S_N)$ Zustandsvektor im BCMP-Modell

S_i Mittlere Bedienzeit im Knoten i in der operationellen Analyse

T Beobachtungszeitraum in der operationellen Analyse

t Gesamtverweilzeit des Systems

t_i Verweilzeit eines Auftrags im Knoten i

t_{ir} Verweilzeit eines Auftrags der Klasse r im Knoten i

u_{ir} Gesamtanzahl der exponentiellen Phasen

V_i Mittlere Besuchshäufigkeit im Knoten i in der operationellen Analyse

W_i Gesamtantwortzeit (=akkumulierte Antwortzeit)

w_i Wartezeit eines Auftrags im Knoten i

w_{ir} Wartezeit eines Auftrags der Klasse r im Knoten i

X_o Durchsatzrate in der operationellen Analyse

X_i Abgangsrate eines Auftrags vom Knoten i in der operationellen Analyse

$x(t)$ Diffusionsprozeß, der $k(t)$ approximiert

Z Denkzeit am Terminal

α Zuwachsrate der Varianz des Diffusionsprozesses $x(t)$

β Zuwachsrate des Mittelwertes des Diffusionsprozesses $x(t)$

λ Der Gesamtdurchsatz des Systems

λ_{oi}	Externe Eingangsrate zum Knoten i
λ_i	Mittlere Ankunftsrate beim Knoten i
μ_{ir}	Mittlere Ankunftsrate von Aufträgen der Klasse r beim Knoten i
μ	Mittlere Bedienrate
μ_i	Mittlere Bedienrate eines Auftrags im Knoten i
μ_{ir}	Mittlere Bedienrate von Aufträgen der Klasse r beim Knoten i
$1/\mu$	Mittlere Bedienzeit
$1/\mu_i$	Mittlere Bedienzeit eines Auftrags im Knoten i
ρ	Auslastungsfaktor
ρ_i	Auslastung des Knotens i
ρ_{ir}	Auslastung des Knotens i durch Klasse r Aufträge
$\hat{\rho}$	Approximation des Auslastungsfaktors
$\circledast$	Faltung

Sachverzeichnis

Verzeichnis der wichtigsten Begriffe in englischer Sprache

Auftrag	job, process, customer, program
Auftragsablauf	job flow
Auslastung	utilization, traffic intensity
Bedieneinheit	server (single server, multiple servers)
diskreter Zustandsraum	discrete state space
Durchsatz	throughput, system performance
Einzelschrittverhalten	one step behaviour
Entwurfsphase	design phase
Erhaltungssatz für die Übergänge	conservation of transition equations
fast-vollständig-zerlegbar	nearly-completely-decomposable
Gleichgewichtszustandswahrscheinlichkeit	equilibrium state probability (steady-state-probability)
globale Gleichgewichtsgleichung	global balance equation
Homogenität der Knoten	device homogeneity
Homogenität der Verzweigungen	routing homogeneity
Ketten	routing chains, chains
Klasse	class
Knoten	service center, node
kurzfristige Dynamik	short-run-dynamics
langfristige Dynamik	long-run-dynamics
lastabhängig	load-dependent
Last	workload
lastunabhängig	load-independent
Leistungsgrößen	performance quantities
Normalisierungskonstante	normalization constant
Produktformlösungen	product form solutions
quadrierter Variationskoeffizient	squared coefficient of variations
Randwahrscheinlichkeit	marginal state probability
Stabilitätsbedingung	stability condition
Übergangsratenmatrix	transition rate matrix

Validierungsphase	validation phase
Verteilung beim Ankunftszeit-punkt	arrival instant distribution theorem
Verweilzeit	response time
Vorhersagephase	prediction phase
Warteschlangenlänge	queue length
Warteschlangennetzwerk	queueing network
Zustandsraum	state space

BERICHTE DES GERMAN CHAPTER OF THE ACM

Im Auftrag des German Chapter of the ACM herausgegeben durch den Vorstand

Band 1: <u>Wippermann, PASCAL</u>
2. Tagung in Kaiserslautern

Tagung I/1979 in Kaiserslautern
1979. 201 Seiten. DM 32,--

Band 2: <u>Niedereichholz, Datenbanktechnologie</u>
Einsatz großer, verteilter und intelligenter Datenbanken

Tagung II/1979 in Bad Nauheim
1979. 233 Seiten. DM 36,--

Band 3: <u>Remmele/Schecher, Microcomputing</u>

Tagung III/1979 in München
1979. 277 Seiten. DM 40,--

Band 4: <u>Schneider, Portable Software</u>

Tagung I/1980 in Erlangen
1980. 174 Seiten. DM 34,--

Band 5: <u>Floyd/Kopetz, Software-Engineering - Entwurf und Spezifi-
kation</u>

Tagung II/1980 mit Workshop in Berlin
1980. 368 Seiten. DM 62,--

Band 6: <u>Hauer/Seeger, Hardware für Software</u>

Tagung III/1980 in Konstanz
1980. 303 Seiten. DM 52,--

Band 7: <u>Nehmer, Implementierungssprachen für nichtsequentielle
Programmsysteme</u>

Tagung I/1981 in Kaiserslautern
1981. 208 Seiten. DM 36,--

Band 8: <u>Schlier, Personal Computing</u>

Tagung II/1981 in Freiburg i.Br.
1982. 195 Seiten. DM 38,--

Band 9: <u>Sneed/Wiehle, Software-Qualitätssicherung</u>

Tagung I/1982 in Neubiberg bei München
1982. 285 Seiten. DM 52,--

Band 10: <u>Kulisch/Ullrich, Wissenschaftliches Rechnen und
Programmiersprachen</u>

Fachseminar in Karlsruhe
1982. 231 Seiten. DM 52,--

Preisänderungen vorbehalten

Teubner Bücher DATENVERARBEITUNG / INFORMATIK

Brauch: Programmierung mit BASIC
2. Aufl. 200 Seiten. DM 14,80

Brauch: Programmierung mit FORTRAN
5. Aufl. 224 Seiten. DM 15,80

Erbs/Stolz: Einführung in die Programmierung mit PASCAL
232 Seiten. DM 22,80

Görke: Fehlerdiagnose digitaler Schaltungen
230 Seiten. DM 16,80

Haase/Stucky/Wegner: Datenverarbeitung heute
284 Seiten. DM 21,80

Heinrich/Stucky: Programmierung mit ALGOL 60
2. Aufl. 157 Seiten. DM 12,80

Kaletsch: Programmierung mit PL/I
160 Seiten. DM 12,80

Kießling/Lowes: Programmierung mit FORTRAN 77
184 Seiten. DM 12,80

Löthe/Quehl: Systematisches Arbeiten mit BASIC
Problemlösen - Programmieren
188 Seiten. DM 19,80

Menzel: BASIC in 100 Beispielen
2. Aufl. 216 Seiten. DM 21,80

Menzel: BASIC in 100 Beispielen/Disketten-Version APPLESOFT
2. Aufl. 216 Seiten. Beilage: Diskette mit allen
BASIC-Programmen in APPLESOFT. DM 59,80

Ottmann/Widmayer: Programmierung mit PASCAL
2. Aufl. 269 Seiten. DM 17,80

Schmidt: Digitalelektronisches Praktikum
2. Aufl. 238 Seiten. DM 16,80

Singer: Programmierung mit COBOL
4. Aufl. 312 Seiten. DM 17,80

Waldschmidt: Schaltungen der Datenverarbeitung
264 Seiten. DM 39,80

Preisänderungen vorbehalten

Leitfäden der angewandten Informatik

K. Bauknecht / C. A. Zehnder
Grundzüge der Datenverarbeitung
Methoden und Konzepte für die Anwendungen
286 Seiten. Kart. DM 24,80

H. Hultzsch
Prozeßdatenverarbeitung
216 Seiten. Kart. DM 22,80

H. Kästner
Architektur und Organisation digitaler Rechenanlagen
224 Seiten. Kart. DM 23,80

G. Lausen / G. Schlageter / W. Stucky
Datenbanksysteme: Eine Einführung
In Vorbereitung

G. Mußtopf / H. Winter
Mikroprozessor-Systeme
Trends in Hardware und Software
302 Seiten. Kart. DM 28,80

V. Schmidt et al.
Digitalschaltungen mit Mikroprozessoren
2. Aufl. 208 Seiten. Kart. DM 23,80

H. J. Schneider
Problemorientierte Programmiersprachen
226 Seiten. Kart. DM 23,80

F. Singer
Programmieren in der Praxis
176 Seiten. Kart. DM 19,80

M. Vetter
Aufbau betrieblicher Informationssysteme
300 Seiten. Kart. DM 28,80

F. Wingert
Medizinische Informatik
272 Seiten. Kart. DM 23,80

Preisänderungen vorbehalten

B. G. Teubner Stuttgart